農業・食料問題入門

田代洋一

大月書店

はしがき

　21世紀，世界は農産物不足の時代に転換した．20世紀は過剰の時代だったが，21世紀に入ってからは穀物在庫は安全在庫水準ギリギリか，あるいはそれを割り込むようになった．そのなかで日本の食料自給率は40％前後と先進国最低の水準に低迷しており，TPP（環太平洋連携協定）等の通商交渉で関税を撤廃すれば13％まで落ち込むとされている．そうでなくても農業就業人口の平均年齢は65歳を超え，耕作放棄地は40万 ha にも達し，人・農地の確保ともに危うくなっている．

　日本社会は少子高齢化から人口減に突入し，GDP は中国に追いぬかれ，貿易は赤字に転じ，経常収支も著しく減少し，これまでのようにカネにあかせて農産物を輸入しまくることはむずかしくなってきた．そのような折りも折り，2011年3月11日，東日本大震災と原発事故が日本を襲った．それは，これまでの日本ひいては世界の人間と自然の関わりかたに文明史的な転換をせまる事態になった．

　農業・食料は，そのような人間・社会・自然の関わりの1つの大きな結節点に位置する．これからの日本は農業・食料をどのように位置づけていくべきか．このような課題を念頭において本書を執筆した．本書の前身は『農業問題入門』（1992年初版，2003年新版，いずれも大月書店）であるが，タイトルも『農業・食料問題入門』に改めた．多くの国民にとって農業との距離が増す一方で，食料は常に身近であり，その安定的な確保や安全性がより切実な問題になってきたからである．

　農業・食料問題の接近には2つの道がある．1つは歴史的なアプローチ，もう1つは現状分析である．若い人たちは歴史は苦手かもしれないが，混迷の時代に問題を整理し解決をはかるには，歴史を顧みるのが最も有効である．本書は歴史という縦軸と現状という横軸の両面から問題にせまろうとした．本文中，縦（第2部）と横（第3部）の関係は（→○章○）のように示し，また同じ図表を複数箇所で参照願っている．

本書の具体的な構成は次のとおりである．第1部は，農業とは何か，農業・食料問題とは何か，を概観する．第2部は，戦後日本の農業問題，次いで農業・食料問題を歴史的に追跡する．第3部は，今日の食料，価格・所得，構造，農協，都市と農村の問題を現状分析する．

　本書を読むにあたっては次の3点に留意していただきたい．

　第1に，本書では，むずかしい理論や言葉は使わず，初出の言葉には説明を付したが，それでも「入門」を名乗るわりには「むずかしい」という声も聞く．それはおそらく，農業や食料それ自体は身近な存在だが，歴史・経済・政治と関わらせると結構むずかしくなるということかもしれない．農業の困難が増すほど，農業や食料を社会経済から切り離して孤立国的に論じようとする傾向もまた強まるが，それでは問題の本質は見えず，農業・食料と資本主義の両方に対して甘くなる．

　第2に，この分野は諸学のなかでもとりわけ実践と実態を重視する傾向が強く，書物のうえでの空理空論は嫌われてきた．実践とは「何々のため」ということである．農業問題だと「農民のため」，食料問題だと「消費者のため」といった具合である．しかし「他人のため」という建前は格好いいかもしれないが長続きはしない．自分にとって農業・食料とは何か，という関わりで読んでもらえるとありがたい．

　実態重視とは，農業・農家の実態調査にもとづくということである．ネット情報は所詮はバーチャル空間での情報にすぎない．機会を見つけてぜひ農業者・消費者の生の声に接するようにしてほしい．

　第3に，この分野は農業経済学に属する．その歴史は古く，いろんな分野にまたがって膨大な研究業績がある．本書の「注」は最低限の参考文献を示すようにしているので，それを1つの手がかりにさらに高い山をめざしてほしい．それが「入門」に込めた意味である．

　本書の初版，新版はさいわいに20年にわたり大学のテキストとして使われてきた．しかしキャンパスのみならず，より広い場で農業や食料に関心をもつ方々の手にとっていただければ，著者にとってうれしい限りである．

2012年5月

田代　洋一

目　　次

はしがき ……………………………………………………………………… 3

第 1 部　農業・食料問題とは何か

第 1 章　農業とは何か ………………………………………………… 10
　1　光合成と農業　10
　2　土壌と農業　13
　3　畑作農業と水田農業　17
　4　農業と環境　21

第 2 章　資本主義の農業・食料問題 ………………………………… 28
　1　資本主義の農業問題　28
　2　農民問題と農業政策の登場——20世紀　32
　3　第 2 次世界大戦後　39

第 2 部　農業・食料問題の展開

第 3 章　戦後改革期の農業問題 ……………………………………… 44
　1　戦前期の農業問題　44
　2　戦後改革期の農業問題　48
　3　経済復興期の農業政策　56

第 4 章　高度経済成長期の農業問題 ………………………………… 61
　1　第 1 次高度経済成長と基本法農政　62
　2　第 2 次高度経済成長と総合農政　74
　3　高度経済成長がもたらしたもの　78

第5章　転換期の農業・食料問題 83
1　低成長への移行　83
2　低成長期の地域農政　88
3　日米貿易摩擦の時代　93

第6章　グローバル化と農業・食料問題 100
1　1980年代後半——経済構造調整期　100
2　1990年代——ポスト冷戦グローバル化期　106
3　農業基本法から新基本法へ　115
4　21世紀——構造改革と政権交代　119

第3部　今日の農業・食料問題

第7章　食料問題 136
1　世界の食料問題　136
2　日本の食料問題　143
3　フードシステムとアグリビジネス　152
4　食の安全性問題　159

第8章　農産物価格・直接支払い政策 171
1　農産物価格の理論と政策　171
2　食管制度——1990年代なかばまで　178
3　価格政策から直接支払い政策へ——1990年代なかば以降　188
4　価格・所得政策の課題　200

第9章　農業構造問題 206
1　日本の農家　207
2　農地流動化と集落営農　220
3　農業生産法人と企業の農業進出　232
4　構造政策の課題　236

第10章　農業協同組合 ·· 244
  1　協同組合とは何か　244
  2　日本の農協の特徴　247
  3　農協の組織と事業　250
  4　広域合併と組織再編　264
  5　これからの農協像——農的地域協同組合化の道　268

第11章　都市と農村 ·· 274
  1　高度経済成長と都市農業問題　274
  2　グローバル化と中山間地域問題　283
  3　村落共同体とコミュニティ・ビジネス　290
  4　都市・農村関係の再構築　292

学習案内 ·· 299

あとがき ·· 301

索引 ·· 303

第1部
農業・食料問題とは何か

第1章　農業とは何か

　本章は，第2章の農業の社会経済的独自性の解明に先立ち，農業の自然的独自性を考える．農業は，地球上唯一のエネルギー生産産業であること，土地を主要な生産手段とする産業であること，環境と深く関わる産業であることの3点で自然的独自性をもつ(1)．

1　光合成と農業

生物と光合成

　農業の独自性を知るには，地球や生命の誕生までさかのぼる必要がある(2)．地球は，46億年前，太陽の誕生からほどなくして，その惑星の1つとして誕生した．そのとき，地球は二酸化炭素，窒素，水蒸気に覆われており，隕石が絶え間なく激突し灼熱状態にあった．隕石の衝突が落ち着いて冷却すると，40億年前に水蒸気から海ができた．海は二酸化炭素を吸収し大気中の濃度を下げた．

　地球に生物が生まれたのは38億年前とされているが，確かなことはわからない．生物が生き長らえるには4つの要素が要る．①みずからを子孫に伝える自己複製能力をもつ分子（DNA）をもつこと（設計図），②設計図に従い生命活動の担い手としてのタンパク質合成をおこなうこと，③光合成により生命活動のエネルギー源としての糖を生産する葉緑体（クロロフィル）をもつこと，④呼吸により糖を酸素と結合させてエネルギーを取り出すミトコンドリアをもつこと，である．1つの細胞膜の中に，DNAを入れた核，葉緑体，ミトコンドリアを共生させた真核生物の誕生が，生物の歴史を飛躍的に発展させた．

　以上のどの要素も不可欠だが，エネルギー生産という点では光合成が決定的である(3)．光合成は，葉緑体が太陽光を吸収し，太陽光により水 H_2O を分解し，酸素 O_2 を発生させる．水素 H を大気中の二酸化炭素 CO_2 と結合させて有

機物（CHO，糖）に固定する．それは次式で示される．

$$6CO_2 + 12H_2O + 光 \longrightarrow C_6H_{12}O_6 + 6O_2 + 6H_2O$$

　地球上の生物はエネルギーなしには生きていけない．動物やヒトは地球上の植物を食べてエネルギーを得るが，植物はそのエネルギー源を地球外に求めるしかない．それが太陽光であり，「光合成の本質は，太陽エネルギーという物理的エネルギーを生物が使える化学的なエネルギーに変換するというエネルギー変換」[4]にある．

　酸素発生型の光合成を最初におこなったのは，核やミトコンドリアをもたない原核生物であるシアノバクテリアであり，28億年前に生まれたとされている．シアノバクテリアはそれから17億年前ぐらいにかけて大活躍してCO_2を吸収しO_2を放出した．O_2はオゾン層を形成して，生物のDNAを破壊してしまう紫外線を吸収し，こうして地上に生物が住める環境を徐々に整えた．

　まずシアノバクテリアが上陸したが，地上は岩石で覆われつくしていた．やがて雨水が浸透して造岩鉱物を粘土に変えた．さらにバクテリアが風化を促進し，土壌（後述）を形成した．土壌が形成されたことにより，4億年くらい前に植物が上陸して地上で生育できるようになった．緑色植物は光合成により植物エネルギー，酸素を生産し，植物は土に還ることによって土壌を豊かにしていった．

　さらに動物が上陸し，ヒトが生まれて今日に至る生物史が展開することになるが，その元となるのは葉緑体をもつ植物の光合成である．

光合成と農業

　植物は生産した有機物の一部を呼吸によりO_2と結合させて燃焼させ，みずからのエネルギーを取り出しつつ，残りを葉・茎・実・根に蓄える．草食動物がそれを食べ，その草食動物を肉食動物が食べるという食物連鎖が形成される．植物の残渣（落ち葉，茎など）や動物の糞尿・死骸は土に還り，土壌微生物がそれを無機物に分解し，それらは栄養素としてふたたび植物に吸収される．生態系において植物はエネルギーの**生産者**，動物は**消費者**，土壌微生物は**分解者**と呼ばれる．このような食物連鎖を通じて炭素，窒素等の元素は自然循環する．このような自然循環を「**植物と動物の物質代謝**」と呼ぶ．

ヒトもまたこのような自然循環のなかに割り込み，「**自然と人間の物質代謝**」を形成することになる（ちなみに今日では自然循環を利用した農業を「自然循環型農業」と呼んでいる）．
　ヒトが光合成を利用する方法には２つある．
　１つは，光合成の成果をそのままいただく採取，狩猟，漁撈(ぎょろう)である．自然の恵みをいただく生活は，自然条件に決定的に左右される．そして自然の人口扶養力には限りがあるから，多数がひとところに群れて暮らすわけにはいかない．ヒトは小集団に分かれて一定範囲をぐるぐる移動（遊動）して暮らす．乳飲み子を抱えて遊動するのは困難をともなうので，出産間隔が長くなり，人口増も限られる(5)．
　そこで人口を増やすためには，第２の方法が求められる．それは，たんに自然の光合成の成果をいただくだけでなく，光合成をヒトの手で促進する方法である．
　そのためにヒトは，野生植物のなかから，光合成の力が強く，収穫が容易な植物を選抜し，それを１カ所に集めて栽培する**作物化**をはかる．光合成に必要な太陽光は地表に広く薄く降る．それを効率的に集光するには緑の葉という，一種のソーラーパネルを集約的・安定的に敷きつめる必要がある．そのために人々は１カ所に定住し，土を耕す．定住は出産期間を短くし，農耕は人口扶養力を高め，やがて農工の分業，支配層，都市，文明を生むに至る．
　野生植物の作物化とともに，野生動物を馴らして**家畜化**する畜産が始まる．畜産の多くは農耕にともなうが，農耕に適しない草原の風土では家畜の遊牧がなされる．豚は定住的なので遊牧民族にはなじまない．犬は古くから手なづけた動物として狩猟を助け，猫は新しいがネズミをとって穀物を守る．狩りをしなくなった犬猫は人の孤独をなぐさめるペットになる．
　以上は農耕と畜産を人間の必要性に求めたが，それが成立するには氷河期が終わり気候が温暖化・湿潤化するという自然条件が必要だった．
　このような農耕と畜産，あわせて**農業**がいつ，どこで始まったかについては，およそ１万2000年前〜4000年前に世界の数カ所でそれぞれ独立に始まり，そこから適合する風土に伝播していったとされている(6)．すなわちアジアの肥沃な三日月地帯（小麦，大麦，羊，山羊，豚，牛），中国の長江・黄河の中下流域（稲，アワ，豚，鶏），ニューギニア島（タロイモ，サトウキビ，バナナ），

メキシコ中部（トウモロコシ），アメリカ東部（カボチャ）で，後の3つは家畜が少ない．そのほかアフリカ中部，南インドもあげられている(7)．

以上ではエネルギー源のみに着目したが，ヒトの体をつくるタンパク質源としては，家畜の肉・乳とともに魚・豆類が大切である．エネルギー源とタンパク源の組み合わせ（小麦と肉・乳，米と魚・大豆など）がそれぞれの風土の食を構成する(8)．

以上から，農業の第1の自然的独自性は，光合成という地球上の唯一のエネルギー生産を人間が人為的に促進する点にあるといえる．それは採取・狩猟段階でもおこなわれるが，本格的には農耕段階に入ってからである．

2 土壌と農業

土地生産としての農業

農業労働によってヒトは動物から分かれて「人間」になる．そこで労働過程を見ていく（図1-1）．人間が労働するには労働対象と労働手段が必要である(9)．労働対象は人間が有用な物を生産するために働きかける対象（天然物，

図1-1 労働過程の組み立て――工業と農業

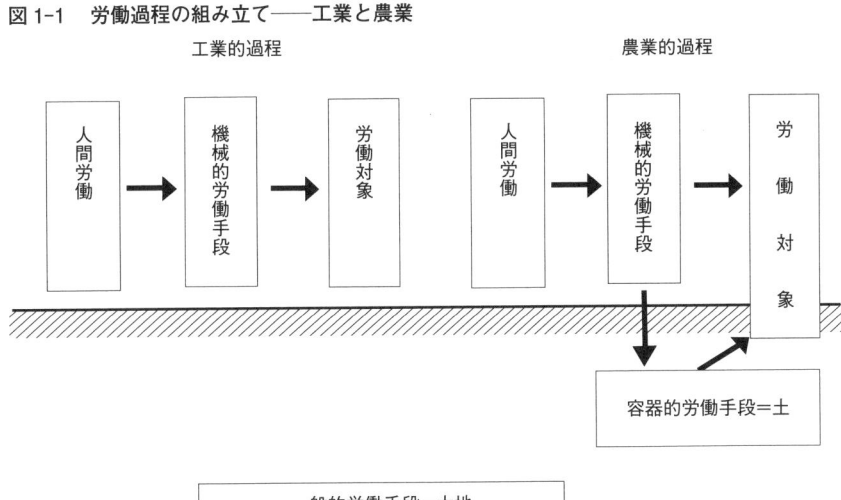

注．七戸長生『日本農業の経営問題』北海道大学出版会，1988年，図1-4に補筆．

労働生産物としての原料，農業では種子・作物・家畜等）を指す．原料の一種として補助材料（肥料，農薬等）もある．**労働手段**とは人間が労働対象に働きかける手段として用いる道具や機械である（クワ，カマ，役畜，農機）．

　辞書を引くと農業 agriculture の語源はラテン語の「ager（畑）＋ cultura（耕す）」だという．日本でも「犁（す）き耕すことは農事の第一の仕立て」（宮崎安貞『農業全書』1698年）とされている．「耕す」労働の直接の対象は土地である．しかし労働の最終目的は作物の実りであり，作物が労働対象だとすれば，「土地」は，人間労働と作物のあいだに入り，人間労働が作物に働きかけることを媒介する労働手段だといえる（ただし農地の造成・改良等をおこなう場合には「土地」は労働対象になる）．

　通常，工業の労働過程は〈人間労働→機械的労働手段→労働対象〉という3つの要素からなる．それに対して農業は，労働手段を用いてまず「土地」に働きかけ，「土地」を通して労働対象としての作物に働きかける．その際に「土地」は，労働対象としての作物の根を入れておく容器としての役割を果たす（「容器的労働手段」）．かくして農業の労働過程は〈人間労働→機械的労働手段→容器的労働手段→労働対象〉という4つの要素からなる．工業一般より1要素多いぶんだけ複雑だともいえる．

　稲作を例にとれば，播種（はしゅ），田植，病害虫防除，収穫等は工業と同じ3要素過程だが，耕耘（こううん），除草，水管理等はまず「土地」や「水」に働きかける4要素過程になる．農業を工業から分かつのはこの4要素過程，なかでも「耕す」ことにほかならない．

　工業の時代には，機械的労働手段こそが生産力発展の指標だった．農業でもクワ（人力耕）→犁（す）（畜力耕）→トラクターといった労働手段の発展が見られる．しかし農業の発展には，「土地」や労働対象（作物や家畜）の改良も欠かせない．

　農業の第2の自然的独自性は，「土地」を不可欠な労働手段とするという意味で「土地生産」であり，「土地」を迂回して農産物を生産するという意味で「迂回生産」であるという点にある．

土壌

いままで「土地」と言ってきたが,「土地」には2つの意味がある.1つは「地」すなわち「大地」「地面」(ground) であり,もう1つは「土」すなわち「土壌」(soil) である.人間が労働するためにすっくと立つのは「大地」だが(積載力としての土地),耕すのは大地の表面である「土壌」である.

土壌は次のように生成する.地殻を構成する岩石(母岩)が地表に露出すると,風化により破砕されて土壌の母材をつくる.そこに藻,土壌微生物,地衣類が定着し,水分を弱炭酸に変えて風化を強める.さらにその遺骸が母材に混じって蓄積され,植物を育てるようになる.植物の遺骸は土壌微生物により分解されて,先の自然循環に取り込まれていく.さらにその分解途上の粗大有機物は,土壌微生物の生産物とあわさって暗色の「腐植」を形成する.こうして母岩の上に,有機物が混じった「表土」と,有機物が少ない「下層土」が形成される.これが「土壌」である.土壌は地球平均で18cm程度の薄い層であり,「地球の皮膚」と呼ばれる(10).

土壌の構造を示したのが図1-2である.土壌はミクロ団粒とマクロ団粒（だんりゅう）から形成される(11).ミクロ団粒は0.25mm未満の小団粒で,粘土粒子,細菌,腐植,植物破片が,細菌のつくる粘物質により結合されたもので,耕耘や降雨で破壊されることのない安定した団粒である.それに対してマクロ団粒はミクロ団粒が植物の細根,植物遺体とともに「ねばねばした網袋」としての糸状菌

図1-2 団粒と孔隙との関係

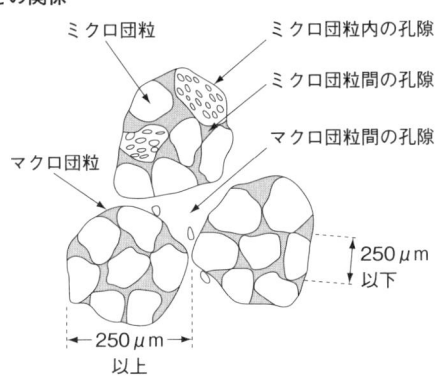

注.服部勉・宮下清貴『土の微生物学』養賢堂,1996年,37ページ.

菌糸によって結合されたものである.

ミクロ団粒とマクロ団粒が形成されることで,土壌には「すき間」ができる.すなわち (a) ミクロ団粒内のすき間, (b) ミクロ団粒間のすき間, (c) マクロ団粒間のすき間である. (a) は毛細管現象により水を保持する. (b) (c) は排水路となり,排水されたあとには空気が入り込む.つまりミクロ・マクロ団粒が併存することにより,植物の生育に不可欠な水と空気が適時適量に供給される.

有機物の「分解者」としての無数の種類の土壌微生物は,これらのすき間を棲み分けることで,たがいに拮抗を保っている. (a) には細菌(原核生物), (b) (c) には糸状菌,原生動物,細菌が生息し,有機物を分解してみずからのエネルギー源にするとともに,植物が吸収可能な無機物を形成し,粘物質を放出してマクロ団粒を形成する.マクロ団粒と土壌微生物は,前者が後者の種類を豊富化し,後者は前者の形成をうながすという相乗効果を発揮する.

ミミズは有機物と土を食べて腸内の粘物質によりマクロ団粒を形成して糞土として排出し,団粒形成に大いに貢献している[12].

土壌が農業に果たす役割をまとめよう.まず第1に,母岩は8つの元素をもつが,そのうちカルシウム,カリウム,マグネシウムは水に溶けて陽イオンとなり,植物に養分を供給する.第2に,水と空気の自動調節的な供給機能をもつ.第3に,土壌微生物は有機物を植物が吸収可能な無機物に分解する.加えて過剰・有毒な有機物も分解する(分解・浄化作用).第4に土壌の酸性化を防ぎ,作物が好む微酸性・中性に保つ緩衝作用をもつ[13].

このように農業は,地球生態系の産物である土壌を不可欠の要素として成立しているが,同時に適切に耕作されなければ土壌を破壊してしまう.傾斜地を鋤などで耕すと,マクロ団粒を破壊し土壌流出をうながす.さらに強風や豪雨が風食や水食をもたらす.アメリカ農務省によれば,2.5cmの表土を生成するのに500年かかるが,他方で推定で年250億tの土が失われているという.土壌浸食は人間が実感できない緩慢なスピードですすむ.乾燥した高温地域での灌漑農業は,毛細管現象を通じて地表に塩類を集積させ,作物の栄養吸収を妨げ(とくに小麦が弱い),肥沃な穀倉地帯を不毛の砂漠に変え,文明を滅ぼす.それをくい止めるために階段状の耕作,等高線に沿った耕作,輪作,不耕起・有機栽培等が提唱されている[14].

野菜工場

　以上では土を使うことを農業の独自性としてきたが，土壌病害虫の被害を避けるため，土を使わない「野菜工場」が増えている．土を使わない養液栽培は，水耕栽培や，岩石を溶かして用いるロックウール栽培として以前からおこなわれていたが，1990年代末あたりから企業の農業進出の一環として野菜工場が建設されるようになった．自然循環を断ち切って，その機能をすべて人間によるコンピュータ制御等で代替しようとするもので，有機エネルギーの生産という点では農業に共通するが，土を使わない「工場生産」としては工業に近い．

　野菜工場は自然に左右されず年に何十回も収穫できるなど周年栽培が可能であり，さっぱりした味はサラダに適するなど消費者に歓迎される面もあるが，逆に栄養価は劣り，自然の力を人為的制御で代替するには，エネルギーを多消費し，高コストであり，その単純な生態系は異物の混入等に攪乱されやすいという決定的な弱点をもつ．集約的な野菜作等には可能であり，宇宙に基地をつくるにも有効だろうが，すくなくとも，地球上のエネルギー生産の本命である広大な面積を使う穀物生産には向かないといえる．

3　畑作農業と水田農業

　農業のありかたは土壌によって規定される．土壌（地目）には畑，樹園地，草地，水田があるが，大きくは畑と水田に分かれる．農業に関する「学」は，先の agriculture の agri の語源（畑）にも見られるように，畑作を主たる対象としてきており，畑と水田の総合的把握にはなお至っていない．

　いずれにせよ，農業が持続するには次の条件を満たす必要がある．第1に，作物は土壌から養分を吸収するが，食料や飼料のかたちで農地の外に持ち出してしまった養分を補給する必要がある（地力維持）．第2に，作物は養分の吸収や光合成のための太陽光線の集光の点で，競合する雑草に打ち勝つ必要がある（雑草防除）．第3に，連作障害（同じ作物を何年も続けて作付けると病害が発生し収量低下する）や病気を引き起こす病害虫を避ける必要がある．以上の課題に対して，畑作農業と水田農業は異なったアプローチをしてきた．

畑作農業

ヨーロッパの畑作農業は，自然力の体系的な利用の道を追求し，そのシステムを"good husbandry"とか"farming system"と称した．後進国・日本の輸入学問は，それを「農法」と名づけている(15)．

ヨーロッパの畑作農法の特徴は，第1に，地力維持と食料確保のための有畜農業の道をたどる．畑作の穀物生産力は低かったので，耕地化できない痩せ地の，人間が食べられない草を，家畜の腹を通して動物性タンパク質（乳，肉）に転換することが不可欠だった．家畜の糞尿は堆厩肥として窒素，リン酸，カリ，微量要素の給源になった．「地力」はまずもってこのような養分の供給力と理解された．

第2に，地力回復・雑草防除・病害虫駆除のための休閑と休閑中の耕耘（休閑耕），さらには輪作である．畑を休閑地と耕作地に分け，休閑により地力を回復し，休閑耕で雑草や病害虫を防いだ．耕作地での生産力が高まると，休閑地の割合を減らすことができるようになる．こうしてローマ帝国時代の二圃式（畑の半分を休閑する）から，封建時代の三圃式（畑の3分の1を休閑する〈小麦―大麦―休閑〉）へと展開した．

三圃式農法では圃場外の放牧地を共有し，圃場内の耕作も6～8頭立ての大型有輪犂による共同作業をおこない，刈り跡の圃場は共同放牧された（開放耕地制）．それらにともなう共同体規制は共同体成員の生存を保障するとともに，個性や個別経営の発達を妨げた．

近代に入ると，畑の中に飼料栽培を取り入れて家畜を飼い，休閑を縮小・廃止することが追求された．まず穀草式農法（畑に牧草を一部取り入れる〈小麦―大麦―赤クローバー休閑〉）が展開し，産業革命期には，休閑をやめ〈小麦―飼料カブ―大麦―牧草（赤クローバ）〉の4年輪作をする輪栽式（ノーフォーク）農法が展開するに至る．深耕可能な小型犂の開発が，深耕を要する飼料カブの導入を可能にし，深耕は宿根性雑草の除草の決め手となり，休閑をなくすことができた．赤クローバの畑への導入は，畜産を発達させるとともに，空中窒素を固定して窒素肥料を提供した．家畜の舎飼化は堆厩肥を増やした．また輪作は非病原性微生物の働きにより病原性微生物を排除する作用をもつ．このような農法の体系的転換は「農業革命」と呼ばれたが，その経済的条件としては畜産物価格の上昇があげられる(16)．

圃場内に飼料作を取り込めるようになると，共同放牧地も個人分割され，圃場も農家ごとに囲い込まれ（小農エンクロージャー），農家には個室が生まれ(17)，個室は個性の発達をうながし，農業経営も個別化するようになった．イギリスでは，こうして封建制から解放された独立自営農民が成立するが，やがて彼らは農業資本家と農業労働者に分解し，資本主義農業経営が生まれる（→第 2 章 1）．

　ドイツの農芸化学者リービヒは，資本主義的農業が畑の養分を畑の外の遠い都市に持ち出してしまう略奪性をひどく批判し，持ち出された養分を外部から補給する必要があるとして，化学（人造）肥料にそれを求めた．事実，農業革命期の農業は化学肥料やペルー産グアノ（海鳥の糞）から窒素分を補給しており，先の農場内自然循環を完結させていたわけではなかった(18)．

　リービヒは，当時の堆厩肥等の有機質が作物に吸収されるとする有機農業（フムス）説を「非科学的」と批判し，「輪作の廃止」と「厩肥からの解放」をもって完全な「農業革命」とし(19)，逆の科学主義的な行き過ぎをおかした．当時の科学では前述の土壌団粒等の土壌の物理性はまだ解明されていなかった．畑作物の根が水分や空気を適量に吸収するには土壌団粒化が不可欠であり，リービヒが批判した有機質の投入はその団粒化をうながす．有機質は，化学肥料が過剰に供給されるようになった今日では，その養分供給よりも土壌物理性の改善の点で決定的である(20)．こうして地力の概念も，たんなる養分の供給から，「人間労働の作物への働きかけをよりよく媒介する能力」に重点を移した．

　日本の伝統的な畑作地帯は放牧畜産地帯でもあり，その土壌はほんらい豊かだが，酸性の火山灰土のために土にリン酸が吸着してしまい，長らく潜在能力を発揮できなかった．しかし1960年代に溶リン剤が開発されたことにより，集約的な野菜作や園芸作が可能になり，水田地帯とは異なった性格の産地が形成されるようになった．

水田農業

　水田農業については，焼畑の陸稲が平地に降りて水稲になったという，畑作と水田稲作の同一起源説もある（照葉樹林文化論）．これに従えば，水田農業も畑作農業の論理で割り切れることになる．しかし水田農業は，降水豊富なアジア・モンスーン地帯の湿地（天水田）における野生イネの栽培化と水田造成

とが一体的に成立したという説に従えば(21)，水田農業は，そもそも畑作とは起源を異にすることになる．

　乾燥を好む畑作農業から見れば，わざわざ湛水して水中で作物を育てる水稲栽培は不思議な存在に見える．水稲は，もともと湿地に生息し，茎が水をつらぬいて葉を空気中に広げる抽水植物であり，根への通気組織を発達させているので，畑作物のように酸素供給を土壌団粒に頼る必要がない．むしろ水持ちをよくし，田植を容易にするためには，代掻き（田に湛水して土を細かく砕く作業）によりマクロ団粒を破壊しミクロ団粒化する．畑作は土壌浸食や塩類集積に悩まされるが，水田は水を張ることによってそれを防ぐことができる．

　水田農業では畑作農業が直面した問題の多くを「水」が解決してくれる(22)．すなわち，①灌漑水は養分を供給し，また田面のラン藻類が空中窒素を固定して窒素供給をおこなう．湛水による還元（酸素を欠乏させる）状態は有機物の分解を遅らせ，土壌肥沃度を保つ．②湛水は雑草を防除し，それでも生える雑草の除草を容易にする．③湛水にともなう還元状態は，酸素を好み連作障害を引き起こす好気的な土壌微生物を除去し，水稲連作を可能にする．さらに④水による砕土効果，保温効果もある．

　水田は前述のようにアジア・モンスーン地帯の環境に適合した農業形態だが，とくに森林率が67％と高く山地・傾斜地が多い日本列島に人間が住み着き人口を増やすには，当初は平野部の大河川のコントロールはむずかしいため，土壌流出を抑えながら斜面森林を農地に開発する必要があった．それを可能にしたのが，斜面に無数の水田という小ダムを築いていく方法だった．

　水田農業は，土地面積あたりの収量・人口扶養力（土地生産性）が高いこと，その潜在力を発揮させるには稠密な労働が必要なことから，1家族あたりの経営面積は小規模になり，労働手段の発達による省力化の追求よりも，土壌や品種の改良によって単位面積あたり収量を増加する方向に力をいれることになる．こうして水田農業は，大面積を粗放に耕作して労働生産性を追求する畑作農業とは異なる展開をたどった．

　水がもつすぐれた機能に依存した水田農業にあっては，湛水による砕土・除草効果が発揮されたため，犂耕の発展を制約した．また水稲は連作が可能なので，他作物と輪作しないですみ，水稲単作化をもたらした．こうして畑作のように輪作や畜産を取り入れた有畜複合経営の展開は見られなかった．

そこでは水による供給だけでは足りない養分をいかに外部から補給するかが課題になる．近代以降，化学肥料を多投し，それに対する反応度の高い品種（茎が短く穂数が多い品種）を育種し，それが繁茂することにより発生する害虫発生を農薬で抑える偏肥主義におちいっていった(23)．

　1970年代以降，米が過剰になり，環境問題が厳しくなるなかで，外部から化学物質を多投する農業への反省が生じ，減農薬・減化学肥料さらには無農薬の有機栽培が追求されるようになってきた．しかし有機栽培といっても，投入材を化学肥料から有機質や微生物に替えるだけでは，外部からの投入に依存する農業のかたちは変わらないことになる．そこで前述の自然循環に依存した自然循環型農業が求められるようになる．

　また湛水がすぐれた効果をもつからといって，湿田のままでいいということにはならない．高温下で湛水・還元（酸素がない）状態が続くと有機酸が発生して根腐れを起こす．それを防ぐには稲の成育中に水を落として中干しする間断灌漑により，根に空気をあてる必要がある．間断灌漑は稲の過剰生育を抑えて，光合成に適した姿勢をとらせることにもなる．これらのためには水田の排水条件を良くする乾田化が必要である．

　主食用米の過剰は，水田を主食米生産以外にふり向ける必要を生じさせている（→第8章2）．そのためには，水田に水稲を作付けしつづけ，収穫された水稲を主食用ではなく加工用や飼料用にまわすという選択もありうる．しかしそれでは農業のかたち（農法）は変わらない．水稲単作を脱却するには，水田の排水条件を抜本的に改善して，水田と畑を輪換することのできる田畑輪換農法の確立が求められる(24)．今日では水田農業もまた畑作農業に通じる農法課題を抱えているといえる．

4　農業と環境

農業の多面的機能

　農業の第3の自然的独自性は，自然環境との相互作用のなかで営まれる点である．農業は，食料や原料を市場を通じて商品として供給する機能とともに，商品というかたちをとらないで，いいかえれば市場を通さないで，直接に人間生活や環境に影響を与える．このような市場の外部での（市場を通じない）経

済効果を「外部経済性」と呼ぶが，そのうちプラスの効果を日本ではとくに「農業の多面的機能」と呼んでいる．

　日本学術会議は，農業の多面的機能として，洪水防止，河川流況安定，地下水涵養(かんよう)，土壌浸食防止，土砂崩壊防止，有機物処理，気候緩和，保健休養・やすらぎ等の機能を指摘し，その貨幣評価は8.2兆円になると試算した（2001年）．2009年の農業産出額が8兆円だから金額的にほぼ匹敵する．多面的機能には，そのほかに湿地淡水生態系としての水田をはじめ生物多様性の保全機能も加えられる(25)．

　また農水省は，先の試算にもとづいて，関税を撤廃し農産物貿易を完全自由化した場合には，耕地面積の6割が失われ，洪水防止機能は67%，河川流況安定が90%，地下水涵養は90%，土壌浸食防止は59%が失われるとした（2007年）．

　多面的機能は本来，商品として供給されない機能だから，その機能を貨幣評価することには理論的な無理があるが，農業が国民生活に大きな役割を果たしていることを理解する助けにはなる．日本は，2000年のWTO農業交渉の開始にあたって（→第6章4），各国の「多様な農業の共存」のために農業の多面的機能に配慮すべきことを主張し，多面的機能を直接支払い政策の根拠にしている（→第8章3）．

　それは主として水田の機能を念頭に置いたものだが，畑作農業ではむしろ農業の環境負荷というマイナスの影響が強く意識されている（マイナスの外部経済は「外部不経済」と呼ばれる）．畑は長期的には土壌浸食を受けやすく，過剰な窒素は畑から流出して地下水を汚染し，それを飲料とする人間の健康を害する（後述）．農業の近代化は伝統的なヨーロッパ農村の美しい田園風景や生物多様性を破壊する．

　水田農業でも前述のように化学肥料・農薬の多投は多面的機能を害する．つまり多面的機能は，畑なり水田の適正な土壌保全，自然循環に即した農業によって発揮されるものであり，農業の現状をそのままにして主張できるものではない(26)．

地球温暖化と農業

　農業と環境との関係はより広い見地から検討する必要がある．本章の冒頭で，炭素 C や窒素 N の自然循環を光合成や農業との関わりで指摘したが，C や N は地球温暖化の原因となる温室効果ガスとしての二酸化炭素 CO_2，亜酸化窒素 N_2O，メタン CH_4 の構成元素である．

　地球は太陽からの可視光によるエネルギーの流入と，宇宙への赤外光の放射のバランスにより一定の温度が保たれているが，温室効果ガスは赤外光を吸収するため，大気から地面へのエネルギー放射を強めることで温暖化をうながす．

　温室効果ガスの 9 割以上を占める二酸化炭素 CO_2 は，緑色植物の光合成により120GtC（GtC＝10億 t 炭素，以下は単位略）が吸収されるが，その半分は植物みずからの呼吸により，50は植物残渣の微生物による分解（土壌呼吸）により，9 は森林の伐採・火災等により大気に戻され，陸域等に貯蔵されるのはわずかである．結局，化石エネルギーからの6.3の放出が最大の排出要因になる．今のところ陸地生態系は人為的に排出される CO_2 の 3 割を吸収しているとされるが，21世紀なかばにはその力も消滅することが危惧されている[27]．

　それを防ぐには，光合成により固定された CO_2 を大気に戻さないよう，森林や木材のかたちで封じ込め，あるいは海域の光合成促進をはかる必要があるが，土壌団粒もまた内部の有機物を微生物分解から保護することで CO_2 の発生を抑制する．土壌団粒化をうながす有機物の土壌への還元が二重に重要なわけである．

　亜酸化窒素 N_2O は量的には温室効果ガスの 3 ％前後だが，その効果は CO_2 の300倍といわれる．N は自然循環としては豆科作物や水田のラン藻類により固定されるが，畑では硝酸 HNO_3 になり，畑から流出して飲料水を汚染し，これを人間が口にすると亜硝酸になり，血液の酸素運搬を妨げ，いわゆるブルーベビー・シンドローム（赤ちゃんの皮膚がブルーになる）を引き起こし，成人では体内で他の物質と化合して発がん性物質に転じる．

　それに対して水田の場合は湛水されるので酸素の乏しい還元状態となり，そこでは脱窒菌が作用して過剰な窒素分は窒素ガスとなって空中に放出される．その結果，人体への影響は少なくなるが，地球温暖化の一因になる．窒素ガスは全体として畑土壌からの発生が多く，土壌団粒も有効ではないので，窒素肥料の多投を抑えるしかない．

メタン CH_4 は温室効果ガスの2％弱だが，温暖化効果は CO_2 の20倍以上とされ，メタン生成菌は酸素のない還元状態で活動するため，畑からの発生は少なく，人為起源の半分は水田と反芻動物のゲップによる．水田からの発生を抑えるには，前述の間断灌漑，完熟堆肥化等が有効とされている．

　まとめると，農業も地球温暖化の防止に対してプラス・マイナスの作用があり，防止には森林への温室効果ガスの蓄積，窒素肥料の抑制，ていねいな水管理等が有効だとされている．

　地球温暖化は農業にどのような影響をおよぼすか．IPCC（気象変動に関する政府間パネル）の報告書（2005年）は，水については高緯度地帯では増加，熱帯・亜熱帯では減少，作物収量は中・高緯度地域ではわずかに上昇，低緯度地域では減少，全体として3℃以上の上昇では収量減になるとしている(28)．日本でもすでに西日本の米生産に影響が出るなど，産地ごとに異なった影響をおよぼし，森林の北上が温暖化に遅れれば森林の衰退をまねき，洪水や干ばつの異常気象も強まる．かくして温暖化については，防止と対応の両面からの対策が求められる．

持続可能な生産力への転換

　生産力とは人間労働が有用物（使用価値）をつくり出す能力を指し，「生産性」はその指数化である．工業と不足の時代には，生産力・生産性といえば，いかに多種類の，いかに多くの有用物を産出するかが関心事だった．端的に言って単位労働時間あたりの生産量としての労働生産性（あるいはより少ない時間で生産する省力化）の上昇が追求された．土地生産としての農業の場合には労働生産性に加えて，単位面積あたりの生産量（単収）も問われ，農法も主としてその面に関わった．

　市場メカニズム，自由競争は，主流派経済学では希少な資源の有効配分のシステムだとされているが，むしろ資源が無限にあり，環境負荷に限界がないことを前提として，それらに制約されることなく労働生産性，省力化，コストダウンを追求するものだった．その結果として，資源の浪費，過剰生産・過剰消費，環境への負荷が生じた．

　今やそのような「生産力」のありかたそのものを見なおすべき時代である．生産力とは，そもそも人間にとって真に有用なものを持続的につくり出す能力

である．それはたんに産出量が量的に増えればいいというものではなく，真の豊かさ，すなわち種類の豊富さ，質の良さ，安全性が問われる．種類の豊富さの点では，食料生産は風土に規定されるものだから，「地産地消」が大切である．またかさばる農産物の運搬（遠隔地からの輸入）は二酸化炭素の放出を増加させる．そこで農産物の重量と輸送距離を掛けた「フードマイレージ」の縮小を追求する必要がある．

　農産物の質の点では，「新鮮，安全，おいしい，栄養価がある，健康」が求められる．「健康」とは，作物の自然の生育時期にあわせて太陽光線を吸収した「旬」の作物や，よりよい環境で虐待的でなく飼育された家畜から，人間にとっても健康な農産物や畜産物が生産されるという意味である．

　そのような質と量を，自然循環に即して，環境に対する負荷を増やさず，資源を枯渇させないように追求し，次世代に継承していく必要がある．消耗的な生産力の追求から，持続的な生産力の追求への転換である．現代の経済に問われているのは，市場メカニズム，資本主義経済，政策，人間生活がそれを可能にするかどうかである(29)．

注
（1）　梶井功（編）『「農」を論ず』農林統計協会，2011年，第2章（田代洋一・執筆）．
（2）　リチャード・フォーティ（著），渡辺政隆（訳）『生命40億年全史』草思社，2003年．
（3）　園池公毅『光合成とはなにか』講談社，2008年．
（4）　東京大学光合成教育研究会（編）『光合成の科学』東京大学出版会，2007年，1（園池公毅・執筆）．本書は生命史，環境についても参考になる．
（5）　日本の縄文時代の状況については岡村道雄『縄文の生活誌』改訂版，講談社，2002年および松木武彦『列島創世記』小学館，2007年．
（6）　ピーター・ベルウッド（著），長田俊樹ほか（監訳）『農耕起源の人類史』京都大学学術出版会，2008年．
（7）　ユーラシア大陸とアメリカ大陸における家畜や作物の種類の多寡，家畜化がもたらした疫病が歴史に与えた影響については，ジャレド・ダイアモンド（著），倉骨彰（訳）『銃・病原菌・鉄』上下，草思社，2000年．
（8）　佐藤洋一郎（監修）『ユーラシア農耕史』第1巻，臨川書店，2008年，序章（佐藤洋一郎・執筆）．日本については江原絢子ほか『日本食物史』吉川弘文館，2009年，一（江原絢子・執筆）．
（9）　人間の労働過程については，カール・マルクス『資本論』第1巻第5章（1867年，

(10) デイビッド・モントゴメリー（著），片岡夏実（訳）『土の文明史』築地書館，2010年．農業の歴史にもくわしい．なお土壌学のテキストとしては松中照夫『土壌学の基礎』農山漁村文化協会，2003年，が網羅的である．環境の項でも参照．
(11) 青山正和『土壌団粒』農山漁村文化協会，2010年．最新の成果をわかりやすく解説している．環境の項でも参照．
(12) チャールズ・ダーウィン（著），渡辺弘之（訳）『ミミズと土』平凡社，1994年．デヴィッド・W・ウォルフ（著），長野敬ほか（訳）『地中生命の驚異』青土社，2003年，も参照．
(13) 岩田進午『土のはなし』大月書店，1985年．土壌学全体の参考になる．
(14) このうち不耕起栽培については，注10, 11, 13の文献に諸見解があるが，まったく耕さないのではなく，その方法と頻度の問題のようである．
(15) 加用信文『日本農法論』御茶の水書房，1972年．
(16) 梶井，前掲書，第III章（梶井功・執筆）．
(17) 生源寺眞一ほか『農業経済学』東京大学出版会，1993年，第5章（森建資・執筆）．
(18) 柘植徳雄『西欧資本主義国の共生農業システム』農林統計協会，2010年，第4章．同書は注15の文献に対する最近の批判でもある．
(19) 椎名重明『農学の思想』東京大学出版会，1976年．
(20) 西尾道徳『農業と環境汚染』農山漁村文化協会，2005年，第1章．環境問題でも参照．
(21) 池橋宏『稲作の起源』講談社，2005年．学界では異説あつかいだが，本書は支持する．関連する文献整理として来間泰男『稲作の起源・伝来と"海上の道"』上下，日本経済評論社，2010年．
(22) 田中洋介「クリーク水田農業の展開過程」（『農業技術研究所報告 H』52号，1979年）．著書ではないが水田農業の最もすぐれた農法論であり，農学部図書館などで探されたい．
(23) 岩田進午『「健康な土」「病んだ土」』新日本出版社，2004年．
(24) 谷口信和ほか『水田活用新時代』農山漁村文化協会，2010年，第2部（梅本雅・執筆）．
(25) 鷲谷いづみ『〈生物多様性〉入門』岩波書店，2010年．同『自然再生』中公新書，2004年．
(26) 日本における環境保全型農業の展開事例については，戦後日本の食料・農業・農村編集委員会（編）『戦後日本の食料・農業・農村』第9巻（農業と環境），農林統計協会，2005年．
(27) 吉田文和ほか（編）『持続可能な低炭素社会』北海道大学出版会，2009年，第4章

（山形与志樹・執筆）．地球温暖化問題については，注10，11，20の文献も参照．
(28)　渡邉紹裕（編）『地球温暖化と農業』昭和堂，2008年．
(29)　校正段階で，本章に関連する文献として，植田和弘ほか（編）『有機物循環論』昭和堂，2012年，が出版された．

第 2 章　資本主義の農業・食料問題

　農業の社会経済的独自性は，雇用労働に依存する資本主義的経営とちがって，家族で営まれる家族農業経営であるという点である．もちろん町工場や商店など他にも家族経営はあるが，1つの産業全体が主として家族経営に担われるのは農林水産業だけである．

　資本主義の農業問題は，非資本主義的な家族経営農業が，資本主義的経営（典型的には株式会社）が支配する経済のただ中に巻き込まれることから発生する問題である．「農業問題」と一般的には呼んでいるが，家族経営すなわち農民経営の問題という意味では「農民問題」と呼ぶべきだろう．以下，本書でも通例に従い，特別に使い分けずに両者を用いる．

　20世紀は農民問題の世紀だったが，「はしがき」で述べたように1970年代あたりから食料問題が前面に出るようになり，それとの関連で農民問題も考える必要がでてきた．

　そのような歴史的な流れを見ていくが，第2次大戦後については次章以下でくわしく述べるので，本章では時期区分と，農業問題から農業食料問題への転換について述べる．

1　資本主義の農業問題

資本主義の成立と農業 ── 19世紀

　資本主義とは，おカネをもっている者（資本家）が，労働手段を購入し，労働者を雇用して，彼らを工場・オフィスに大量に集めて働かせて，協業と分業の力で大量生産させ，その生産物の販売から利潤を得る経済のありかたを指す．経営規模が家族労働力に規定される家族経営と異なり，企業経営では大量に人を雇い，多数の機械を駆使して「規模の経済」（規模が大きいほど効率が高ま

る）を追求できる．大規模化や技術革新により他の経営よりもコストダウンを果たせば，より多くの利潤が得られる．このような資本主義経営間の自由競争を通じて，生産力の飛躍的な発展がもたらされる．

　資本主義体制の成立には，一方に人を大量に雇用できるだけのおカネ（資本）をもった資本家階級と，他方に労働手段（具体的には土地）から切り離されて資本家に雇われて働くしかない労働者階級が出現する必要がある．その出現の過程を「**資本の原始的蓄積**」（マルクス）と呼ぶ．それは自由競争と国家による政策的促進という二重の過程をとる．

　先に政策的促進についてふれておくと，それは国家が議会を通じて農民の共有地を囲い込み，農民を追い出して，特定の者の私有地に変えてしまう「議会エンクロージャー」のかたちをとった．その量的効果は今日の研究では必ずしも大きくはなかったとされているが，資本主義体制が国家権力による暴力的な介入をテコにして成立した点が重要である．資本形成の面でも，国家が独占や特許の付与を通じて特権的商人層を支持した．

　次に自由競争の面について，最初に資本主義が成立したイギリスを例に見ていこう．封建時代の農業は前述のように農業経営に対する共同体的規制が強く，経営の自由な展開や自由競争，生産力の発展を拒んだが，イギリスではすでに13世紀ごろから封建制がゆるみだし，農民の個の自立と，土地に縛られていた農民層の地域移動が生まれていた．前章で見た農法展開のもとで，富裕な農民層は作付けの自由を求めて分散した耕地の囲い込み（小農エンクロージャー）や，共有地の囲い込みをおこない，個別経営化をはかった．

　囲い込みは，耕地整理等の費用負担を重いものにすると同時に，貧しい農民層が薪や飼料確保のために共有地を利用することを排除した．こうして農地・共有地からの農民層の切り離しがすすみ，土地は貴族などの大土地所有者の手元に集積された．富裕な農民のなかからは毛織物業など農村工業を兼営する者が生まれ，土地を追われた貧しい離農者の雇い主になった．その結果，農村は，大土地所有者，彼らから土地を借り労働力を雇用して資本主義的農業経営をおこなう借地農業資本家，そして農業労働者という3つの階級への分解をとげる．

　以上のような過程を理論化したのが「**農民層分解論**」である(1)．すなわち市場における農民経営間の自由競争を通じて，黒字になる農民層と赤字がかさむ農民層への分化が生じ，最終的には，前者が資本家階級に，後者が労働者階

級に両極分解をとげていくという理論である．

　家族経営が成立するには，家族が食っていけるだけの農業所得，いいかえれば農民が自分に払う「**自家労賃**」の確保が必要である．その水準がせめて他産業賃金並みでなければ，農業経営を続ける意味がない．他方では，「自家労賃」が確保されれば家族が食っていけるから，家族経営では「利潤」まで確保できなくても生産を続けられる．

　それに対して資本家的経営が成立するには，労働者に賃金を支払い，地主に地代を支払ったあとに「利潤」を確保する必要がある．のみならずその利潤額の資本額に対する割合（利潤率）が他産業並みでないと，農業に資本投下する意味はない．

　資本家と労働者への両極分解には，次の2つの条件が求められる．

　第1は，労働力の移動の自由である．赤字がかさむ農民が離農して他産業に雇用されるには，都市の工業的な労働市場が開け，労働力の地域・産業間の実質的な移動が可能でなければならない．

　第2は，資本の移動の自由である．借地農業資本家としては，まず労働者に賃金を確保しなければならない．そのうえでさらに地主に地代を支払う必要がある．地主の地代要求が過大だと資本家は他産業並みの平均利潤率を確保できない．そうなった場合に，さっさと農業から資本を引き上げて，他産業に移動できる条件が必要である．そのためには他産業での起業に必要な最低必要資本量の確保が欠かせない．

　資本主義経済を世界に先がけて設立させることができたイギリスでは，都市労働市場の展開が見られ，工業の最低必要資本量の水準はまだ低く，農業からの資本移動が可能だった．

　このような条件があるていど整うなかで，イギリス（イングランドおよびウェールズ）では，土地所有者の3％に土地の92％が集中し（1852年），借地割合は90％弱に達していた（1870年ごろ）．100エーカー（40ha）以上だと労働者2人以上の雇用を要するので，それをいちおう資本家的経営とすれば，それは全経営の3分の1を占め，その耕作土地は全耕地の8割に達した．農業労働者は家事兼用もふくめ125万人に達した（1851年）[2]．明らかに借地農業資本家経営が生産の主流をなしたといえる．

資本主義の食糧問題

資本主義の発展は，自給的農民を土地から切り離して，彼らを食糧を購入する労働者に変えることだから，食糧に対する需要が飛躍的に増大する．イギリスはすでに18世紀末に小麦の輸入国になっていたが，なお地主階級が支配するもとで，ナポレオン戦争を機に1815年には穀物法により穀物関税を高め，輸入禁止的な水準にした．資本家にとっては，関税により食糧が高くなれば労働者の賃金を引き上げねばならず，そうすれば資本家の利潤が減り，イギリス工業の国際競争力が低下することになるから，穀物法は歓迎されない．

そこで有名な「穀物法論争」が起こった．地主階級とその代弁者であるマルサス（聖職者）は，穀物法の高関税で国内農業を守ることが，地主の地代収入を増やし，彼らの有効需要を高めるから資本主義にとって有益だとする有効需要論を主張し，関連して農工併進論，食糧安全保障論を展開する．

それに対して工業資本家階級の反穀物法同盟の理論的バックボーンになったリカードゥ（証券仲買人）は，〈穀物法→高関税→高穀物価格→高地代〉になったら，高穀物価格による高賃金と高地代が資本家の利潤を飲みつくしてしまい，資本主義は滅んでしまうと穀物法の廃止を訴えた．

マルサスの有効需要論について見ると，地主の奢侈品の有効需要よりも，自給農民の労働者化による生活必需品の有効需要のほうがはるかに大きいし，現実にもたとえばイングランドとウェールズにおける1837年の土地所有者は貴族400人，大土地所有者1288人とされるから，わずか1700家族たらずの大地主が大盤ぶるまいしたとしても，その有効需要はたかが知れている．

したがって経済理論としてはリカードゥに分があり，産業資本家たちが反穀物法同盟を結んで議会を征するにおよんで，1846年には穀物法の廃止が決定された．

さらにリカードゥは「**比較生産費説**」により，自由貿易，国際分業論を展開した．すなわちＡ国のx財の生産費（労働量）は50単位，y財は70単位とすればxの比較生産費x/yは71％になる．それに対してＢ国のx財の生産費（労働量）は60単位，y財は90単位だとすれば，x/yは67％になる．x財の生産費もy財のそれも絶対的にはＡ国のほうが安いが，x財の比較生産費（x/y）はＡ国の71％に対してＢ国の67％のほうが低い．この例ではＢ国ではx財が「**比較優位**」（生産費がより低い），y財が「**比較劣位**」（生産費がより高い）であり，

A国では逆になる．

　リカードゥはそこからA国は比較優位のy財の生産に特化して輸出し，比較劣位のx財を輸入し，B国はその逆にすれば，A国もB国も（2国しかない仮定なので世界も）より多くのxy財（2財しかない仮定なのですべての生産財）を確保できるという比較生産費説を主張する(3)．この比較生産費説は，その後，生産性を資源の多寡に置き換えたりしたが，今日に至るまで自由貿易論の論拠にされてきた．

　A国をイギリス，x財を農産物，y財を工業製品とすれば，比較生産費説によれば，イギリスは工業に特化し，農産物を輸入したほうが経済的に得であり，イギリス以外の国は農業国にとどまりもっぱら農産物を輸出し，イギリスから工業製品を買ったほうが得だということになる．こうして，イギリスを世界の工場に，その他の全世界をイギリスへの食糧供給国に位置づけるイギリス中心の国際分業体制（パックス・ブリタニカ）が築かれた．その結果，イギリスの小麦自給率は1871年には56％に低下した．つまりイギリスは，食糧問題としての農業問題を，割高な穀物生産を海外にゆだねるという自由貿易により「解決」したといえる．

　このようにイギリスは「自由貿易」「自由主義」を標榜したが，それは「表」の顔であり，その「裏」では植民地の獲得に邁進し，イギリスは1876年には世界の植民地面積・人口の85％前後を占めるに至っていた（**自由貿易帝国主義**）．その目的の1つに農産物確保も入っていたといえよう．自由貿易論というのは，いつの時代でも覇権国家が掲げる「表の顔」にすぎないといえる．

2　農民問題と農業政策の登場——20世紀

列強資本主義・独占資本主義の時代

　イギリスの自由貿易・国際分業論に対して，当時のドイツ等の「後進国」は保護貿易論に立って高関税で国内市場を守りつつ資本主義化・重化学工業化をはかっていき，19世紀末には，世界は「**列強資本主義**」の時代に移行していく．1896～1900年の世界工業シェアは，アメリカ30％，イギリス20％，ドイツ17％，フランス7％，ロシア5％，日本1％だった．

　後進国の資本主義化には，いくつかの課題があった．第1に，食糧の自給生

産から切り離された労働者に対して，賃金財としての食糧を商品として用意しなければならない．イギリスはそれを海外に依存してきたが，後進資本主義国は，農業部門・農業地域を，資本主義化する国民経済の内部に取り込んで食糧確保するしかない．取り込むべき農業は封建時代以来の家族経営によって営まれている．つまり資本主義は非資本主義的な家族経営をみずからの内部に包摂せざるをえないという矛盾におちいる．その結果，以下に見る「農民問題」が発生することになる．

第2に，「後進国」がイギリスに追いつき追いこすためには一挙に重化学工業化をはかる必要があり，そのためには巨額の資本を集める必要がある．そこで採られたのが**株式会社**という企業形態である．株式会社は，売買自由な株式を発行することを通じて，その購入に投じた資金の回収を可能にする．安定した投資先を一般大衆に提供することにより，その零細資金をかき集めることで，一挙に巨額の資金を調達できる．ドイツ等はこの株式会社形態を用いて重化学工業化をはかっていく．その結果，各国で大独占企業が成立することになり，**資本主義経済は独占資本主義，帝国主義の段階に移行する**(4)．

19世紀は資本家といっても個人資本家であり，大小の差はあっても「どんぐりの背くらべ」であり，そういう資本どうしの自由競争だった．それに対して20世紀になると，資本も零細資本，中小資本，大資本（独占資本）に階層分化する．独占資本は，その独占力の行使と高い生産性により独占利潤を確保し，相対的に高賃金の支払いを可能にする．そうすると労働市場も大企業，中小企業，零細企業ごとに分断され，賃金の格差構造が生まれる．

家族農業経営の滞留

資本主義企業や労働市場が階層化，格差構造化してくると，農民層分解の前提だった前述の2つの条件，すなわち労働力の自由な移動と資本の自由な移動が大幅に制約されるようになる．

農家は，農業が割に合わなくなっても，条件の良い労働市場にはおいそれと入っていけないので，家計水準を引き下げ，兼業化しながら農業内にとどまる道を選ぶ．他方，農業で利益があがらなくなった農業経営者がより高利益の部門に移行しようとしても，そこで求められる巨大な最低必要資本量をまかなえず，農業部門にとどまるしかない．こうして独占資本主義の段階には，農民層

分解は停滞的になる．

　労働力と資本移動の制限に加えて，①農業では技術革新や機械化が困難なため，経営間競争の軸となる生産力格差をつけづらい．②農業は年1回しか収穫できないので資本回転が遅く，年単位の利潤率が低くなる．③広大な農場内に分散する農業労働者の労務管理は困難が多い．自然と天候に左右される農業にあっては果敢敏速な対応が必要だが，それには経営主たる家長の即断力が必要であり，雇用労働で対応するには限界がある．④その裏返しとして，生命を育む農業は，親が子どもを慈しみ育てるような，きめ細やかな家族労働が適している．⑤雇用労働力と異なり，家族労働力は農業所得が減っても生活水準を落とすことで対応可能だという下方伸縮性がある．これらの要因が農民層分解を制限することになる(5)．

農民問題と農業政策の成立

　こうして農家が農業内に滞留することから，「資本主義の農民問題」が引き起こされる．

　資本主義国といっても現実にはイギリス以外では農民層が就業人口の多数を占めており，彼らは高税や高利貸しに搾り取られる存在だった．そのような農民層の経済的困窮が決定的に強まったのは，**19世紀末農業恐慌**を通じてだった．

　「恐慌」とは，過剰生産により価格が暴落し，倒産・失業があいつぎ，資本主義経済全体がマヒしてしまう事態である．19世紀の資本主義経済はほぼ10年間隔で恐慌にみまわれていたが，そのなかで「農業恐慌」は歴史的独自性をもっていた．

　19世紀なかばは，前述のように自由貿易論が唱えられていたが，当時は戦争があいつぎ，ヨーロッパ近辺での農産物の輸出余力は乏しく，運搬技術も未発達で，穀物や肉類のようなかさばる農産物の世界自由市場は成立していなかった．ところが1870年代に入ると，大陸横断鉄道や鋼鉄蒸気船といった交通革命や冷凍技術により，ようやく世界農産物市場が形成されるようになる．それにより安い農産物が新旧大陸からヨーロッパになだれ込み価格が暴落する．図2-1によると，1870年以降，小麦価格が3分の2～2分の1に急落している．これが19世紀末農業恐慌であり，それにより農民層の経済的困窮が強まり，

図 2-1 イギリス，ドイツ，フランスの小麦価格の変動（各年次間の平均）

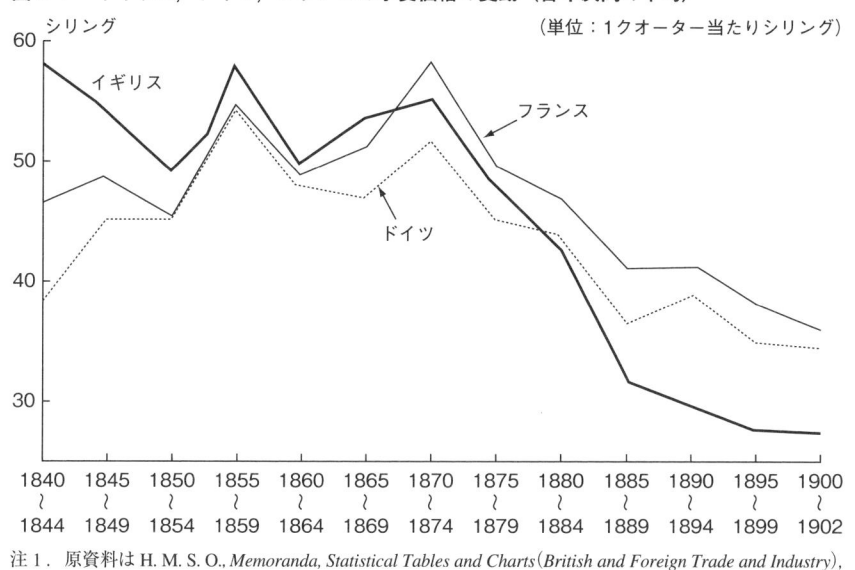

（単位：1クオーター当たりシリング）

注 1．原資料は H. M. S. O., *Memoranda, Statistical Tables and Charts*(*British and Foreign Trade and Industry*), 1903, p.121.
　2．持田恵三『世界経済と農業問題』白桃書房，1996年，167ページより引用．

「農民問題の発生」を見た．

　このような「農民問題の発生」が「農民問題の成立」に至る過程を，折から統一されたドイツ帝国について見てみよう(6)．ドイツ帝国は後進資本主義国として，イギリスから資本主義を輸入するとともに，それに反対する社会主義の運動も受け入れざるをえず，成立当初から資本家と労働者のするどい階級対立をともなった．ドイツ帝国は社会主義者鎮圧法や懐柔策としての社会政策（医療・労災保険，障害・老齢年金）を採用したにもかかわらず，反体制的な社会民主党（共産党）の議席が伸びつつあった．その一部は，農民層に対して，「あなたがたは資本主義のもとでは没落して明日には労働者にならざるをえないのだから，今日のうちに労働者と政治的に同盟しよう」と呼びかけた（エンゲルス『フランスとドイツの農民問題』1894年）(7)．いわゆる労農同盟論である．

　他方で，同じく農業恐慌による価格暴落のために破産に瀕したドイツ東部のユンカー経営層（半封建的な直営大農場主）もまた，「ドイツ農業者同盟」を

組織して,農民層に対して,彼らと共に運動することを呼びかけた.

このような階級対立のなかで,もし労働者と農民の政治的同盟が成立すれば,ドイツ帝国は支配体制の崩壊の危機(体制的危機)におちいる.それを回避するには,支配体制側も農業政策により**社会的統合策**(国民を支配体制側に引きつける策)を講じなければならない.農民問題がたんなる経済的困窮だけでなく,このような政治的な政策的な問題に転化したとき「**農民問題の成立**」が見られる.

しかし農業政策といっても,各国通貨と金との兌換をともなう当時の金本位制下では,財政支出がかさむと輸入が増えたりインフレで為替相場が下落し,その国の通貨で払うより金で払ったほうが得になるので,金が流出してしまう.そこで財政支出をともなわずに農産物価格の下落に対処する方法として採られたのが,国境外からの安価の農産物の輸入に対する**関税政策**だった.

農業関税は賃金財としての食料品価格を高くするので,本来は資本家の利益にそぐわないが,当時のドイツの工業資本家の主流は,先進国イギリスに対して工業製品の国内市場を守りつつ,さらには対外進出のための軍事費の調達のためにも,工業保護関税を求めていた.こうして工業関税と抱きあわせで農業関税政策が採られることになった.

農業保護政策はそれなりに国内農業を保護・発展させる.農民層がそのことに満足し,反体制の運動をおこなわなくなれば,「農民問題の成立」は実現しない.先のユンカー経営層を中心とするドイツ農業者同盟は,農民層を巻き込んで組織を拡大しつつ,排外主義(外国人の排斥)と反ユダヤ主義を唱え,後のナチス(国家社会主義)の1つの温床になっていく.

以上はドイツについてだが,〈農民問題→農業政策〉は,実際には各国ごとにさまざまな展開をたどった.

イギリスにおいても図2-1のように19世紀末の農業恐慌期に小麦価格等が暴落し,地代も低下し,農場所得は3割減となった.しかし自由主義の国・イギリスは農業保護政策ではなく,穀作から永久牧草地(畜産)や園芸作への転換,食糧の海外依存で切りぬけようとし,小麦の自給率は1901年には25%に低下した.機械化等で農業労働者数も1901年には65万人と半減したが,経営規模階層に大きな変化はなく,また自作地割合は1887年14.9%,1900年13.6%で[8],農業恐慌による貸付地売却はすすんだものの,借地農業の本質は変わらなかっ

た.

　そのようなイギリスにおいて農業政策が登場するのは，第1次世界大戦時にドーバー海峡を封鎖しようとするドイツの潜水艦作戦に対する食糧確保の必要性からであり，農業労働者確保のための最低賃金の引き上げ，価格が生産費を下回るぶんを補てんする不足払い制度が採られた(9). 自由主義国において農業政策が登場するのは，皮肉にもマルサス的な食糧安全保障論を通じる国家安全保障政策としてだった.

　安価な農産物を輸出する側であったアメリカでも，農民運動が1870年代から登場し，20世紀に入ると中小農民のファーマーズ・ユニオン，次いで半官製的な大規模経営層のファーム・ビューローが設立されていく(10). 農民運動は，鉄道会社や倉庫業者の独占による高い運賃や買い叩きに対する反独占のたたかいのかたちをとった．その土台には農産物の共同販売，資材の共同購入をおこなう農業協同組合運動があり，そのことが反トラスト法（独占禁止法）における，農民が協同組合を通じておこなう共同行為の**独占禁止法適用除外**に結実し，今日に引き継がれている.

　さらに遅れた後進資本主義国の日本では，農民問題は欧米におけるような農産物の販売者としての価格問題としてではなく，地主から農地を借りる小作農が支払う小作料の減免の要求，小作争議のかたちをとった（→第3章1）．

農民問題と農業政策の展開——1930年代以降

　農民問題の第2の世界的激化は，1929年からの世界恐慌の一環としての農業恐慌を背景に起こった.

　世界恐慌による農産物価格の暴落は，ただちに農民問題を「発生」させる．第1次世界大戦のなかで成立した社会主義ソ連の面前で起こった資本主義の世界恐慌は，資本主義を存亡の危機におとしいれた．その再建の方策をめぐって，対外侵略的なファシズム（個を犠牲にして全体の利益を追求する全体主義）か，ケインズ的な有効需要政策（財政支出による景気回復と雇用の創出）かが争われ，人口の多数を占める農民層もその渦中にあった．こうしてふたたび農民問題が「成立」した.

　しかし今回の農業恐慌は，19世紀末農業恐慌のように原因が国外にあるのではなく，国内の農産物過剰によるものだから，関税政策で輸入をくい止めるだ

けでは対応できない．そこで当時の先進諸国が採ったのが，**農産物価格支持政策**だった．

関税政策は国家にとって関税収入をもたらし，費用はかからない．それに対して価格政策は，国家が最低価格で買い取るか（最低価格保障制度→価格支持），あるいは生産費と市場価格の差額を不足払いする（不足払い制度→価格補てん）必要があり（→第8章1），いずれにしても国家の財政負担をともなう．問題はそれをどう確保するかである．

先に金本位制のもとではそのような政策介入はむずかしいと述べたが，世界恐慌を機に，世界各国は，通貨と金の兌換をやめ，ある程度まで金準備に制約されずに通貨を発行できる**管理通貨制度**（金準備量ではなく国家が通貨発行を管理する制度）に移行した．そのもとでは中央銀行が通貨を発行し，国家が国債を発行してそれを吸収することで，国家が財政資金を確保できるようになる（手っとり早いのは中央銀行による国債引き受け）．

第1次世界大戦を通じて，国家はしだいに「小さな政府」から「大きな政府」になりつつあった．労働者階級の権利獲得がすすみ，資本家階級との同権化がすすみ，それにともなって体制維持のためには福祉政策が必要となった．こうして管理通貨制度にもとづいて国家が経済過程に深く介入する**国家独占資本主義**，あるいは福祉政策を展開する**福祉国家**が成立する．国家財政の対GDP比は19世紀の10％台から，20世紀に入ると2度の世界大戦をはさんで40％台にまで高まってくる．

そこでは国家は3つの役割を果たす．第1は，経済成長の制約要因になる労働力・土地・水等の不足を政策的に打破し，資本蓄積（資本が利潤を投資して生産規模を大きくしていくこと）を促進する．第2は，特に社会主義に対抗するために，国内の階級対立等の社会的緊張を緩和し，国民を支配体制にひきつける社会的統合策をとる．第3は，財政金融政策を通じて，恐慌を回避し景気循環をコントロールすることである．

このような政策の主要な発動の場の1つが農業政策であり，その中心が前述の価格政策だった．

管理通貨制度への移行は，金本位制のような国際金融制度を失ったことでもある．そのもとで各国は国際収支の均衡よりも，国内での階級対立の緩和を優先することになり，主要国がそれぞれブロック（通貨・経済圏）を形成し（日

本は「大東亜共栄圏」），世界市場を分断する．恐慌からの脱出は，各国ともケインズ的有効需要政策よりも戦時経済化によってだった(11)．こうしてブロック間の対立が極まった果てに第2次世界大戦が勃発した．

3　第2次世界大戦後

高度経済成長期（1970年代初めまで）

戦後については第3～6章でくわしく述べるので，ここでは概観にとどめる．

第2次大戦後，資本主義と社会主義の体制間対立が強まった（冷戦体制）．資本主義国は，ドルと金との交換にもとづく固定相場制（金ドル為替本位制）と安価な石油エネルギー確保の「パックス・アメリカーナ」（アメリカの支配下での「平和」）のもとで，高度経済成長期をむかえた．高度経済成長は農工間の所得格差を拡大し，新たな農民問題を生んだ．それに対して各国は所得均衡をめざして農業に関する基本法を制定し，農家の経営規模を拡大する構造政策とともに，農産物価格の下支えを通じて農民に所得を付与する政策を講じた．

転換期（1970年代なかばから80年代前半まで）

戦後の高度経済成長は，1970年代前半，ドル・ショック（ドルと金との交換停止）とオイル・ショック（石油価格の4倍増）を通じて終わり，各国は不況とインフレの同時進行（スタグフレーション）に悩むようになった．また気象変動が激しくなるなかで1973年には世界的な食糧危機が起こった．

ドル・ショックを通じて，国際通貨体制は固定相場制から変動相場制に移行したが，そのもとでアメリカのドルは，金との交換をやめたにもかかわらず世界の基軸通貨（誰もが受け取り，支払いに用いる通貨）として生き残った．アメリカはドルが基軸通貨であることを利用して，ベトナム戦争等を通じてドルを世界中に垂れ流した．こうして過剰資本が累積するようになり，過剰資本はみずからの行動の自由を得るために金融自由化を求め，次のグローバリゼーション期を準備した．

高度経済成長を経て，農民は多数派から少数派に転じた．農民が少数派に転じると，社会的統合策としての農業政策は後退するようになる．加えて農業政策は，過剰生産と環境負荷を強めるものとして非難されるようになった．

また食料の内容も，生鮮品よりも高度に加工された工業品が多くなり，外食や調理品の割合も高まり，日本では「食糧」という言葉は「食料」に取って代わられた．前者は穀物を主とするが，後者は加工品をふくむすべての食べ物を指す．こうして農業よりも食料が争点になり，「アグリ・フードシステム」や「フード・レジーム」が論じられるようになり(12)，農業（農民）政策から食料政策へのシフトが生じた．農業問題も農民問題から農業・食料問題にシフトした．

グローバル化期（1980年代後半以降）

1980年代なかば以降，コンピュータを通じる情報通信革命が本格化し，社会主義体制が崩壊し，冷戦体制が終わった．社会主義の計画経済が崩壊し，地球は市場経済に一元化された．ふたたび自由競争が万能とみなされるようになり（**新自由主義**），金融・貿易の自由化が追求された．これらの事態が「グローバリゼーション」（以下「グローバル化」とする）と呼ばれる．

地球を1つに結ぶという意味でのグローバル化はいつの時代にもあった．そのなかで1980年代後半以降の今日的なグローバル化は，冷戦体制後の世界の勝利者になったアメリカ金融情報資本主義の支配のもとでの「**ポスト冷戦グローバル化**」と規定される．

1986年からガット・ウルグアイラウンドを通じる自由化が世界的に追求され，1995年にはWTO（世界貿易機関）が成立した．そのメインテーマの1つが農産物の自由化，農業関税の撤廃であり，「食のグローバル化」と「食の安全性のグローバル化」が一挙にすすんだ．国境（関税）政策や価格支持政策といった20世紀の農業政策は，自由競争に反し，農産物過剰を促進するものとして批判され，国が農民に直接に所得を付与する**直接支払い政策**への転換が農政の主流になった（→第8章3）．

多国籍アグリビジネス，次いで多国籍大規模小売業（カルフール，ウォルマート，イトーヨーカドー ── セブン＆アイ ── ，イオン等）が食料を支配するようになり，それが提供する安くて脂肪過多のジャンクフードの摂りすぎが健康を害することが問題視されるようになった．BSE（狂牛病）など食の安全性問題が世界規模で頻発するようになり，21世紀には穀物が安全在庫水準すれすれになる農産物不足時代に転じた．

それに対して，消費者に「健康で安全な食料」を提供するという「民主的食料政策」を求めて，都市と農村，消費者と生産者の両側から，多国籍企業や政府，国際機関に対する運動が強まるようになり，農業・食料問題が本格化するに至っている．

注
（1）　かつては農業問題というと農民層分解論が主だったが，今日でも残る 1 冊として，『綿谷赳夫著作集』第 1 巻（農民層の分解），農林統計協会，1979年．
（2）　イギリスの歴史的データについては，以下もふくめ，大内力（編）『農業経済論』筑摩書房，1967年，第 1 章（渡辺寛・執筆）による．柘植徳雄『西欧資本主義国の共生農業システム』農林統計協会，2010年，も参照．
（3）　リカードゥ（著），羽鳥卓也・吉沢芳樹（訳）『経済学および課税の原理』岩波書店，1987年（原著は1817年），第 7 章．比較生産費説については石田修ほか（編）『現代世界経済をとらえる　Ver. 5』東洋経済新報社，2010年，第 5 章（石田修・執筆）．
（4）　レーニン（著），宇高基輔（訳）『帝国主義』岩波文庫，1956年（原著は1917年）．
（5）　ルース・ガッソンほか（著），神田健策ほか（監訳）『ファーム・ファミリー・ビジネス』筑波書房，2000年．
（6）　持田恵三『世界経済と農業問題』白桃書房，1996年．農業問題と農業政策の関連も同書による．ドイツについては原田溥『ドイツ社会民主党と農業問題』九州大学出版会，1987年．
（7）　田代洋一『農業・協同・公共性』筑波書房，2008年，第 8 章．
（8）　椎名重明『近代的土地所有』東京大学出版会，1973年，第 4 章．通説ではイギリスにおいても20世紀に資本主義農業の解体と自作小農化が起こるとしているが，本書はデータをもって反論している．
（9）　森建資『イギリス農業政策史』東京大学出版会，2003年．
（10）　小澤健二『アメリカ農業の形成と農民運動』農業総合研究所，1990年．
（11）　猪木武徳『戦後世界経済史』中公新書，2009年，第 6 章．
（12）　これらは「フード・ポリティクス論」と一括されるが，主な文献としては，アレッサンドロ・ボナンノほか（著），上野重義ほか（訳）『農業と食料のグローバル化』筑波書房，1999年，マリオン・ネスル（著），三宅真季子ほか（訳）『フード・ポリティクス』新曜社，2005年，ハリエット・フリードマン（著），渡辺雅男ほか（訳）『フード・レジーム』こぶし書房，2006年，ティム・ラングほか（著），古沢広祐ほか（訳）『フード・ウォーズ』コモンズ，2009年，ラジ・パテル（著），佐久間智子（訳）『肥満と飢餓』作品社，2010年．

第2部
農業・食料問題の展開

第3章　戦後改革期の農業問題

　本章から第6章までは，第2章に示した農業問題の分析視角と時期区分に従い，戦後日本の農業問題，次いで農業・食料問題と農政の展開を追跡する(1)．

1　戦前期の農業問題

戦前期の農業問題

　戦前から敗戦後にかけての農業問題の根本は土地問題であり，その基本は地主的土地所有・小作料をめぐる地主と小作農民の対抗関係である．
　地主的土地所有（小作人に貸し付けて小作料収入を得るための土地所有）は，耕作者が小作料を支払えるほどの一定の生産力の発展と，それにともなう貨幣経済の浸透をふまえて，幕藩体制中期あたりから発展するようになった．水田農業は労働集約的なため，経営面積の規模拡大の効果はある程度で頭打ちとなる．そこで経済力をつけた者は経営規模の拡大よりも土地所有規模を拡大し，所有農地を貸し付けて小作料収入を追求する方向に向かった．
　明治維新の地租改正は，耕作農民（小作農）ではなく地主に土地所有権を付与し，地主の小作料収入から国家が地租を徴収する道をとった．地主的土地所有は資本主義の発展とともに拡大しつづけ，産業革命期（1900年前後）に全耕地の45％程度を占めるようになり，戦後の農地改革までほぼ同率を保った．
　ヨーロッパのような農場制農業ではなく，零細な1枚1枚の田んぼが他の耕作者の田んぼと入り交じって存在する日本の分散錯圃制の農業のもとでは，地主小作関係が網の目のように張りめぐらされていた．農家の割合を見ると（1908年），自作農が33％，自小作農（自作地が小作地より多い）が39％，小自作農（小作地が自作地より多い）や小作農（小作地が経営地の9割以上を占める）が合わせて28％で，7割の農家が地主小作関係に関係し，その影響下にあった．

この比率は第 2 次大戦前まであまり変わらなかった.

　小作料は江戸時代と同じく現物で支払われた．金納にすると小作農も市場経済に巻き込まれて経営破綻し，小作農を安定的に確保できなくなるからである．小作料の水準は収穫高の半分にもおよび，小作農の手元には農業日雇賃金の 3 分の 2 程度の水準の所得しか残らなかった(2)．戦前の農家の消費水準は都市の 6～7 割とされるので，小作農に至っては都市の半分程度の水準だった．

　にもかかわらず小作を続けざるをえなかったのは，都市的労働市場の展開が不充分で，前章で見た労働力移動の自由が実質的に制限されていたからである．そのもとで小作農は地主の経済的支配のみならず人格的な支配を受けた．

　小作米は地主の手で換金され，その資金は前章で見た「資本の原始的蓄積」に投じられた．こうして地主制はある時期まで資本主義経済と共生し，地主は帝国議会の最大勢力となり，資本家とともに天皇制国家権力を支えた．

　しかし徐々に資本主義的な労働市場が展開するようになり，小作農にもそこに移動する可能性が開けてくると，彼らはそのことをバネにして投下労働に対する自己評価を高め，それを確保するために小作料の引き下げを求めて小作争議に立ち上がるようになる(3)．これが日本における「農業問題の成立」である．小作争議は，第 1 次大戦後，ロシア革命による社会主義的勢力の伸張，国内での米騒動や労働争議，戦後恐慌期の繭価暴落と農村解体の危機を背景として，主として西日本から北陸地方へと拡大するようになる(4)．

　小作争議は，当初は「戸主」を中心とした「むら」ぐるみの「一揆」的なかたちをとって，村外大地主を主たるターゲットにたたかわれた．しかし1929年からの世界恐慌が日本をも襲うなかで（昭和恐慌），困窮した中小地主が小作地を引きあげようとしたのに対して，小作農の耕作土地を守るたたかいが東日本にも波及して全国化し，戸主だけでなく青年層も参加し，村外地主だけでなく村内の地主も対象とするようになった．要求も，それまでの小作料減免から，「土地をよこせ」という，農地改革に連なる土地要求になっていった．農業問題は欧米では価格問題のかたちをとったが，同時期の日本では土地問題のかたちをとった．

　地主的土地所有の性格をめぐって，それが半封建的なものか，それとも前近代的なもの（近代に連続するもの）かについて，戦前来の激しい理論的政治的対立があったが，総括されないまま研究は下火になった．

地主的土地所有は，経済的内実（小作料水準，物納，人格的支配が媒介）として封建時代と変わらない地主小作関係が，封建時代ならぬ資本主義経済の真っただ中に存在し，しかもある時期までは発展した．つまり地主・小作間の生産関係は封建的だが，そこから得られた小作米は地主の手で商品化され資本主義の資金循環に組み込まれた．しかし後述するように資本主義が重化学工業化，戦時経済化するなかでは地主的土地所有は資本主義の生産力的な発展にとっての阻害物に転じた．このような関係を総体としてとらえれば，地主的土地所有は「半封建的土地所有」といえよう．

　今日のわれわれにとってより重要なのは次の点である．前述のように，明治維新は資本主義化の基礎である近代的所有権の確立にあたって，その概念をヨーロッパから輸入した．ヨーロッパでは，近代的土地所有権とは，絶対君主が不当に土地を取りあげたり重税を課したりすることを拒絶する「絶対的排他的権利」をもった「自由な私的所有権」として確立した．しかしそれが地主制が支配している日本に輸入されると，その権利は，国家権力に対してではなく，耕作する小作農に対して地主が自由にふるまう権利になってしまった．そこから所有権絶対の土地観が植えつけられ，今日に至るまで国民の意識を支配し，合理的な土地利用を妨げている[5]．そのような点からも地主制論争をふり返ってみる必要があろう．

戦前期の農業政策

　小作争議は，独占資本と並ぶ天皇制国家権力の支柱としての地主的土地所有をターゲットにすることにより，体制的危機に直結し，体制側の政策対応を必要とした．

　国はまず，市町村に「農会」をつくって，地主の指導下に農業技術の改良や農業利害の結集をはかろうとし（1899年農会法），「むら」には「農家小組合」を組織した．さらに1900年には産業組合法を制定し，今日の農協の前身にあたる**産業組合**を村ごとにつくって，農民の相互扶助関係の組織化をはかった．1930年代の昭和恐慌期には，産業組合は農家や産業組合の自助努力で農村経済の復興をはかろうとする「農村経済更生運動」のなかで，政府のバックアップを受けて躍進した．また1932年には，小作層も産業組合に結集させるために，農家小組合に法人格を与えて「農事実行組合」とし，団体として産業組合に参

加させるようにした．これらの措置により，農政はようやく内務省と並行して市町村行政を把握するに至り，中央集権農政と，「むら」の官製組織化により矛盾を吸収しようとする日本農政の原点が形成された．

　焦点である農地政策としては，まず第1に，農商務省内に小作制度調査委員会が設けられ，小作農に耕作権とその譲渡を認める小作法案が検討されたが，地主勢力の大反対によってあっけなくつぶされる（1921年）．

　そこで第2に，小作争議を国家権力や村・地域の社会的圧力で抑え込もうとする小作調停法が1924年に制定され，一定の効力を発揮した．

　第3に，国が小作人に融資して，地主から土地を買い取らせる自作農創設維持政策が開始される．小作争議による小作料の引き下げで採算性が低下した地主的土地所有の売却（売り逃げ）を促進し，ひいては問題の発生源である小作関係そのものを解消してしまおうとする政策だが，小作人の費用負担は重く，融資の枠が小さいなかで自作地化は思うようにはすすまなかった．

　日本が侵略戦争に乗りだし，第2次世界大戦に突入するようになると，総力戦遂行のための食糧確保が農政最大の課題になり，生産に寄生するだけの地主制はその阻害物になった．そこで1938年に農地調整法が制定され，市町村に農地委員会をつくって（ただし設立は任意），そのもとで地主の権利の一定の制限をはかり，さらに1940年前後には，天皇の勅令等により小作料・地価・農地転用の国家統制がなされていった．

　しかし地主制を決定的に後退させたのは，農地政策ではなく，食糧管理制度（以下「食管制度」とする）だった．すなわち1942年には農家の飯米分を除く米の全量供出制をとる食管制度が発足し，小作人は小作米を生産者米価で国家に売り渡し（供出），地主は国から地主米価で支払いを受けるように改められた．これは実質的に，物納制から金納制（現物を金額に替えて納める代金納）への移行であった．そして地主米価は生産者米価より低く設定されたので，1945年産米の公定小作料率は12.5％まで下がった．

　また食管法は，米流通から商業資本を排除し，米の集荷を産業組合に一元的に担わせることによって，その統制団体化を決定的にした．さらに，1943年には大政翼賛体制の一環として，農会や産業組合等のすべての農業団体が「農業会」に統合される．農業会は，全戸加盟主義であり，役員は行政庁の許可を要し，国家権力的統制の末端を担う官製組織とされた．

以上の農地政策,食糧管理政策,産業組合等の戦前期とくに戦時体制期の政策には,戦後に引き継がれていく面があることが注目される.

2 戦後改革期の農業問題

占領政策

第2次世界大戦で無条件降伏した日本は,連合国の占領下に置かれ,国の独立を奪われた.連合国の占領政策は極東委員会・対日理事会が決定する形式だったが,「空襲と原爆投下によって日本を降伏させたアメリカの地位は日本占領に関しては別格」(6)であり,事実上アメリカの単独占領下に置かれた.アメリカは,連合国最高司令官(マッカーサー)・連合国総司令部(GHQ)を通じて日本を間接統治した.間接統治は,日本の政府統治機構を利用する方式であり,権力の所在や政策決定のイニシアティブがやや不透明になるが,1951年の単独講和までの日本の支配権力はアメリカである.

アメリカの当初の占領目的は,日本がふたたび「アメリカの脅威」とならないよう非軍事化・民主化することであり,日本の経済復興は,日本が侵略した東アジア諸国より後まわしにし,平和な軽工業資本主義国として復活させることであった.

しかしアメリカが共産主義に対抗する最前線基地に位置づけていた中国大陸で,1946年後半から国民党政府と共産党の内戦が本格化し,国民政府軍が劣勢になるなかで,1947年夏ごろから,中国本土に代えて日本を反ソ連・反社会主義の極東における経済的拠点に仕立てあげる構想が検討されだした.そして1948年1月の「ロイヤル(陸軍長官)声明」により,日本を反共産主義の防壁として,その非軍事化・民主化を見なおす「占領政策の転換」が明確化した.

世界の対抗軸は,1945年までのファシズム対反ファシズムから,アメリカ対ソ連,資本主義対社会主義の「冷戦体制」に転換した.それに対するアメリカの極東戦略は,①反社会主義の「軍事的防波堤の役割を韓国・台湾・フィリピン・沖縄に担わせ,日本本土は経済復興に専念させる分割支配体制」(7)であり,②日本経済を潜在軍需産業としての重化学工業国に仕立てあげることだった.

日本は戦争により軽工業は壊滅的な打撃を受けたが,重化学工業はほぼ戦前水準を維持していたとされる.しかし設備の老朽化と原燃料のストップが痛手

だった．それに対して1946年後半には，①統制計画経済のための経済安定本部，②輸入石油による鉄鋼生産の再開，それを石炭産業にふり向けて燃料確保する「傾斜生産方式」，③鉄や石炭の生産に国家資金を融資する復興金融公庫の設立等があいついでなされた．

農地改革

アメリカは，当初の占領目的に即して財閥解体・独占禁止，労働改革，農地改革をおこない，日本が与えた戦争被害の賠償計画を立てたが，それらの多くが「占領政策の転換」により徹底されなくなった．そのなかで，農地改革は変更なしに実施されたほとんど唯一の改革だった(8)．

戦時中から日本の食糧難は著しかったが，1945年は大凶作（平年の67％）であり，引揚者500万人をふくめ人口が急増するもとで，食糧難が極限に達した．1946年初めの主食消費量は1人1日あたり1282kcalであり，生存するためだけに必要な基礎代謝量にすら及ばず，1946年5月には「コメよこせメーデー」が起こり，食糧危機が体制的危機をもたらした．

1945年10月，戦前からの熱心な自作農論者であった松村謙三が農林大臣に任命された．彼は後に「あの当時農村が騒がしくなれば，第一に食糧がでてこないし，共産化したかもしれない」と述懐している．彼は，食糧危機を体制的危機と受けとめ，食糧問題の解決のために農地改革を「農民が騒ぎたてる前に断行する」しかないと判断し，農林省事務局に農地改革の立案を命じた．

事務局は，前述した戦前の小作法の検討をふまえてただちに農地改革法案を作成し，それが帝国議会にかけられた．これが第1次農地改革「案」だが，当時の帝国議会とくに貴族院で地主勢力の頑強な抵抗を受け，占領軍の圧力によってやっと通過させることができた．しかしその内容はGHQの認めるところとならず，実施に移されなかった．こうして第1次農地改革は「案」の段階で挫折したが（小作料金納化とその公定化のみ実現），農地改革を見越した地主の小作地取り上げとそれに対抗する農民運動に火をつけることによって，結果的に農地改革の実施をあと押しする役割は果たした．

1947年3月以降，農地改革のイニシアティブはGHQの手に移り，その対日理事会（米，ソ，英，中がメンバー）において第2次農地改革案が詰められていく．そこでは，まずソ連が，全貸付地の解放，一定面積以上の小作地の無償

没収等を主張したが，それは私有財産権の否定だとしてアメリカが強く反対し，結局はイギリス連邦案（オーストラリアが執筆）に即して第2次農地改革が実施された．

第1次農地改革「案」と，実際におこなわれた第2次農地改革を対比したのが表3-1である．

改革方式は，1次案では地主・小作の協議をベースとし，協議が整わないときは県農地委員会の裁定で強制譲渡させるとしたが，第2次では国家強制買収・直接販売方式となった．地主の貸付地をどこまで解放対象とするかが最大の争点だったが，第1次案では，大臣は内地1.5ha超の貸付地の解放（1.5haまでの貸付地の保有は容認），農林省案では3ha，閣議では5haとなった（5haだと小作地の3割しか解放されない）．それに対してイギリス連邦案は，全小作地の7割解放を目標にし，そのためには1ha（北海道4ha）超の貸付地の解放が必要だとした(9)．

解放されなかった貸付地（「残存小作地」）は，小作料について厳しい統制を受けて，半自作地並みのあつかいとなった．その全農地に占める割合は1割だったが，1955年で残存小作地のある農家は42％，貸付地のある農家は20％であり，広範な農家が関係しており，戦後の新たな賃貸借関係の展開にはマイナスに作用した．

地主としての認定単位は第1次案では個人だったが，個人だと貸付地を世帯員で分割して解放をまぬがれる可能性があるとして，第2次では世帯単位とし

表3-1　第1次農地改革案と第2次農地改革の比較

	第1次農地改革案	第2次農地改革
成立時期	1945年10月原案，12月成立	1946年8月閣議，10月21日公布．2年間で遂行
改革の方式	地主・小作の買取り協議．不成立の場合は，県農地委員会裁定により強制譲渡	国家強制買収，売渡し
解放対象農地	不在地主の全貸付地 在村地主の5haを超える貸付地	不在地主の全貸付地 在村地主の都府県1ha，北海道4haを超える貸付地
地主の単位	個　人	世　帯
対象地主・土地	10万戸，約100万ha	252万戸，178万ha
買収価格	自作収益価格	地主採算価格
小作料等	消費者米価で金納化，代物納も可	消費者米価で金納化，代物納は不可 小作契約の文書化
市町村農地委員会の構成	地主5・自作5・小作5	地主3・自作2・小作5

た．個人ではなく世帯（いえ）単位に所有権を認める措置は，農地改革の完遂のためにはやむをえなかったが，結局は世帯主1人に所有権を認めるものであり，女性を農地所有権から閉め出すジェンダー問題を抱え込むことになった．

農地改革の実際の執行は県と市町村の農地委員会にゆだねられた．第1次案では所有者側が委員の半分を占めたが，第2次では小作側が半数を占めるように改められた．

農地改革は，1948年末を目標に2年の短期間に実施された．その結果，財産税物納分もふくめ小作地の8割，194万haの解放がなされ，総農地に占める残存小作地の割合は1割に縮まった．地主からの買収は，地主採算価格でおこなわれたが，戦後の激しいインフレのもとでは実質価格はゼロに近づいた．占領軍内で農地改革を担当したラデジンスキーは物価スライドを強く主張したが，和田博雄農林大臣はその主張を退けて，無償没収に近い改革となった．

農地改革の背景

農地改革の主体的条件としては，戦前来の農民的経営の一定の成長，小作争議等の農民の変革エネルギー，それらを通じる農村社会の一定の民主化等があげられる．農政においても戦前の農林革新官僚による小作立法等の経験があった．しかしそのような国内的な条件の成熟は第1次改革「案」をつくるまでの力しかなく，しかもそれを実現するには至らなかった．

それに対して第2次農地改革の国家強制買収という方式は，市場経済や私有財産制の原則に抵触する性格を有する．それを遂行するには，国家権力のむきだしの発動が必要であり，日本政府にその力はなかった．その力をもつのは権力を握っていたアメリカ，GHQであり，それが真の遂行主体だといえる．

ではアメリカはなぜ徹底した改革に踏み切ったのか．アメリカは，日本の地主制が，農村における封建的関係を温存して軍国主義の温床をつくり，国内市場をせばめて対外侵略の原因をつくったと見ていた．そこで初期の占領目的を達成するためには，地主制の廃棄が不可欠とした（反封建）．

同時に，冷戦体制に突入するなかで，日本を，私有財産を否定する共産主義の浸透をゆるさない国にするためには，できるかぎり多数の小作農を自作農すなわち私有財産権者に仕立てる必要があった（反共産）．かといって地主の所有地をすべて解放させたら私有財産権の否定になってしまう．そこで1haま

での貸付けは認めることにした．残存貸付地（小作地）1 haは，農地改革が，私有財産制を一部侵しつつも私有財産制の枠内での改革にとどまることを示す「政治的シンボル」として位置づけられた．

かくして農地改革は，「占領政策の転換」にもかかわらず，非軍事化（反封建）と冷戦対応（反共産）という「ふたつの目的はたまたま事実上平行している」（ロイヤル陸軍長官）まれな事例になった．

そのことは農地改革と，それによって創出された自作農的土地所有権の性格を規定する．第1に，反封建の側面では，農業経営の基礎としての農地という生産手段の所有権を耕作者に認め，戦後の農業生産力発展の基礎をつくった．

第2に，反共産主義の面では，生産手段というより私有財産の所有権者をできるかぎり多く創出することに力点が置かれた．そのため，1筆（所有権の単位）1筆の農地の所有権名義を地主から当該農地の小作人に書き替えることを最優先し，農地の交換分合（分散農地を交換して団地化する）等は時間がかかり改革を遅らせるものとして敬遠された（改革時の交換分合面積は1万1000ha強にとどまる）．山林や都市宅地の解放も見送られた．また農林省は地価統制の継続を訴えたが，これも土地所有権の自由を侵すものとして占領軍に退けられた．その結果，高度経済成長期以降，農地価格が，農業採算価格（農業で採算のとれる地価水準）をはるかに超えて高騰し，資産的所有化をうながし，農地の有効利用を阻害する一因になった．

なお農地改革と並行して，過剰人口を吸収するための開拓政策がとられたが，その多くは手労働での血のにじむ努力をしても肥沃化の困難な畑作地であり，一種の「棄民政策」と呼ばれた．しかし開拓組合等を組織し酪農等を導入してなんとか生きのびたごく少数の地域は，その相対的な大面積や離農跡地を活用して産地形成を果たし，今日に至っている．

農地改革に関連して，新旧さまざまな見解がある．主なものについてコメントしておこう．①所有権付与ではなく耕作権を強化すべきだったという説．しかしアメリカは私有財産権者の増大に主眼を置いており，また地主制以来の所有権絶対の観念のもとで小作地のまま耕作権強化できるとするのは観念的である．②新聞記事等から見て，戦後の農業問題は農地問題ではなく食糧問題だったという説．しかし，食糧危機は事実だがその根底に土地問題があったことを忘れてはならない．③占領軍は農地改革に際して食糧問題には冷淡だったとい

う説．しかし，アメリカの考えは，いざとなればいくらでも余剰農産物を供給できるということだった．④農地改革は市町村農地委員会が国家の手を借りずに整然と実施されたという説．これは私有財産権という資本主義の根幹に手をふれる改革にあたって，アメリカという権力主体と，その末端を担う実行部隊を混同している．いずれも通説に異をとなえることに急で，総体評価に欠けるといえる．

戦後農業保護法制の制定
●農地法
　農地改革の成果を恒久化すべく，1952年には農地法が制定された．農地法は，農地を購入したり借入したりする権利を「自ら耕作する者」，具体的には農家に限定した（農地耕作者主義）．それは「自ら耕作しない者」たる地主の農地所有を否定した農地改革の，当然の結果である．
　「みずから耕作する者だけが農地の権利を取得できる」という農地耕作者主義は，「農地はあくまで農地として利用すべきである」という社会的土地利用規制の考えに通じ，その結果，農地転用（農地を農地以外の利用に転換すること）に対する戦前来の国家統制を，新たな理念のもとに継続させた．地主や株式会社等の農地取得をゆるさない農地耕作者主義や転用統制は，資本主義から農地と農民を守る点で，戦後農業保護政策の土台となった．

●その他の戦後農業法制
　GHQは「農民解放指令」において，農地改革により創設された零細で脆弱な自作農が「ふたたび小作人に転落しないための合理的保護」の措置を求め，一連の戦後保護農政の枠組みが形成される．
　第1は，前述した食糧管理制度の継続である．1942年に開始された食管制度は，新たに米価審議会の設立や，米作の再生産と家計の安定を旨とする二重米価制（国家が農家から高く買い，消費者に安く売る）の明確化などをおこないつつ，戦後に継続された．食糧管理法は戦後日本の食糧安全保障体制となり，1990年代なかばまで命脈を保った（→第8章2）．
　第2は，農業協同組合法の制定（1947年）である．これにより戦時体制下の農業会は戦争責任を問われて解散させられ，世界の協同組合原則にのっとり，

それまでの地域ぐるみの半強制的加入の組織から，自由に加入・脱退できる農業協同組合が組織された．しかし実際には折からの食糧難のなかで食糧の供出体制を維持する必要から，農協は，農業会の看板を塗り替えただけで，その事業・財産・職員等を引き継ぐかたちで再出発することになった（→第10章２）．

第３は，土地改良法の制定（1949年）である．戦前の地主本位の耕地整理組合に代わって耕作者本位の土地改良区の設立により，受益者負担の原則と補助金交付により，「農業生産力を発展させるため，農地の改良，開発，保全及び集団化を行なう」こととし，あわせて国県営事業に法的根拠が与えられた．土地改良区もまた戦後自作農の自主的組織化であるとともに，補助金交付を通じる政権党の集票ルートにもなっていった．

第４は，農業災害補償法の制定（1947年）である．日本政府は農協に保険事業をやらせようと考え，占領軍は加入自由の保険制度を考えていたが(10)，結局は独自に農業共済組合を組織し，主要食料と蚕繭（さんけん）は全戸加入，家畜の任意加入により災害の被害を補償する制度がつくられ，共済掛け金と組合事務費の国庫負担が法制化された．

第５は，農業改良助長法（1948年）による農業改良普及事業の発足である．これはアメリカから占領軍が移入した制度で(11)，国庫補助を受けた地方公務員としての農業改良普及員と生活改良普及員が，「緑の自転車」に乗って農業技術と農村生活の改良に飛び回り，農家に親しまれた．生活改善は不衛生な「かまどの改良」を手始めにとりくまれだし，「生活は女性」というアメリカ流の性別役割分担の考えで始まったが，後に専業的な農家女性の仲間づくりをうながすことになった(12)．

農業収奪政策の展開

農地改革や農業保護制度の整備の反面，資本主義経済の再建のために，戦争被害が相対的に小さかった農業に負担を強いる「収奪農政」が追求された．

第１は，食糧危機打開のための，食管法に定められた主要食糧である米・麦・イモ類・雑穀類の，農家保有にくい込むような全量供出の強行である．占領軍による「ジープ供出」や「サーベル供出」（米軍人がジープに乗り軍刀をちらつかせて供出を強制させる）といった，むきだしの権力の発動による徴発がおこなわれた．

第2は，資本主義を再出発させるための価格革命である．1947年の新物価体系では，戦前に対して一般物価65倍，米価45倍，賃金27倍と定められた．米価は戦前の半値以下に値切られ，ここに戦後の低米価・低賃金体系が発足した．

第3は，資本主義再建のための国家資金を，工業が壊滅状態のもとで，戦争被害が相対的に少なかった農業からの税収奪で調達することである．農家所得に対する農家諸負担（小作料・税金等）の割合は，1934〜38年22.4％，1941年14.5％だったが，1947〜49年は15〜20％におよび，小作料負担が税金負担に変わっただけになった．

以上の収奪農政の「ムチ」を農民に甘受させたのは，いうまでもなく農地改革という「アメ」であったが，次に見る農家経済の相対的地位の高さも収奪農政の受け皿になった．

戦後の農家経済

農家戸数は，1944年の553.7万戸が，1949年には624.5万戸に70万戸も増えた．国勢調査による農業者数は，1944年1167万人に対して1950年は1613万人で，約450万人増だった．終戦直後における人口の農村流入は500〜600万人弱におよんだ(13)．農村・農家は過剰人口のプールになった．

経営耕地規模別には，1ha未満が1941年の341万戸から1950年には449万戸と100万戸も増え（うち0.5ha未満が74万戸増），零細化がいちだんと強められた．

生産や所得の回復度の農工比較を見ると（表3-2），1940年代末には鉱工業が戦前の半分程度だったのに対して農業生産は戦前水準に回復し，農家所得は

表3-2　生産と所得の回復の農工比較（1934〜36年平均＝100）

	農業生産	鉱工業生産	実質賃金（製造業）	実質農家所得
1946年				109
1947	75	35	30	110
1948	86	46	49	113
1949	93	60	66	79
1950	99	73	85	96
1951	99	101	92	105
1952	111	108	102	117
1953	97	132	107	125

注1．労働省労働統計調査部『戦後労働経済史［資料編］』．農業生産のみ1933〜35年を100としている．実質農家所得は『経済白書』1955年版より．
　2．橋本健二『「格差」の戦後史』河出書房新社，2009年，78ページより一部引用．

戦前を上回っていた．産業別国民所得は，1948年度までは第1次産業31.8％，第2次産業30.8％と，第1次産業のほうが上回っていた．

相対的に戦争被害が少なく，回復が早かった農業・農家に過剰人口を吸収させつつ，就業者の頭数の多さと「やみ」（主食の公定価格とやみ価格には10倍以上の開きがあった）で稼ぐ農家経済が，国家による税収奪や低米価の押しつけという収奪農政を可能にした背景だといえる．食糧難にあえぐ都市住民は農村に買い出しに出かけ，戦前に農家を蔑視した仕返しに冷たくあしらわれたとして，その後長らく都市と農村の感情的対立を引きずることになった(14)．

作付けでは米麦・豆類が伸びた．まずは主食の確保だったのである．

3　経済復興期の農業政策

食糧増産政策の短い消長

1950年に朝鮮戦争が勃発した．日本財界は，それを「神風」「回生薬」の到来とよろこんだ．日本資本主義はこの朝鮮戦争の「特需」ブームで稼いだ外貨や資金を元手として，老朽化した設備の合理化投資をおこない，その後の高度経済成長の土台を築いていく．

そしてこのような経済自立政策の一環として，収奪農政の緩和と食糧増産政策がとられだす．すなわち，1950年には食糧増産興農運動が開始され，1952年には食糧増産5ヵ年計画が樹立される．まずシャウプ勧告にもとづいて税収奪の緩和がはかられた．農家所得に占める租税公課の割合は，1949年度には16％だったが，1950年度には10％，1954年度には7％まで引き下げられた．また基本米価を据え置いて各種奨励金で釣るかたちではあるが，政府米価が引き上げられ，1955年にはほぼ戦前水準に復した．図3-1に見るように，一般会計に占める農林予算の割合も，1948年度の6％から1949年度には15％と倍以上に引き上げられ，1953年には戦後最高水準になった．

農政の主力は土地生産性の増大に向けられた．すなわち1951～53年にかけて，積雪寒冷単作地帯振興特別措置法をはじめ特定地域の農業振興法が制定されて土地改良をバックアップし，そのために1953年に農林漁業金融公庫も創設される．図3-1でも土地改良費予算の割合が増大している．

さらに農民技術として開発された保温折衷苗代（油紙で覆った苗代）が，稲

図3-1 農林予算と土地改良費の割合

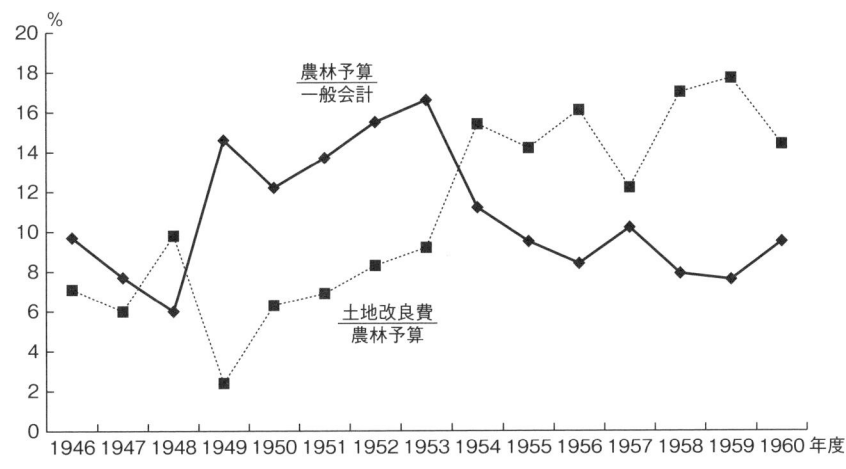

注1．農林省予算課調べ．
　2．加用信文（監修）『改訂　日本農業基礎統計』農林統計協会，1977年による．

の積算温度の向上をもたらし，寒冷地の稲作を安定化させるものとして，零細補助金に支えられて普及していった．

　水稲の10aあたり収量は，1920年に300kg水準に達して以来長らく停滞していたが，上記のような農地改革と食糧増産政策，そして農民の努力に支えられて，1955年以降は1966年までの平均で390kg弱という水準に飛躍した．土地改良法の立案者たちは，土地改良による労働生産性の向上をねらっていたが，現実に食糧増産政策が追求したのは，当時の膨張した農村過剰人口を惜しみなく土地に投下して土地生産性を高め，食糧の増産をめざすことだった．

　ではなぜこの時期に，食糧増産政策がとられたのか．そもそも収奪農政をいつまでも続ければ，農地改革で土地を取得して「おとなしくなった」農民層の怒りをふたたび呼び起こし，その怒りはもはや地主ではなく政府に向けられることになる．さらに地方財政の困窮と敗戦による地方政治の「混乱」のなかで，土地改良等の補助金をテコに保守勢力の農村支配を再編する必要があった．また朝鮮戦争は，戦争による食糧の途絶という，つい最近の悪夢を呼び起こした．

　しかし，決定的だったのは当時の日本資本主義の条件である．すなわち経済復興に励む日本資本主義にとっては，なけなしの外貨を原燃料や機械の輸入にあてる必要があった．しかるに1950年代前半の平均で，輸入に占める食料品の

割合は27％，米だけをとっても9％弱という高い割合だった．さらに国内価格が国際価格よりも低いもとでは，輸入農産物に価格差補給金をつける必要があった．しかも日本人が食べられるジャポニカ米の輸入には限界があった．

ようするに食糧増産政策は，それ自体として追求されたのではなく，資本主義の「経済自立」と合理化投資のための外貨節約が真の理由だった．ではあれ農政が食糧増産をめざしたことは，農民に営農の励みを与え，労働集約化による米の10aあたり収量の戦後段階を築き，耕耘機の導入や局地的とはいえ交換分合へのとりくみによる生産性の向上もはかられた．また1952年からの有畜農家創設事業，1954年の酪農振興法による集約酪農地域の指定による水田酪農等の複合化もはかられた．それは水田面積（稲ワラ）に規定された1～2頭飼いにすぎなかったが，労働投下の場の拡大と地力増進を求める積極的な模索だった．1950年代なかばの農村はもっとも活気があったと述懐する人も多い．金額で見た総合食料自給率は1952年で83.6％と高かった．

経済復興期の農家経済は，前期には戦争被害の少なさと復調の早さで資本主義再建の税源となり，そして後期には最大の人口・就業人口としての農家の世帯あたり家計費が都市世帯を上回ることで膨大な国内市場を形成し，内需面から次の高度経済成長への移行を支えた．

輸入依存体制へ

食糧増産政策の裏で，農産物の輸入依存体制が着々とつくられつつあった．日本は対外経済政策として，①1949年に1ドル＝360円の単一固定為替レートでの国際経済への復帰，②外国為替法にもとづく外貨割当制による重化学工業の再建，③加工貿易立国の追求のため，農産物・原油・原料の輸入に対する無税あるいは低率関税政策，をとった．このような貿易・為替の国家的管理下の手厚い保護によって工業の復活がはかられ，他方では輸入飼料の無・低関税輸入措置が，その後の穀物自給率引き下げの出発点となった．

また輸入依存の困難な米については一定の価格引き上げがなされたが，海外から安価な過剰農産物の輸入が可能な麦・イモ・雑穀等の畑作物については抑制的な価格政策がとられ，輸入依存に傾斜した[15]．

食糧増産政策は自給（向上）政策ではなかった．したがってそれは，安価な農産物輸入や米の自給達成の見通しが立てば，ただちに打ち捨てられることに

なる．こうして図3-1に見るように，1954年の緊迫財政において農林予算はふたたび一般会計の11%に圧縮され，1955年には10%を切った．食糧増産政策は，戦後農政においてたった1回限りの短命の政策だった．

この時期アメリカは，MSA（相互安全保障）法，PL480（余剰農産物処理法）により，「援助」という名目で朝鮮戦争後の膨大な過剰農産物処理をおこない，その代金を現地通貨で輸入国に積み立てさせ，その一部を再軍備や産業復興に使わせる方式をとり，日本もこれにより小麦・大麦・飼料・綿花などの輸入をおこなった．1954年には学校給食法が定められ，小麦や脱脂粉乳など輸入食糧の受け入れ体制が整えられ，民族の胃袋を児童のそれからつくり変えていく「アメリカ小麦戦略」が成功裏にすすめられた[16]．今日では児童生徒の学校給食の評判は悪くないが，当時のパンと脱脂粉乳による学校給食にいい思い出をもつ者は少ない．

援助の相手先はアジア，中近東など冷戦の最前線に立つ地域が多かったが，援助はそれら地域の国々の農業構造と食料消費構造をアメリカ依存型につくりあげるうえで大きな効果を発揮した[17]．

注

（1） 第6章までの参考文献を掲げる．最近の通史としては①『全集　日本の歴史』全16巻，小学館．経済史の通史としては②石井寛治『日本経済史』第2版，東京大学出版会，1991年．現代経済史としては③森武麿ほか『現代日本経済史』新版，有斐閣，2002年．戦後経済史としては④井村喜代子『現代日本経済論』新版，有斐閣，2000年，⑤北村洋基『岐路に立つ日本経済』改訂新版，大月書店，2010年．農業史としては⑥暉峻衆三（編）『日本の農業150年』有斐閣，2003年，⑦戦後日本の食料・農業・農村編集委員会（編）『戦後日本の食料・農業・農村』全17巻，農林統計協会，2004年～．戦後農政の貴重な証言としては⑧東畑四郎ほか『昭和農政談』家の光協会，1980年．本章ではとくに⑧が重要である．

（2） 倉内宗一『地主・小作制の展開過程』農林統計協会，1999年，第6章．

（3） 暉峻衆三『日本農業問題の展開』上，東京大学出版会，1970年．

（4） 林宥一『近代日本農民運動史論』日本経済評論社，2000年，第10章．

（5） 石井寛治『日本経済史』，（前掲）第3章3．

（6） 『詳説　日本史』改訂版，山川出版社，2010年，第11章．高校教科書である．

（7） 大門正克『全集　日本の歴史』第15巻（戦争と戦後を生きる），小学館，2009年，第6章．

（ 8 ） 農地改革に関する文献は多いが，『山田盛太郎著作集』第 4 巻，岩波書店，1984 年（発表は戦後初期），東京大学社会科学研究所（編）『戦後改革』6（農地改革），東京大学出版会，1975 年，中野清見『回想・わが江刈村の農地解放』朝日新聞社，1989 年，暉峻衆三『日本農業問題の展開』下，東京大学出版会，1984 年，第 7 章をあげておく．
（ 9 ） E. E. ワード（著），小倉武一（訳）『農地改革とは何であったのか？』農山漁村文化協会，1997 年．
（10） 岩本純明（解説・訳）『GHQ 日本占領史』第41巻（農業），日本図書センター，1998 年，「解説」．
（11） 東畑ほか，前掲書，第 4 章．
（12） 市田（岩田）知子「生活改善普及事業に見るジェンダー観」『年報　村落社会研究』第31号，農山漁村文化協会，1995 年．
（13） 森武麿ほか『現代日本経済史』（前掲），第 2 章（浅井良夫・執筆），『経済白書』1955 年版．
（14） 橋本健二『「格差」の戦後史』河出書房新社，2009 年．
（15） 加藤一郎ほか（編）『戦後農政の展開過程』農政調査委員会，1967 年，第 4 章（暉峻衆三・執筆）．
（16） 高嶋光雪『アメリカ小麦戦略』家の光協会，1979 年．
（17） 関下稔『日米貿易摩擦と食糧問題』同文舘出版，1987 年．

第4章　高度経済成長期の農業問題

　日本は1955～1973年にかけて国内総生産（GDP，年間に国内で生産された付加価値）の平均伸び率9％以上という高度経済成長をとげた．通常は5％以上を高度成長とすることが多いので，超高度成長ということになる．

　同時期，高度成長は他の先進諸国にも見られた現象であり，また後にはアジア諸国の高度成長が起こったことから，高度成長は後進国のキャッチアップ過程に共通の現象とする見かたもある．しかし日本の高度成長は，成長率において突出し，重化学工業化という独自の内容をもち，冷戦体制という戦後特有の状況下でのみ可能だった独自のものといえる．

　重化学工業化という面では，同時期に先進諸国の重化学工業化率はおおむね横ばいだったのに対して，日本は最低の水準から1960年代前半に早くも世界のトップにおどり出た．つまり他の諸国が量的な成長だったのに対して，日本のそれは産業構造の変化という質的変化をともなった．

　それは日本の重化学工業の比較優位性が急速に高まっていくこと，その反面で農業の比較劣位性が際だっていくことを意味する．その比較優位化と劣位化の激しさの点で，高度成長期における農工間格差の拡大という先進国に共通する農業問題は，とりわけ日本においてするどかった．

　本章では，このような高度経済成長下の農業問題・農業政策の展開を見ていく．この期は農業・食料問題というより，なお農業問題・農民問題の様相が強い．以下では1965年を境に，第1次高度成長期と第2次高度成長期に分けて見ていく[1]．

1　第1次高度経済成長と基本法農政

国際的枠組み

　第2次大戦後のアメリカの冷戦戦略は，第1に，韓国・台湾・フィリピン・沖縄等に軍事を，日本本土には経済を担わせる極東戦略をとった．第2に，経済面での分業体制として，核・エレクトロニクス・宇宙・航空機・コンピュータのような軍事直結的な最先端技術部門はアメリカがみずから担い，工作機械・重電機といった高度加工部門は西ドイツをはじめヨーロッパに担わせ，当時まだ技術水準の低かった日本には素材供給（鉄鋼，非鉄金属）とその労働集約的加工部門を担当させる，というものだった．

　そのもとで日本は1951年に西側陣営だけと講和条約を結び，同時に日米安全保障条約に調印し，本土は独立した．そのもとで，日本本土は「軽装備による経済発展」の道をまい進し，その代償として沖縄を占領下にとどめつつ，米軍基地を集中的に引き受けさせた．日本の高度成長とは，沖縄を取り残した「本土経済成長」だった．

　アメリカは日本に対して高度成長に必要な技術，原燃材料，そして市場を提供した（資本の提供は日本側がその支配を恐れて遠慮した）．この時から日本経済の対米依存体制が形成される．それまでの日本はエネルギー源の確保に苦労したが，安価な石油の輸入は高度成長のエネルギー源となった．中東石油を掌握したアメリカは，日本をアジアの石油精製・供給基地として位置づけ，日本各地に消費地精製主義による石油化学コンビナートを次々と建設し，薪炭や石炭から石油への「エネルギー革命」を引き起こしていく．

　また1949年の1ドル＝360円の単一固定為替相場制（それまでは品目ごとに異なるレート）による世界市場への復帰は，当初はきわめて円高だったが，固定相場制のもとで日本の輸出競争力が上昇していくにつれて相対的に割安になっていき，高度成長を国際金融面から支えた．

高度経済成長のメカニズム

　この時期の国民総支出の構成比の国際比較（表4-1）を見ると，日本は，①個人消費支出はほぼ欧米並み，②政府消費支出は10ポイントほど低く，③固

表 4-1　国民総支出の構成比の推移と国際比較

(単位：%)

	日本			アメリカ	西ドイツ
	1956～60年度	61～65年度	66～70年度	1968年	1969年
個 人 消 費 支 出	59.0	55.6	52.6	61.9	55.4
政 府 消 費 支 出	9.2	9.0	8.4	20.0	15.6
固 定 資 本 形 成	27.5	32.3	33.9	16.9	24.3
投資主体 　政　府	7.2	9.0	8.5	3.2	3.9
民　間	20.3	23.3	25.4	13.7	20.4
投資対象 　住　宅	4.0	5.4	6.8	3.6	5.2
その他	23.5	26.9	27.1	13.3	19.1
在　　庫　　増	4.2	3.3	4.1	0.9	2.3
純　輸　出　増	0.1	△0.2	1.0	0.3	2.4
輸　出　等	11.6	10.3	11.2	5.9	23.4
（控）輸　入　等	11.5	10.5	10.2	5.6	21.0
国　民　総　支　出	100.0	100.0	100.0	100.0	100.0

注1．経済企画庁『日本経済の現況』1972年，197ページ．
　2．井村喜代子『新版　現代日本経済論』有斐閣，2000年，154ページより引用．

定資本形成が高い，という特徴をもつ．

　①には日本の「後進性」「戦後性」が影響している．前章で見たように農村経済の向上と勤労者の所得向上が大きく，個人所得の階層分布は戦前に比して著しく平準化した．この時期，電気掃除機・洗濯機・冷蔵庫（「三種の神器」），白黒テレビに代表される耐久消費財，インスタント食品等の加工食品をはじめとする「消費革命」もすすみ，高度成長を底支えした．

　②は，高度成長が他の先進国のような「福祉国家」化をもたらすものではなく，福祉を「いえ」「むら」の共同体と企業内福祉にゆだねる「小さな政府」が，この期のみならず日本の特徴となった．

　③は，民間設備投資のそれが大きく，陳腐化した戦前来の技術をアメリカ等から輸入した最先端技術に更新する**技術革新投資**がその主軸をなした．各部門が競って技術革新投資をおこない，そのための生産財への需要を相互に喚起しあう「投資が投資を呼ぶ」状況を生み，急速な重化学工業化をもたらした．

　成長の物的条件はアメリカに依存したが，主体的条件としては国内における優秀で豊富で安価な労働力の存在があげられる．長期にわたる持続的な高度経済成長は，資本主義経済部門内の労働力供給をいずれ枯渇させ，労働力不足と賃金高騰により成長を制約するが，そのネックを容易に打開したのが資本主義的雇用関係の外部にある諸分野である．この時期の商工業部門の雇用増は，新

規学卒から49％，無業者から34％，農林業から12％程度であった．無業者には農家主婦等がふくまれ，新規学卒者のうち農家出身者の割合は3～4割に達した(2)．農家の新卒子弟は，資本がその養育コストを負担しないで確保できる「金の卵」だった．遠隔地農村から大阪・名古屋・東京等への「集団就職列車」がこの期を象徴するが，農家子弟のすべてが高度成長部門にストレートに吸収されたわけでは必ずしもなく，都市子弟が埋めたあとの周辺サービス部門等への就職も多かった．これにより戦前来の農村過剰人口問題は大きく解消され，そのうえで農業問題はなお農村に残る者の所得格差問題に移行する．

高度経済成長の政策的要因

　高度経済成長は，当初から政策的に誘導されたというよりも，民間部門の設備投資に始まったものだった．しかし次のような政策的な寄与もある(3)．
　①資本蓄積の促進のための制度整備が，経済復興期から着々とすすめられていた．1949年の外為法は貴重な外貨を成長部門にふり向ける外貨割当制度をともない，1950年代初めからの租税特別措置は減価償却を早める特別償却措置をともなった．
　②企業の設備投資の資金は市中銀行からの借入で調達され，銀行の預金量を超える貸付は日銀が融資した．資本がみずからの資本蓄積や株式の発行で資金を調達するのが通常の資本主義のありかただとすれば，異常ともいえる資金調達の方式だが，それを最終的に支えたのは中央銀行であり国家である．
　③国はまた，郵便貯金，簡易保険，公的年金等の資金を政府金融機関を通じて産業に投じる財政投融資計画を1953年から整備した．先に福祉国家の不備を指摘したが，そのことが国民の貯蓄率を高め，高度経済成長への資金動員になった．「小さな政府」を補完したのがこの財政投融資である．
　④1955年からは石油化学，機械工業，電子工業等の振興法が制定されるが，全体的な経済計画としては，1955年に経済自立5ヵ年計画，1957年に新長期経済計画，1960年に国民所得倍増計画が立てられる．いずれも実績が計画を上回る経済成長率の達成となり，経済計画は，高度経済成長をリードするというよりは，それをあと押しする結果になった．5ヵ年計画は経済自立と完全雇用を目的としたが，その後の計画は極大成長，生活水準向上，完全雇用を目的とし，社会資本の充実，重化学工業化，輸出拡大を課題とした．

1962年に全国総合開発計画が立てられるが，これまた，新産業都市建設という「拠点開発」方式により，4大工業地帯で始まった第1次高度成長を，4大工業地域のあいだの臨海部や一部の内陸部に波及させる効果をもった．

⑤第1次高度成長期には，官庁と財界が歩調を合わせたのに対して，政治は「経済成長の恩恵を享受する側にいた」とされる(4)．1955年には，自由党と民主党の保守合同により自由民主党が成立し，同時に左右の社会党も統一され，ここに保守3分の2弱，革新3分の1強で，保守は改憲に必要な3分の2は確保できないが半永久政権を維持するという保革の微妙なバランスに立つ「1955年体制」が始まる．

自民党は，来るべき日米安保条約改定に向けてのアメリカの周到な資金的なバックアップのもとに(5)，「自民党システム」を構築していった．それは，安保体制を大前提として軍備は「軽装備」で，主として高度成長に励みつつ，同時にその成果を高度成長の陽のあたらない分野（地方，農業，中小企業等）にも分配し，そのような利益誘導を党ではなく議員個人の後援会を通じておこなうことで，広範に保守層を組織していった．そして政策立案は官僚に丸投げしつつ，その案の丹念なチェックを通じて利害調整をはかり，「政官財の鉄のトライアングル」をつくった(6)．政治は，高度成長の促進よりも，その成果配分にみずからの介入の場を見いだしたといえる．農業基本法もそのような「自民党システム」の一環だった．

農業基本法への道

1955年に農林大臣に就任した河野一郎は，「食糧は増産すべきものなりとバカの一つ覚えのようにいっている」農政から決別し，高度経済成長に即応した農政の構築をめざした．農林予算に占める補助金の割合は1955年には55％にも達し，すでに1954年ごろから補助金農政批判が強まっていた．そこで河野は，1956年にそれまでの零細補助金を統合し，「農民の自主性」で「国際競争を前提とした適地適産」をはかる新農村建設事業を開始した．その指定地域数は4548に達し，事業費の6割弱は共同施設の建設で，有線放送，農機具，集荷場が多かった．また河野は，自民党の農村基盤を固めることを使命とし，農協や農業委員会（選挙により農民から選ばれた農業委員が農地行政に関わる行政委員会）などの農業団体の再編を企図した．

食糧増産政策が打ち切られた1954年には，米価も60kg（1俵）あたり4000円に引き下げられ，以降1960年まで据え置かれることになった．農林予算のウェイトも1959年には7.6％まで落ちた（図3-1）．他方，都市では華々しく高度成長が開始され，都市勤労者と農家との所得格差が急速に拡大しはじめた（図4-1）．せっかく農地改革で農地を解放され，一時は前述のように都市家計を上回った農家が，高度成長から置いてきぼりをくうなかで，ふたたび体制に不満をもつ社会的不安定層に転化する可能性がでてきた．しかも農業人口は1955年当時38％を占める最大の産業人口であり，1960年でも30％で製造業より8ポイントも多かった．

　当時は，キューバ革命とキューバ危機（ソ連がキューバへの核持ち込みをしようとすることによる世界大戦の危機），アメリカの侵略に対抗する南ベトナム民族解放戦線の結成，東西ドイツを分断するベルリンの壁の構築など冷戦対立が激化し，国内でも，10年目を迎える日米安保条約の改定に反対する安保闘争，エネルギー革命で閉山に追い込まれる三井三池の炭鉱ストなど社会的緊張が高まっていった．

　このような社会的緊張のなかにあって，農工間所得格差の拡大が新たな農業

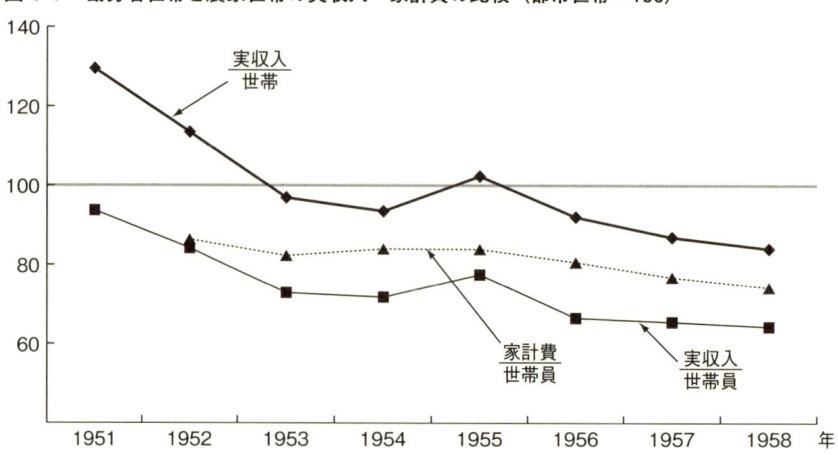

図4-1　勤労者世帯と農家世帯の実収入・家計費の比較（都市世帯＝100）

注1．原資料は総理府「家計調査報告」，農林省「農家経済調査報告」．
　2．農林漁業基本問題調査事務局（編）『農業の基本問題と基本対策（資料）』農林統計協会，1960年による．

問題を成立させることになった．所得格差はヨーロッパにも共通する問題であり，ヨーロッパでは西ドイツがいち早く1955年に農業法を制定し，フランスも1960年に「農業の方向づけに関する法律」を制定し，さらにEEC（ヨーロッパ経済共同体，1957年設立．1967年からEC，1991年からEU）は共通農業政策（CAP）を開始し，域内市場保護と価格政策を講じるようになった（→第8章1）．日本の農業基本法制定への動きは特に西ドイツに刺激されたものとされているが，内容面ではフランスに酷似している．

農林省は，1957年に『農林白書』を出し，農家所得の低さ，食糧供給力の弱さ，国際競争力の弱さ，兼業化の進行，農業労働力の劣弱化など，日本農業の「5つの赤信号」を指摘した．こうして1958年あたりから，農業基本法の制定が強く求められるようになり，1959年に農林漁業基本問題調査会が総理府に設置され，官・学界の総力をあげた検討が開始された．そして同調査会の答申「農業の基本問題と基本対策」（1960年）にもとづいて，「所得の不均衡が，戦後農村を含めてひろくわが国社会のうちに浸透した平等ないし均衡という民主主義的思潮とは相容れ難い社会的政治的問題」[7]だという認識のもとに，1961年に農業基本法が制定された．

調査会の検討がなされているとき，窓の外では安保反対のデモがうねっていた．1960年6月に国会批准された新安保条約は，その第2条で「日米の経済協力」の促進をうたい，第4条ではそのための「随時協議」を約束していた．そのことがその後の日米通商交渉における日本の対米譲歩を決定した．そして成立の翌日に政府は「貿易・為替自由化大綱」を発表し，「開放経済体制」への移行を宣言し，年末には前述の「国民所得倍増計画」が打ちだされた．このような状況下で生まれた農業基本法は，高度成長促進のための所得倍増計画や貿易自由化政策と表裏一体のものだった．

農業基本法の論理

「基本問題と基本対策」は，「農業の基本問題とは，経済成長の過程において農業従事者の生活水準ないし所得が他産業従事者と比して低いこと，その開差が拡大してきたこと，しかもその根底に零細農耕という戦前からの特質が横たわっていることにあり，その要因は農業の生産性の低さ，交易条件，価格条件の不利，雇用条件の制約等である．このような基本問題に対する対策の方向付

表4-2 就業者の農業と製造業の所得比較（製造業＝100）

	1人あたり	1時間あたり
1934～36年度	28.0	
1951	32.5	37.6
1952	34.2	40.7
1953	28.4	34.8
1954	29.6	35.9
1955	34.5	42.1
1956	27.0	34.2
1957	28.1	34.9
1958	31.6	39.0

注1．経済企画庁「国民所得白書」，農林省「三訂農林水産業就業人口の推計」による．
 2．図4-1に同じ．

けの契機は，新しい様相のもとに基本問題を顕在化させた成長経済それ自体のうちに存在しており，それらは，経済成長，就業動向，貿易条件の見通しないし変化である．このような契機を背景として，農業政策の方向付けは所得の均衡，生産性の向上，構造の改善という三つの側面をもつ」と説明している．

いやにバタくさい日本語だが，ここに「零細農耕」とは「保有農用地が狭小かつ分散状態にあるうえに，農業所得によって家計を賄いえない程度の規模，いいかえれば経営とはいい難いような農耕のこと」と説明されている．

また「生産性」という言葉が多義的に使われている(8)．第1は労働生産性であり，前章で見た食糧増産政策が土地生産性の向上を主目的としていたのに対して，高度成長期の農政としては労働生産性の追求に切り替えた．しかし一定の耕作規模を前提として，そのなかで労働生産性を追求すれば，投下労働量が減り，その限りでは所得減となってしまい，所得均衡の理念に反する．

そこで「比較生産性」（農業者1人あたり所得を製造業のそれで割ったもの）がとりあげられる．所得均衡に関連するのはこちらのほうだが，その実態を表4-2に見ると，農業の比較生産性は製造業の3割程度の水準で，かつ高度経済成長期にかけて低下している．それに対して基本法農政は，種々の制約要因からただちに所得均衡をめざすことはできないが，最低目標を保持しさらに格差の縮小をはかることとして，その最低目標を1956～58年の水準に置いた(9)．つまり製造業の3～4割ということである．そのためには経営規模を拡大するか，あるいは農産物価格を引き上げる必要がある．

基本法農政は具体的には次の3つの政策を掲げた．

農業基本法の政策内容
①所得政策
「自立経営」は農業所得で，その他の経営は兼業所得込みの農家所得での所得均衡を追求する．その際に構造政策は「能動的な役割を果す」ものとされたが，それが進捗するまでの経過措置としては価格支持政策もやむなしとされた．

②生産政策
生産性向上を旨とし（この場合は労働生産性を指すだろう），需給見通しや貿易自由化をにらんで「合理的生産主義または選択的拡大」を果たすべきとする．「合理的」とは次の「選択的拡大」と同義で，それは折からのアメリカの余剰農産物累積をふまえたFAO（国際食糧農業機関）の提唱するところだった．

すなわち需要が増加する作物の拡大，減少する作物の縮小，輸入品と競合する作物の合理化である．具体的には，選択的拡大作物としては牛乳・肉類・果実・鶏卵・甜菜(てんさい)があげられ，水稲は基幹的作物として生産性の向上がうたわれ，輸入品と競合する小麦・大麦・大豆・トウモロコシについては増産ではなく低コスト化，その他の作物は縮小であり，ようするに輸入と競合しない範囲に国内農業を限定していくことが「合理的」とされた．

③構造政策
構造政策とは前述の零細農耕制を打破し規模拡大をはかることで，具体的には2つの道が示された．

第1は「望ましい家族経営」すなわち「自立経営」の育成である．自立経営とは，2～3人の農業従事者（世帯主夫婦とあとつぎ）が完全に就業できる経営規模の近代的小家族（単婚家族）経営で，彼らの他産業従事者との所得均衡が可能なものとされ，当時としては1～2 haが想定されていた．具体的には，平均2 haの専業経営を250万戸，平均40aの安定兼業農家を250万戸つくる計画だった．

第2に，「自立経営になり難い経営はもちろんのこと，自立経営であっても」，「生産工程の協業化を助長」（基本法）する道である．協業には，生産工程の一部を協業化する協業組織や，農業経営の一部門の全工程を協業化する協業経営

がある．通常，構造政策は個別経営の規模拡大の文脈でとらえられているが，基本法農政はそれと並んで協業化の道を掲げていたことが注目される．

構造政策のために次の施策が講じられた．1つは農地法改正（1962年）で，農地の購入・借入ができる者として，それまでの農家（自然人）のほか，農地提供者と常時農業従事者で構成する法人（農業生産法人）も認めた．農業生産法人には農事組合法人（小さな生産農協）や有限会社はなれるが，株式会社は株式が不特定多数に譲渡される可能性があり，農業者の組織か否かが確認できないとして排除された．また内地平均3 haという農地保有制限を撤廃することとした．

2つは農業構造改善事業で，10年間で全国3100市町村について各1〜3地区を選定して，30a以上の大型区画，幅5〜6 mの幹線車道，2 m以上の支線農道等を内容とする圃場整備をおこない，乗用トラクター・大型コンバイン等の大型機械とライス・センター，共同選果場などの大型施設あるいは大規模畜舎の導入・建設を補助するというものである．

第1次構造改善事業は，実施地域数2954で，基幹作物別の地域数割合（重複がある）は，米46%，果樹39%（かんきつ21%），畜産39%（牛乳18%），野菜19%であった．事業をバックアップするため，1961年には，農協資金を国が利子補給する農業近代化資金，1963年には農林漁業金融公庫の経営構造改善資金，1968年には同総合資金がつくられた．

目に見えるかたちの基本法農政は，この農業構造改善事業だった．それは圃場を大型化して大型機械・施設を導入し，そのような物的手段の大型化により農民層分解を促進しようとするものであり，それらの施設は「農業近代化」の象徴として，それまでののどかな農村風景を一変させた．

基本法農政の評価

基本法農政の成果は農業白書のかたちで国会に報告することとされた．毎年の白書は，労働生産性伸び率の農工比較，比較生産性，農業所得と製造業賃金の比較，家計費の農工比較の4つの表を載せ，また自立経営のシェアについても報告している．

このうち労働生産性の伸び率を比較したのが図4-2である．日本の農業の伸び率は工業にはかなわなかったが，欧米並みではある．その理由は，農業生

図4-2 物的労働生産性上昇率の国際比較（1960～87年，年率）

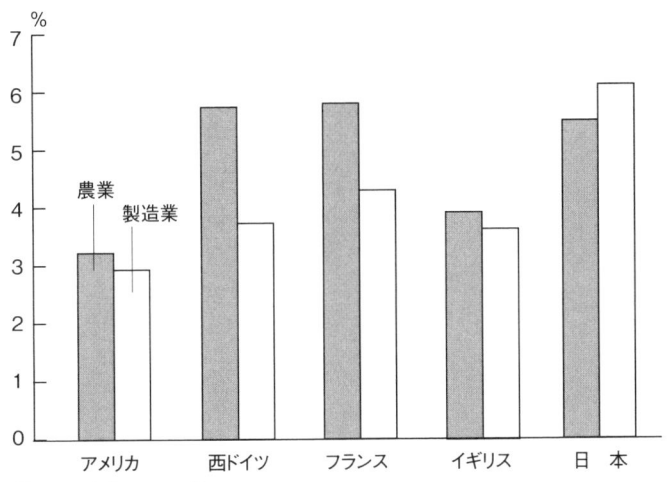

（グラフ：アメリカ 農業約3.2%／製造業約2.9%，西ドイツ 農業約5.8%／製造業約3.8%，フランス 農業約5.8%／製造業約4.3%，イギリス 農業約4.0%／製造業約3.7%，日本 農業約5.6%／製造業約6.2%）

注1．日本は1960～89年．
　2．農水省『農業白書』1991年度版による．

産の伸び率が大きかったからではなく，農業就業者の減少率があまりに激しかったからである．

比較生産性（農業者1人あたり付加価値の製造業のそれに対する割合）は1960年＝28％に対してピークの1967年＝39％，最終公表年の1997年＝26％だった（製造業の付加価値は企業利潤をふくむ）．農業所得/製造業賃金はそれぞれ62％，87％，30％である．

総農家に占める自立経営のシェアは，1960年＝8.6％，ピークの1967年＝12.9％，そして1997年＝5.0％である．

以上の3つの指標とも1967年がピークになるが，それは米価の上昇がピークになったためで，米価上昇率がダウンするとたちまち悪化してしまう（→図8-3）．

以上に対し，世帯員1人あたり家計費（農家/勤労者世帯）だけは，1960年＝76％に対して1972年＝102.5％と逆転している．これは農家のほうが就業者の頭数が多く，その多くが兼業化することによって起こった（逆格差）．

ようするに構造改善を通じて労働生産性は高まった．それで浮いた労働力は農業ではなく兼業化にまわり，兼業所得を通じて家計費均衡は達成された．在

宅したままでの兼業化では農地は売りにだされず,自作地購入による規模拡大はすすまなかった.

図4-2は,第2章1の比較生産費説によれば,日本は工業が比較優位,他国はすべて日本との関係では農業が比較優位になることを示す.つまり自由貿易になれば日本は農産物輸入がすすむことになる.そして基本法農政の大前提は農産物自由化だった.この時期,1962年に103あった農林水産物の輸入数量制限品目は1964年には72に急減したが,このような自由化のもとで自給率は史上最大の下落を見た(図4-3).

自由化のもとで多くの畑作物や裏作物は切り捨てられ,稲作の10aあたり労働時間は1960〜75年に半減した.こうして余剰化された労働力は日雇・臨時雇・出稼ぎをはじめとする兼業に向かった.農家からの労働力の流出も,1963年を境に就職転出から在宅通勤兼業形態に転換し,農家所得に占める農外所得の割合が過半を占めるようになった.こうして,高度成長がもたらしたのは,自立経営ならぬ兼業農業化だった.

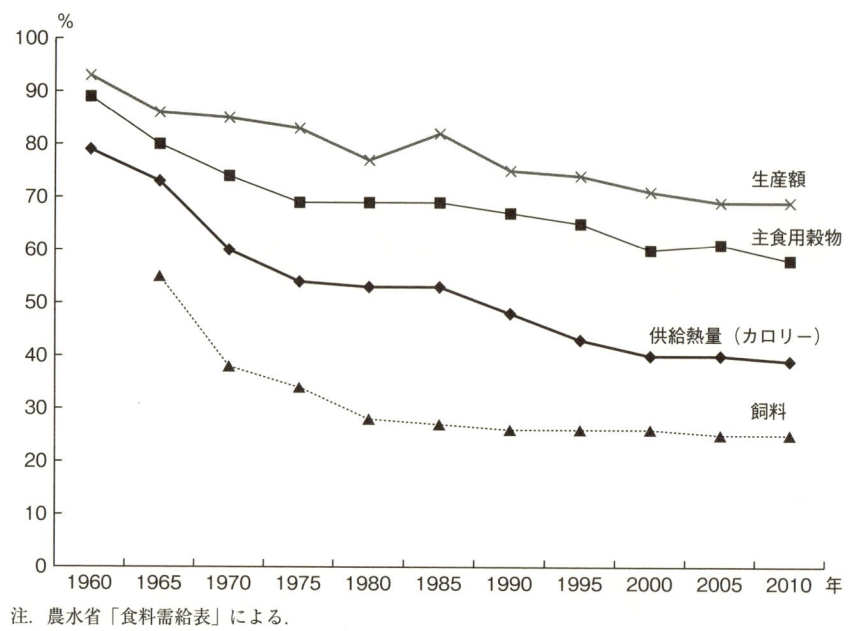

図4-3 食料自給率の推移

注.農水省「食料需給表」による.

このようななかで農業展開をはかろうとすれば，選択的拡大作物としての畜産・果樹・野菜に向かうことになり，資本集約化による規模拡大をめざす**施設型農業**が追求された．その典型は，飼料穀物や燃料などの輸入に依存した加工型畜産と施設園芸であり，表4-3によっても，米の減退と野菜や畜産の割合の増大が著しい．

基本法農政が日本農業に刻印したのは，このような稲作と畑作，耕種農業と畜産，土地利用型農業と施設型農業の分裂という事態である．こうして農業の自然循環が切断されるなかで，農薬の大量使用，畜産公害，農夫症（過労や農薬による病気），地力枯渇，連作障害といった農業「近代化」の病理現象や農業の環境負荷が高まっていく．

かくして基本法農政をその政策目標に照らして評価すれば，結果は惨たんたるものだったといわざるをえない．基本法農政の政策立案者みずから「総じていえば，基本法下の農政は，いまだ農業の明るい展望をもたらすにいたっていない」，構造改善事業も「かならずしも農村で歓迎されていない」とせざるをえなかった(10)．

そうではあるが，基本法農政は，高度経済成長期の自由化政策のもとで，①「農業総生産の増大」，②所得均衡，③価格支持政策，③輸入の影響が大きいときの輸入制限・関税引き上げ，等により一定の農業保護を果たそうとした．その点は第6章で見るグローバル化期の農政とは異なる．その背景には，国際的な冷戦体制の強化，国内における階級対立の激化があり，それらの社会的緊張を緩和する社会的統合策の必要性があったといえる．しかし大枠としての貿易自由化体制のもとでそのような農業保護政策を貫徹しきれなかったところに，

表4-3　農業産出額の構成

(単位：％)

	1960年	1965	1970	1975	1980	1985	1990	1995	2000	2010
米	47.4	43.1	37.9	38.3	30.1	32.9	27.8	30.5	25.4	19.1
野菜	9.1	11.8	15.8	16.2	18.5	18.1	22.5	22.9	23.2	27.7
果実	6.0	6.6	8.5	7.1	6.7	8.1	9.1	8.7	8.9	9.2
花	0.5	0.6	0.9	0.9	1.7	2.0	3.3	4.2	4.8	4.3
畜産	15.2	20.9	23.2	25.9	29.9	27.2	26.8	24.0	26.9	31.4
その他	21.8	17.0	13.7	11.6	13.1	11.7	10.5	9.7	10.8	8.3
計	100.0	100.0	100.0	100.0	100.0	100.0	100.0	100.0	100.0	100.0

注．農水省「生産農業所得統計」による．

農業基本法の限界がある.

だが農業政策としての評価ではなく,国家独占資本主義の資本蓄積促進と社会的統合策という観点から基本法農政を評価すれば,それは「成功」だったといえる.なぜなら,生産性向上・省力化は,高度成長のための労働力・土地・水の供給に貢献したし,農地価格の上昇と兼業所得による所得均衡・逆格差化は,支配体制への農家の社会的統合をうながしたからである.

2　第2次高度経済成長と総合農政

「経済大国」の時代へ

1964年,日本はオリンピック景気にわいたが,その直後から過剰生産恐慌におちいり,山一證券等の大型倒産があいついだ.政府はそれまで禁じていた赤字国債(建設国債以外の,経常的支出をまかなうための国債)の発行による景気対策によって恐慌を乗りきり,1966年以降,日本は第1次高度成長をしのぐ高率の第2次高度成長をとげた.

企業は,第1次高度成長の技術革新投資をふまえて,その大型化・量産化投資にとりくみ,1968年にはGDPが西ドイツを抜いて資本主義世界第2位となり,1970年には製造業就業者数に占める重化学工業部門の割合がほぼ過半を占め,また製造業の国内総生産における重化学工業部門の割合がほぼ3分の2を占めるようになった.製造業内では,鉄鋼をはじめとする一次金属と,一般・電気・輸送・精密の機械4部門が,製造業の国内総生産の各1割を占めて基軸産業となった.

国内設備投資が一巡したあとの販路は,輸出に大きく依存することになり,日本は戦後の新たな**輸出偏重型重化学工業化段階**に達した.そこにはベトナム戦争(1960～75年.1965年アメリカの北ベトナム爆撃開始)の影響を見逃せない.アメリカはベトナム戦争の遂行のために膨大な軍事費支出をおこなうが,アメリカ自身の国内供給力が衰えているもとでは,それは日本に格好の重化学工業製品の市場を提供することになった.アメリカはベトナム周辺地域に膨大な軍事援助・支出をおこない,その工業化をうながすが,それに乗って日本は同地域への重化学工業製品の輸出を飛躍的に拡大し,アメリカのシェアを追いぬいた.

1965年からアメリカの対日貿易は赤字になり，1969年の繊維摩擦をかわきりに日米貿易摩擦の時代が始まる．同時期に日本の貿易・国際収支は黒字基調に転じ，外貨準備高が急増するようになり，「経済大国」の時代がやってきた．

総合農政への移行

　基本法農政の「失敗」は次のような問題をもたらした．

　第1は，物価問題である．1960年代後半の物価上昇の半分は食料品によるものとされた．工業の高い成長率は農工の生産性上昇率格差を生み，加えて構造政策が思わしくないなかで所得均衡のために農産物価格を引き上げたために，農産物が割高化した．

　第2は，米過剰問題である．高度成長はカロリー源のでん粉質依存を減らし，戦後の1人あたり年間米消費量は1962年の118kgをピークに減退しはじめた（2009年には58.5kg）．その反面で，米価上昇を背景に開田や兼業稲作により米への生産集中が強まった結果，米が不足から一挙に過剰に転じた．

　第1の点については財界団体が，経済同友会の「農業近代化への提言」（1964年）をはじめ，あいついで日本農業資本主義化論をぶちあげ，大規模化の発破をかけた．それが達成できないなら輸入依存もやむなし，という脅しでもある．

　しかし農政の直接の行きづまりは第2の点にあった．1968年10月末の政府米在庫（1967年以前の産米の売れ残りぶん）は774万t，うち1966年までの産米が298万tに達した．1969年の政府管理米需要量が765万tだから，ほぼそれに匹敵するという米過剰問題が一挙に噴出する．政府の米買入量は1968年にはついに1000万tに達し，1970年には農林水産予算の46％が食管赤字の補てんに食われ，農政は財政面から身動きがとれなくなった．

　過剰は米だけでなく，ミカンや畜産など，基本法農政の選択的拡大作物にまでおよんだ．所得不均衡という高度経済成長期の農業問題は，日本においても農産物過剰問題（それによる価格の低迷・下落）という，現代資本主義に共通する問題に転移することになった．

　このような事態に対して政府は，1967年「構造政策の基本方針」，1970年「総合農政の推進について」により，基本法農政から「総合農政」への転換をはかる．

総合農政は，第1の問題に対しては，「規模が大きく生産性の高い近代的農業の育成」をはかり，1969年には向こう10年にわたる第2次農業構造改善事業を発足させた．第2の問題に対しては，生産調整政策，いわゆる「減反政策」を開始する（「減反」とは米の作付けを減らすことを意味するが，それには休耕と転作がある．減反は主として休耕を指すので，転作もふくめて「生産調整政策」と呼ばれる）．

総合農政の4つの「総合」
　「総合農政」には次の4つの「総合」が期待された．
　第1は，「農政としても国民経済の成長を図るために貿易の拡大が必須の条件であるというわが国の基本的立場を認識し，可能な限り貿易政策との調和を図る」（農政審議会答申）こと，すなわち国の経済政策総体との総合性の追求である．そのため農産物の第2次自由化に踏み切り，輸入制限品目は1960年代後半から1970年代にかけて次々と自由化され，1974年には22品目へと急減していった．図4-3に見るように，穀物自給率は第1次高度成長期に続いて史上第2の低下を見た．
　第2次高度成長を通じる貿易黒字基調への転化は，農業についても，多大の財政負担をして国内生産の増大をはかるよりも，貿易黒字で安い外国農産物を輸入したほうが，黒字減らし，円高化や貿易摩擦の回避，賃金コストの低下という一石三鳥である，といった考えを助長した．しかし円安で工業製品輸出を増やすことは貿易摩擦を強め，農産物過剰のもとで輸入増大をはかることは過剰をいっそう促進し，農業問題を強めることになった．
　第2は，価格政策だけでなく生産政策の追求，米だけでなく他作目もふくめた「総合」政策，ようするに米の生産調整政策である．米過剰に対しては，まず1968年から米価の抑制・据え置きがはかられ，1969年からは自主流通米制度（それまでのように農家が政府に米を売るのではなく，農協を通じて販売する制度）を発足させ，「うまい米」の奨励を名目に反収の低い品種の奨励による生産抑制をはかった．さらに1971年からは稲作転換対策，いわゆる減反政策が本格的に追求されるようになる（→第8章2）．
　それは，それまでの日本農業の展開を決定的に屈折させた．第1章3に見たように日本農業は水田稲作農業が中心であり，それを支えるのは労働集約・勤

勉の国民精神だが，いまや水田の軽視ないしは厄介者あつかいの風潮さえ生まれた．こうして減反政策は，農民の増産意欲という生産力発展の主体的契機を，根底からむしばんでしまった．以後の日本農業は，省力化一点ばりの展開になっていく．

折から，「瑞穂国日本」（日本は水稲の国）や「百姓＝農民」に対する批判，縄文基層文化論（日本文化の基層は稲作の弥生ではなく縄文だという論）が台頭してくるが，それは客観的には「米減らし」政策に符節を合わせたイデオロギーとして機能した(11)．

表4-3に見るように，農業産出額に占める米の比重は，高度成長期に下がりつつあったが，生産調整政策の開始もあって，1960年から1970年にかけて10ポイントほど減り，代わって野菜・果樹等の割合が増えている．

米過剰は自民党政治も変えた．すなわち同党は，米価抑制をねらって1968年に総合農政調査会をつくり，いわゆる「総合農政派」が形成される．同派は米価の抑制や農産物自由化の露はらいをするとともに，兼業化や混住化による農協の集票ルートの弱体化をふまえて，米価に代わる新たな社会的統合策としての補助金政策を模索し，「補助金をもらうなら総合農政派」といわれるようになる．

第3は，構造政策の再編である．いっこうにすすまない規模拡大にしびれをきらした日本の財界団体は，前述のように日本農業近代化（資本主義経営化）のビジョンをぶちあげる．このような財界の叱咤を受けつつ，農政は構造政策の再検討をせまられる．基本法農政の所有権移転（売買）を通じる規模拡大路線は，高度成長の地方波及による地価高騰で破綻しており，また農地売買を規模拡大農家に誘導限定しようという農地管理事業団構想が国会で廃案になり（1966年），政策的にも挫折した．そこで売買に代わって，賃貸借の促進や，作業受委託や生産組織化による実質的な作業規模の拡大が追求されるようになる．

それにともない農政が育成目標とする農家も，農業基本法の「自立経営」から，周辺の兼業農家から農地を借りたり作業受託する「中核農家」「中核的担い手」（周辺に対する中核という位置づけ）に変更された．また，大規模施設の整備によって個別農家をコントロールし生産性を高める「農業の装置化・システム化」も追求された．

さらには，農業者年金制度（1970年）による経営移譲（あとつぎあるいは第

三者に経営権を移譲した者に対して年金を支給することで経営の若返りをはかる）や離農給付金，あるいは，農村地域工業導入促進法（1971年）により安定的な兼業先を導入することで農地の貸し手を増やすなど，農地の流動化を側面からうながす政策も講じられた．構造政策における「総合」性の追求である．

第4は，「農村地域の生産基盤と生活環境を総合的に整備することにより，新しい農村社会の建設を図る」（「総合農政の推進について」）ことである．兼業化と混住化（農業集落への非農家の居住）がすすむなかで，農村住民が一致する利害は，もはや農業のそれではなく，集落内の道路，排水，集会所など農村生活環境の整備に移り，社会的統合策も農村住民をターゲットにするようになる．

3　高度経済成長がもたらしたもの

第1次高度成長は，既成の4大工業地帯から始まった．それに対して第2次高度成長は，高度成長の地方波及により全国を巻き込んだ．基本法農政は「農業」を対象としたが，総合農政は「農村」を対象とするようになった．このような高度経済成長とそのもとでの農政は，日本の産業・国土・景観・生活・カルチャー等のすべてを変えることで「戦後」をもたらした．

食生活の洋風化

産業構造の変化にともなう，肉体労働から機械の監視労働等への変化，そして所得の増加は，食料消費のでん粉質から高タンパク質・脂質等へのシフトをもたらした．高度成長開始期の1957年ごろの日本のでん粉比率の高さは世界トップクラスであり，動物性タンパク質の消費量は最貧国水準だった．それが1970年ごろには，1人1日あたりカロリー摂取量が2200kcal台のピークに達し，摂取エネルギー比率も糖質が7割を切り，脂質が2割を超え，エネルギー・バランスのとれた「日本型食生活」の領域に入った（→第7章2）．

1970年は，ケンタッキー・フライド・チキン（ファストフード）の大阪万博への出店，「すかいらーく」（ファミリー・レストラン）1号店の出店で，「外食元年」と称された．

食料消費の変化は，農業に大きな変化をもたらした．動物性タンパク質への

シフトは，輸入飼料に依存した加工型畜産の展開をうながし，穀物自給率とくに飼料穀物自給率の急速な低下をもたらした．農業産出額の構成では，まず畜産と野菜の増加が起こり，次いで1970年ごろにかけての米の比重低下と果樹の伸びが見られた．第1章で見たように，溶リン剤の開発と畑地灌漑は，畑での野菜作や果樹作を伸張させ，水田転作の野菜等も増えた．

農民層のマイナー化

高度経済成長の入り口では，農家は最大の人口・就業人口だった．それが出口の1975年には，2割と1割に低下した．農民層はメジャー人口からマイナー人口に転落し，社会的統合策の対象としての重要性を落とした．

農家の中身も変わった．1955年には専業農家＋I兼農家（農業所得＞農外所得）が72％を占めたが，1975年には38％にほぼ半減し，II兼農家（農業所得＜農外所得）が6割強になった．

1970年には，農家の在宅勤務者が全雇用者に占める割合は13.6％に達し，製造業で14％，建設業で17％，電気ガス水道で23％，公務で27％と高かった．新卒・就職転出者が第1次高度成長を支えたとすれば，第2次高度成長を地域で支えたのは農家の兼就業者だった．

この間，農業就業人口（農業を主とする就業者）の減少率は23.6％と史上最大だった．田植機による省力化，そして減反の追い打ちが，その主たる背景である．稲作の10aあたり労働時間は，1970〜75年にかけて，田植と収穫を中心に史上最大の短縮を見た．

農家数が増大する層と減少する層の分岐点を見ると，1960〜65年は1.5ha，1965〜70年は2.0ha，1970〜75年は2.5haと5年ごとに0.5haずつ上昇している．高度成長期には規模拡大する層がより上層にシフトしていったといえる．しかしそれ以上に，兼業化に飲み込まれるスピードのほうが速かった．

家族と生活意識の変化

高度成長は「家族」も変えた．それまで多数を占めた自営業世帯では男性も女性も自家就業したが，高度成長は男性を丸ごと職場に吸収し，生活と地域を女性に任せることで首都圏を先頭に「専業主婦」を生んだ．こうして「男性片働き・専業主婦」モデルが形成されたが，地方にあっては女性は家庭に閉じこ

もっていたわけではなく,「生活と地域」を守る住民運動の主体になっていった.

しかし高度成長による労働力不足は女性のパート就労を求めるようになり, 1960年代後半からパートが急増し, 農家女性のパート兼業化も急速にすすんだ. だが依然として「男性片働きモデル」が支配しているもとでは, パート賃金は家計補充的な低賃金に閉じ込められ,「変型男性片働きモデル」(フルタイムの夫とパートの妻) が継続した.

農家は, あとつぎ問題などを騒がれながらも, 3世代世帯の比率は50%超を維持しており, 雇用者世帯の10%程度と決定的に異なっていた (→第9章1).「いえ」が継続したわけだが, 1970年の農業者年金基金法による経営移譲 (世帯主からあとつぎへの経営若返り) や1964年からの家族経営協定 (農家世帯員間で労働時間, 給与, 家事分担等を協定する) を通じて,「いえ」の内部変革が徐々にもくろまれていった (→第9章4). しかし農家女性の地位を実質的に高めたのは兼業化である. 兼業化は女性に現金収入 (自分の財布) と将来の厚生年金受給権を与えた.

地域問題と「地域」の茫漠化

高度経済成長は, 日本の国土利用構造を変えた. 新たに太平洋ベルト地帯を創出し, 国土利用をその他の地域と二分した. 農業の地帯構成を再編し, 新たに「都市農業」を生んだ (→第11章1). 巨大都市圏への人口集中にともなう都市問題を発生させるとともに, その反面で過疎化が深刻化し, それに対して1965年山村振興法, 1970年過疎法が議員立法されたが, 産業振興をともなわず道路と生活基盤の整備に重点を置いたため有効性を欠いた.

工業集積と地域開発にともなう公害・環境問題が顕在化し, それに反対する地域住民運動が起こった. 生協の共同購入運動が伸張し, そこに組織された消費者女性は住民運動の担い手にもなっていった. 産直活動もこのころからとりくみだされた. マイナー化した農民層が連帯する相手として, それまでの組織労働者に代わって消費者・生活者が登場するようになった.

1966年からは成田空港建設にともなう土地収用に反対する畑作農民の三里塚闘争が始まった. ベトナム反戦・沖縄返還・70年安保反対という「反戦平和のたたかい」が地域を巻き込んで高揚し, 1968年から大学紛争も激化した[12].

高度経済成長は同時に地域を「とりとめのない」ものにしていった．

基本法農政は中央集権的農政の確立をもたらした．高度成長と農業構造改善事業の受け皿づくりのため，まず町村合併と農協合併を促進し，また地方農政局という出先機関をつくり，その大きくなった町村から地方農政局を通じて構造改善事業を申請させ，国が採択する方式ですすめられた．これにより地方は補助事業獲得のための陳情合戦に追い込まれ，中央集権農政が確立した(13)．

1950年代なかばに，市町村はそれまでの自然的・社会的均一性を無視して全国4000に合併させられ，都市による農村の包摂を強めた(14)．そうしてできた自治体の都市部が高度成長により発展するほど，同じ自治体内の農村部は農業の独自利害を貫徹できなくなり，農業地域としての独自性を喪失した．ただしこの昭和合併は中学校区というそれなりの生活基盤にもとづいていた点が，後の平成合併と異なる．

農政にとっては，合併した町村の規模に農協が足並みをそろえることが好都合なため，1961年には農協合併助成法が制定され，5年間で1万2000農協が7300程度に減少した．そして第2次高度成長はその農協の性格を大きく変えた．

第1は事業基盤の変化である．すなわち農産物の販売代金よりも土地の販売代金や兼業収入を原資として，金融や共済（共同保険）事業に励み，生産資材よりも生活資材に依存した農協経営への変化をうながした．農協が組合員の委託を受けて宅地供給をおこなう農地等処分事業も新設され，1973年改正で宅地等供給事業として拡充されていく．

第2は，農政への態度の変化である．農協は，政府がすすめる広域合併にはどちらかといえば慎重だったが，以上の金融・共済事業への傾斜とともに，1969年からは積極的に広域合併を推進しはじめる．そして単位農協（単協）の大規模化を背景として，1972年には全販連と全購連の合併による全国農業協同組合連合会（全農）の発足を見る．

農協はそれまで，基本法農政には一定の距離を置き，1967年に長期営農構想を打ちだし営農団地の育成を掲げた．農家を作目別に地域ぐるみ広域的に組織化し，大量流通に乗せていくもので，それは一面で総合農政の発想につながるものだった．また米過剰の発生は，政府に対する農協の価格交渉力を決定的に弱め，農協は食管堅持を口実として農政の生産調整政策に協力し，さらには構造政策にも協力していくようになる（→第10章2）．

注

（1） 高度成長期については，前章の注1の文献のほか，武田晴人『高度成長』岩波書店，2008年，国立歴史民俗博物館（編）『高度経済成長と生活革命』吉川弘文館，2010年，武田晴人（編）『高度成長期の日本経済』有斐閣，2011年，石井寛治ほか（編）『日本経済史』5（高度成長期），東京大学出版会，2010年．
（2） 農政調査委員会国内調査部（編）『成長メカニズムと農業』御茶の水書房，1970年，II章（中安定子・執筆）．
（3） 安場保吉ほか（編）『日本経済史』8（高度成長），岩波書店，1989年，第5章（香西泰・執筆）．
（4） 岩波新書編集部（編）『日本の近現代史をどう見るか』岩波書店，2010年，第8章（武田晴人・執筆）．
（5） ティム・ワイナー（著），藤田博司ほか（訳）『CIA秘録』上，文藝春秋，2008年，第12章．
（6） 自民党システムについては，蒲島郁夫『戦後政治の軌跡』岩波書店，2004年，野中尚人『自民党政治の終わり』筑摩書房，2008年．
（7） 農林漁業基本問題調査事務局（監修）『農業の基本問題と基本対策』解説版，農林漁業基本問題調査会，1960年．図書館等で探すしかないが，日本農政の最も基本的な文献である．
（8） 農業基本法の論理にはあいまいな部分もあり，立案関係者の解釈もまちまちである．中西一郎「農業基本法の解説」（『自治研究』1961年7月号），「旧農業基本法の解説」（『農林法規解説全集』大成出版社，1968年），「農業基本法とその成立過程」（『日本農業年鑑』1962年版，家の光協会）など．
（9） 農林漁業基本問題調査事務局（監修）『農業の基本問題と基本対策』解説版（前掲）88ページ．
（10） 小倉武一『日本の農政』岩波書店，1965，59ページ．小倉は農業基本法の立案責任者である．基本法農政の批判的検討としては『梶井功著作集』第2巻（基本法農政下の農業問題），筑波書房，1987年（原著は1970年）．
（11） その批判として松木武彦『日本の歴史』第1巻（列島創世記），小学館，2007年，第2章．
（12） 荒川章二『日本の歴史』第16巻（豊かさへの渇望），小学館，2009年，第2章．
（13） 田代洋一『食料主権』日本経済評論社，1998年，第3章．
（14） 島恭彦ほか（編）『町村合併と農村の変貌』有斐閣，1958年．

第5章　転換期の農業・食料問題

　「転換期」とは，高度経済成長期からグローバリゼーション期への転換期を指す．第2章3で見たように，本書は今日のグローバル化を「ポスト冷戦グローバル化」と規定しているが，それは1980年代後半から本格化する．よって1970年代なかばから1980年代なかばまでの10年ほどが本章の対象である．

　時期的には短いが，今期には大きな転換が起こっている．高度経済成長の終焉とともに世界経済には構造的な変化が起こり，経済学や経済政策の考えかたにも大きな転換が起こった．農業問題は世界的に農民問題から農業・食料問題への転換が兆しだし，日本でもその兆候がうかがえる．日本の農業問題は，高度経済成長期に所得格差問題から過剰問題へと推転したが，日米経済摩擦が強まるなかで，農産物の自由化問題がクローズアップされるようになった．

1　低成長への移行

IMF・ガット体制の崩壊と変動相場制移行

　戦後の IMF・ガット体制は，アメリカ一国に世界の公的金保有量の4分の3，工業生産力の2分の1が集中するというアメリカ経済の圧倒的優位を背景に成立し，そこでは世界貨幣・金にリンクされたドルが基軸通貨として通用した．しかしその後のアメリカは，多国籍企業化や，冷戦体制下での資本主義体制維持のための軍事支出等を通じて，1930年代以降に各国から集めた金量にほぼ等しい量を1958～68年の10年間に流出させてしまった[1]．アメリカは1968年から経常収支が赤字化していたが，さらにベトナム戦争の遂行等でドルを垂れ流しつづけて，世界的なインフレを巻き起こしていた．そしてついに1971年，貿易収支も赤字に転じ，かつ金流出によりアメリカの金準備が対外債務を下回るにおよんで，ニクソン大統領は金とドルとの交換を停止した（ドル・ショック

あるいはニクソン・ショック）．戦後の資本主義世界経済を支えていた IMF・ガット体制はここに崩壊し，主要国は変動相場制に移行する．

変動相場制下でドルは金の裏づけを失ったが，にもかかわらずアメリカに代わる覇権国があらわれない状況下では，衰えゆくアメリカ経済への信認を唯一の根拠に，ドルが依然として基軸通貨として通用することになった．

そのことは，その後の世界経済の根本矛盾になった(2)．すなわちアメリカは，基軸通貨特権を行使して，景気刺激策のために通貨供給を拡大してインフレーションを引き起こすとともに，貿易赤字の支払いのために世界中にドルを垂れ流して，インフレに巻き込んでいった．また各国とも景気回復のために通貨供給を増やした．こうして世界の GDP や経済取引量から乖離した通貨供給は，金融資産を累積させた．とくにアメリカから垂れ流されたドルがユーロダラー（主としてヨーロッパなど，アメリカ以外の国に預けられたドル建て預金）やオイルダラー（産油国が輸出で得たドル建て資金）として蓄積された．

他方で高度成長の終焉は，実物経済（ものづくり経済）における有利な投資先を喪失させ，実体経済に投資しても期待利潤をあげられなくなった過剰資本が，貨幣資本のかたちで投機先を求めて世界中を徘徊するようになり，そのために金融自由化を求め，1970年代以降，世界各地で間欠的にバブル経済と金融危機を引き起こしていくことになる(3)．グローバリゼーションの真の推進力はこの過剰（貨幣）資本であり，その核心は，過剰資本の国際移動を可能とする金融自由化にある．そして固定相場を維持する必要がなくなれば，資本取引（対外融資）を規制する必要もなくなるので，1974年にアメリカ，1979年にイギリス，1980年に日本も資本取引を自由化した．

オイル・ショックと高度成長の終焉

変動相場制のもとでは，為替レート（通貨の交換比率）は，各国通貨の需給関係で決まり，貿易黒字国ほどその国の通貨は高くなる．そこで貿易黒字を累積していた日本は，1971年の1ドル＝360円から1973年の265円へと急速な円高化に追い込まれることになる（図5-1）．日本政府は円高を防ごうとして猛烈なドル買いに走り，そのため国内に膨大な円が供給され，インフレを加速することになった．

変動相場制移行によるドル下落は，ドルによる支払いを受けていた産油国の

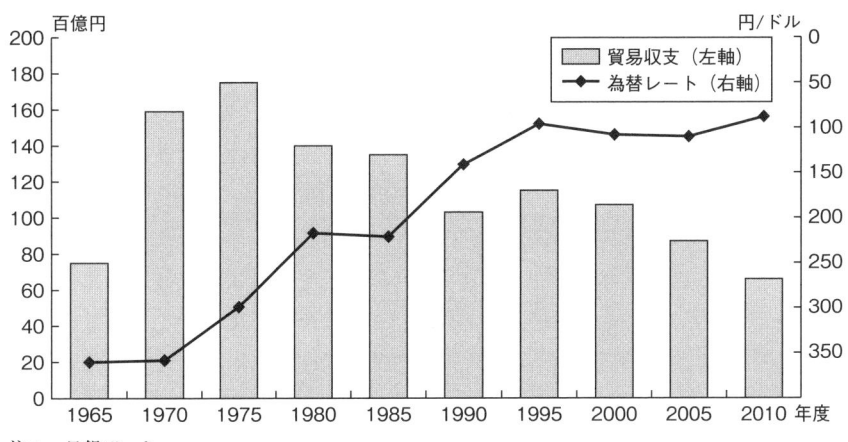

図 5-1　日本の貿易収支と為替レート

注 1．日銀データ．
　 2．内閣府『経済要覧』，日本統計協会『統計でみる日本』による．

値上げ圧力を強めたが，1973年10月に第 4 次中東戦争が勃発するにおよんで，OPEC（石油輸出国機構）諸国は石油を「第 2 の武器」に用い，石油減産と価格引き上げをおこない，石油価格は 4 倍にも高騰し（**オイル・ショック**），世界的にインフレを加速した．

とくに日本では，前述のインフレ要因と重なり，「狂乱物価」を呈することになった．さらに国内で生産的な投資先を見つけられない過剰資本（過剰流動性）が土地投機に走り，折からの田中角榮首相の『日本列島改造論』（1972年，大規模開発，公共事業を通じて日本全体を 1 日経済圏にする構想）がさらにそれをあおり，地価高騰をまねいた．

このようなインフレ過熱を抑えるために世界各国が総需要抑制政策に転じると，潜在していた過剰生産が一挙に顕在化し，世界は1974・75年に同時不況にみまわれ，高度経済成長は息の根を止められた．

高度成長の終焉とともに，世界は不況（スタグネーション）とインフレーションが重なる**スタグフレーション**に突入する．そしてインフレの原因として，経済成長をリードしてきたケインズ主義的な財政政策が槍玉にあげられるようになる．国家が経済成長や福祉のために過大な財政支出をすることがインフレをまねくというわけである．その批判をまつまでもなく，高度成長の破綻によ

り税収の自然増がストップしたことにより，国家は財政危機にみまわれ，高度成長期のような大盤ぶるまいは不可能になった．

ケインズ主義に代わり，国家は通貨供給を管理するだけでよいという，ハイエクやフリードマン等のシカゴ大学に依拠するマネタリスト（シカゴ学派）の経済学が主流に転じる．国家や経済政策ではなく，市場や企業が経済をリードすべきという市場原理主義に立つ**新自由主義**（19世紀の小資本どうしの自由競争の考えを巨大多国籍企業が支配する現代に復活させる思想）が支配思想に転じる．そもそも変動相場制への移行は，為替相場を市場における通貨の需給関係の決定にゆだねるものであり，市場原理主義の登場を用意するものだった．

経済政策面でも，国家の政策的介入は市場を歪曲するものとして排され，貿易の自由化，国家的規制の緩和，国営企業・事業の民営化が促進される．農業はとりわけ国家的規制が著しい分野だとして規制緩和が強く求められる．こうして世界は，戦後高度成長期からグローバル化期への過渡期に入った．

このようななかで，資本主義の構造的変化が起こった．第1は経済の金融化と呼ばれる事態（ものづくり経済から金ころがし経済へ）だが，もう1つは資本労働関係の変化である．高度成長期には，高度成長の成果をそれなりに勤労者にも配分する福祉国家が成立したが，低成長への移行は，労働組合を押さえ込み，「ストなし国」化し，実質賃金や労働分配率（賃金総額／付加価値総額）の上昇を抑制する方向に向かう（図5-2）．そのことが内需や消費を抑制し，過剰資本化を強め，第1の経済の金融化に拍車をかける．このような事態は次期のグローバル化期にいよいよ強まっていく．

ME革命と減量経営

世界同時不況は日本で最も激しく発現し，日本は1974年に戦後初めてのマイナス成長に落ち込んだ．日本の高度経済成長は，固定相場制による実質的な円安化と安価な石油エネルギー確保（日本は1970年の世界の石油輸入の2割弱を占めた）を国際的条件としてきたが，その条件が2つとも失なわれた．

しかし恐慌からの脱出は日本が最も速かった．その第1の要因は，政府の財政出動である．政府は公共投資の前倒しや追加によって需要減退をくい止めようとし，1975年度補正予算から赤字公債（公共事業費の調達──建設国債──以外の一般的な財源調達のための特例公債）2兆3000億円の発行に踏み切った

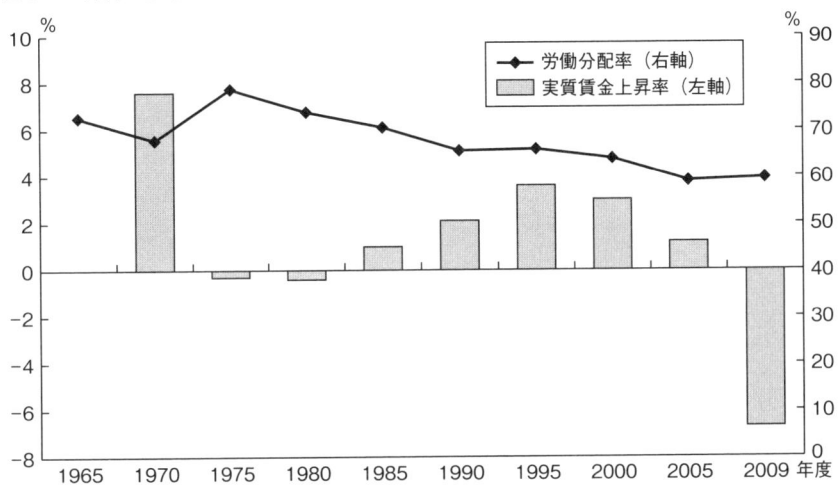

図 5-2　労働分配率と実質賃金対前年上昇率

注1．労働分配率は，1人あたり雇用者報酬を，就業者1人あたり国民総所得で除したもの．
　2．賃金上昇率は，30人以上規模事業所の現金給与総額の対前年上昇率．1970年は71年の数字．
　3．日本生産性本部『活用労働統計』による．

（1979年度には歳入の公債依存度は40％に達した）．こうして今日に至る財政危機が始まる．

　第2は，不況におちいったエネルギー多消費型の「重厚長大」型（金属，造船など）から，いわゆる「軽薄短小」型への産業構造の転換である．その技術的な基礎は折からのME（マイクロ・エレクトロニクス）革命と呼ばれるものである．それはIC（集積回路）にコンピュータの中央演算装置（CPU）を組み込んだマイクロ・プロセッサー（MPU）に，さらにプログラム記憶装置等を結合させたマイクロ・コンピュータを機械等に内蔵させることにより，超小型化・コスト削減を果たしていく技術革新である[4]．

　そのきっかけは，ベトナム和平（1973年）により，アメリカが軍事直結で開発した最先端技術が民間に開放されたことによる．ME技術の民生化は，軍需産業に依存した本家のアメリカよりも，民生部門を中心とし応用技術にたけた日本のほうが得意であり，日本はハイテク製品の大量生産体制を築いていくことになる．精密労働は，労働組合が空白で従順な共同体意識に富んだ労働力を必要とし，日本だけでなく「生産のアジア化」が進展する．政府は立法措置等

を通じてこのような産業構造の転換や新産業の育成を強力にバックアップした．以上を通じて産業構造の転換がなされ，電機，通信，産業用機械，自動車等の部門が集中豪雨的輸出の先頭に立つようになっていった．

第3は「減量経営」である．恐慌を乗りきるため，労働コストの削減（合理化・出向・配転等），オイル・ショックのもとでのエネルギーコストの削減（省エネ），金融コストの削減（自己資本比率のアップ）など，あらゆる「減量」（節約）が追求される．賃金アップを生産性上昇率の範囲内に抑制する「日本型所得政策」が政府と財界一体で追求される．「合理化」はまず臨時工・社外工等の切り捨てから始まったが，しだいに本工中心の企業別労働組合・年功序列賃金・終身雇用という日本的労使関係そのものを揺さぶるようになった．雇用不安定は「会社あっての労働組合」という企業依存意識を強めた（「会社主義」）(5)．

2　低成長期の地域農政

総合農政の破綻

総合農政は，高度経済成長が永遠に持続すること，そして高度成長で稼いだ貿易黒字で海外から安い農産物を輸入したほうが安上がりだ，という前提に立っていた．

その前提条件のうち，まず高度経済成長が破綻した．加えて世界的な食糧危機が起こった．1970年代に入り異常気象が強まり，1972年にはソ連，インド，西アフリカが干ばつにみまわれ，ソ連が穀物を大量買いつけしたことから世界的な「食糧危機」が勃発した．穀物価格が高騰し，アメリカが1973年6月に大豆の禁輸措置をとったことにより，日本でも豆腐の値上がりや飼料確保の困難が生じた．

ドル・ショックとオイル・ショックのなかで，前述の過剰流動性資金が株や不動産とくに土地投機に走り，農地まで違法に買い占めた．遠隔地の山林原野の買い占めや転売という「原野商法」がはびこり，あらゆる業種の資本が「総不動産屋化」した．前述の田中角榮『日本列島改造論』は，日本列島全体をブルドーザーで「開発」して1日通勤圏に転じ，農業は開発残地でおこなえという「残地農業論」を展開し，土地投機をあおった．これらの結果，遠隔地農村

に至るまで，農地価格が農業採算価格をはるかに超えて高騰し，基本法農政がめざした農地の購入による規模拡大の息の根を止めた．

そして第2次高度成長が農家の兼業依存を決定的におしすすめたところで，高度成長の破綻が起こり，地域労働市場は不安定化し，兼業に出たいと思っても出られない状況をつくった．農業と農村は，高度成長が残した傷跡とともに，高度成長の破綻による影響をこうむることになった．

地域主義と地域農政

農政はあいかわらず生産調整政策や構造政策という総合農政期からの課題を引きずっていたが，この時期に，農政手法の転換から「地域農政」と呼ばれるようになった．

高度成長の時代には，高度成長にともなう社会のゆがみや地域格差の拡大に対して，国家が税の自然増収を背景に，地方で問題が発生すると中央から地方に公共事業や補助金・交付金をばらまくことで矛盾を吸収する中央集権的な危機管理の手法がとられた．しかし高度成長が破綻し，国家財政が逼迫（ひっぱく）するようになると，そのような政策はむずかしくなってくる．そこで，地方における社会的な矛盾や紛争を，地域ごとに分断し，地域のなかに封じ込め，地域の責任で解決してもらう，「地域主義」の危機管理手法がとられるようになってくる．

高度成長の破綻を受けて，3大都市圏の人口増加率は，1970～75年の10.2％に対して1975～80年には4.9％と半減した．過疎地域の人口減少率も5.7％から2.4％に半減した（『過疎白書』）．

東京（1967年），大阪（1971年）をはじめとする革新自治体の成立に続いて，1975年には「地方の時代」を標榜する長洲一二（かずじ）神奈川県知事が登場し，それに対して財界は「地域コミュニティー戦略」を打ち出し，第3次全国総合開発計画（三全総，1977年）も定住圏構想などで地方重視を打ち出すなど，地域住民を体制側に取り込む新たな戦略が活性化するようになる．

地域主義は地域がもつ一定の自治機能に依存することになるが，それが最もよく当てはまるのは農村である．「むら」（農業集落）は，生産・生活共同体として相互扶助的な機能をもち，外圧に対しては内部利害を調整しつつ一致団結して対応していく面をもっている．その点を農政は事あるごとに利用し，とくに財政事情が厳しいときにはそうした．農協もまた「むら」を基盤にした地域

ぐるみ組織という点で,「むら」的な性格・機能を有する.

　このような「むら」や農協に体現される「地域」の活用が,折からの生産調整と農地流動化政策には不可欠だった.すなわち,転作を定着するためには,転作地を団地化する必要があるが,それには「むら」ぐるみのとりくみが欠かせない.そこでは「転作に協力しないとむらに迷惑をかける」という社会的プレッシャーが最も有効である.

　地域ぐるみの話しあいという社会的プレッシャーを通じて,安定兼業農家等に農地の貸し出しをせまることも追求された.

　このような地域主義手法の農政版が,「地域農政」と呼ばれるものである.すなわち1977年には,「土地利用や生産の組織化などについて農家の意向を集落段階から積み上げて地域農業の総合的な推進方策を定め,担い手の育成や農用地の有効利用を促進する」ことを目的とした地域農政特別対策事業が開始され,また1978年の新農業構造改善事業は,「広範な農家層を包摂して農業生産の組織化を図りつつ,地域農業の再編と活力ある村づくりを目指し」,「関係者の話し合い活動の促進や集落の連帯感の醸成を目的とするソフト事業および生活環境整備事業を新しく取り入れ」ることとした.

　このような状況下で「地域農業論」や「自治体農政論」が登場することになる.それは総兼業化により個別農家が自己完結的に維持できなくなった農業経営を,地域,集団,生産組織といった「地域ぐるみ」の力で支えていかねばならないという危機感に裏打ちされたものだった.「地方の時代」「地域農政」のもとでは,もはや中央集権農政に頼っているだけにはいかず,自治体や農協がそのような動きを独自にサポートしていくことが求められたといえる.

　1980年の農政審議会答申「80年代の農政の基本方向」も,日本型食生活の定着,食料安全保障(とくに不測の事態への備え)をうたい,そのために「総合的な自給力の維持強化」,食管制度の根幹の維持,「地域ぐるみの対応——地域農業の組織化」,「地域農政の総合的展開」を掲げていた.

　地域農政は,たんなる農政の手法にとどまらず,それ自体1つの新たな事業領域を展開していく.それが総合農政期に萌芽した農村基盤総合整備事業である.1960年には農家人口は「むら」の6割を占めたが,1975年には3割に減少し,「むら」でも非農家が多数派になった.農村における社会的統合機能は,もはや農家を対象とする農業政策だけでは果たせない.農村居住者を対象とし

た道路・排水等の生活基盤整備が求められるのである.

　農政におけるもう1つの転換は「価格から補助金へ」である. 1970年代後半には農林予算が1割を切り, 基本法農政以前の水準に戻ってしまった. 前述のように農産物過剰のもとで, 行政価格の引き上げは困難になった. そのなかで農林予算に占める補助金のウェイトが高まりだし, この期の最後には6割に達するようになり, 以降の農政の基調をつくった.

　とくに, 同じ補助金でも, 政府の裁量性の乏しい一律的な補助金に代わって, 土地改良事業費や構造改善費, 前述の農村生活基盤整備関連など, 行政が交付対象を選別できる補助金が増えていくのが今期の特徴である.

　農林予算が減るなかで, 補助金は, 高度成長の破綻により多元化する地域利害に応え社会的統合機能を果たしていくうえでも, また, 議員が補助事業を政府に仲介しつつ個人後援会方式で票を集めるうえでも有効だった. とくに前期につくられた自民党総合農政派は, 「陳情するなら総合農政派」といわれたように, 補助金の創設とぶんどりに熱心だった. 補助金は農政に限らず, 高度成長の破綻によるショックを緩和するために政策の各分野で増大した.

転作政策と農地流動化政策

　総合農政期から持ち越された農政課題は, 過剰対策と構造政策である.

　減反政策は, 古米在庫の減少と食糧危機を背景に1974年から緩和に向かうが, そうするとまたもや過剰がむくむくと頭をもたげるようになった (図5-3). 米過剰はどうやら一過性のものではなく構造的なものであることが, 2度めの過剰で明らかになった. そこで1978年から, 10年をメドとした恒久政策としての水田利用再編対策が実施されることになる. そこではもはや緊急避難的な休耕中心の減反政策では済まされず, 米から他作目への転作政策が主としてとられるようになる. 折からの食糧危機をふまえて, とくに自給率の低い飼料作物・麦・大豆・ソバ等が特定作物として政策上優遇されることになった. 奨励金も引き上げられ, ピークでは10aあたり6万円前後にまでなった (→第8章2, 表8-1).

　過剰生産におちいる農産物の領域が広がり, それが構造的なものであることが明らかになるにつれ, 1970年代後半から農産物価格の伸び率は著しく鈍化する. 1978年には, 米・麦・加工原料乳等の行政価格の上昇率は0〜2％に据え

図 5-3　米の持越在庫量の推移

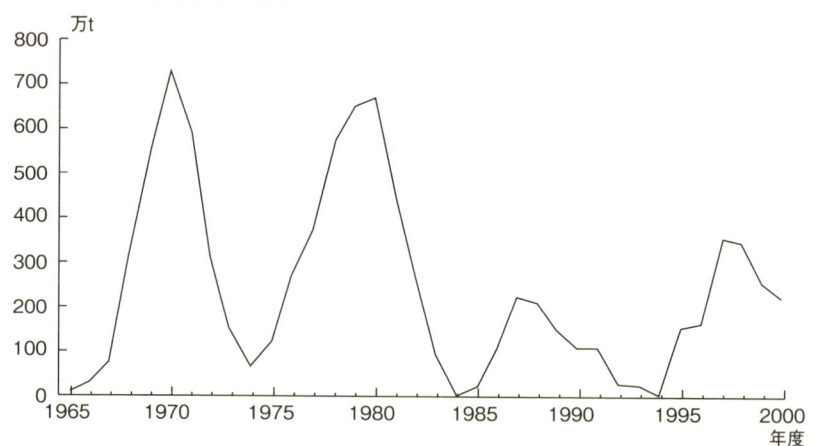

注1．持越在庫量は，各年の10月末日現在のもので，加工用米（他用途利用米）および外国産米を除いた数量である．
　2．農水省資料による．

置かれるようになった．時間あたり農業所得は，1979年についに農村の臨時的賃労働の賃金を平均で下回るに至った．高度成長期以前の状況への後退である（→図 8-3）．

　このように価格は上がらない，水田には稲作よりも10aあたり所得の低い作物を作付けしなければならないという状況下で，農業所得を高めようとすれば，残るのは規模拡大しかないという状況がいよいよ強まった．しかも前述の地価高騰により，売買による規模拡大は現実性を失った．そこで新たな構造政策の経路として登場したのが，1975年の農用地利用増進事業，1980年の農用地利用増進法の制定を通じて打ち出された，「利用権」という新たな賃貸借の形態である．農地法だと賃貸借の契約・解約には知事許可が必要で，地主としては一度貸したら返してもらえない危惧があったが，利用権は，契約期間が満了したら農地を自動的に返却するしくみに変えることにより，地主の危惧を払拭して，賃貸借を促進しようとするものだった（→表 9-8）．

　農村で農家に「農地を売れ」と言うことは，先祖伝来の家産に手をつけさせることでタブーだが，農地を貸すことは財産を減らさずに人の役に立つことだから，政策的に勧めることも可能である．こうして「農地流動化政策」が登場することになる．

3 日米貿易摩擦の時代

日米経済不均衡の拡大

アメリカ企業は早くから，グローバルな視点から立地選択する海外直接投資に力を入れ，多国籍企業化を追求していたが，それにより国内投資がおろそかになり，国際競争力を弱めていった．それに対して日本企業はあくまで国内に閉じこもり，国内の賃金格差や下請・系列支配を武器にして国際競争力を高め，国内で生産したものを海外に輸出し貿易黒字を獲得する輸出依存型の経済構造に固執した．

このようなグローバルとナショナルの経済活動のちがいは，国境をはさんだ輸出入でとらえれば，アメリカの入超，日本の出超を累積させることになり，日米貿易摩擦を次々と引き起こしていくことになる[6]．とくに日本は輸出の特定品目への特化度が著しく，かつそれが移動していく．すなわち1960年代までは繊維の特化度が高かったが，1970年代なかばには鉄鋼，1980年には自動車，そして1980年代には事務用機器の特化度が高まっていく．これに対応して日米貿易摩擦も，繊維（1969年沖縄返還と引き替えに決着）→鉄鋼（1969年より輸出自主規制，1977年規制強化）→テレビ（1977年自主規制）→工作機械（1981年最低価格規制）→自動車（1981年自主規制）→半導体（1986年日米半導体協定）と拡大・転移していく．そして多くのケースは，貿易問題が政治問題化して，日米トップ会談でアメリカが日本に輸出自主規制させるかたちで決着し，経済摩擦が強まるほど政治的には日米同盟が強化されるという，一見奇妙な関係がもたらされた．

そして1980年代には，日米の摩擦は，個々の品目をめぐる「貿易摩擦」から，経済構造全体に関する「経済摩擦」に転化する．その背景は日米の経済不均衡の極端な拡大である．

1980年代前半，日本が企業と国家の減量経営に励み，国内には消費不況を引き起こしているまさにそのとき，アメリカはまったく逆の経済運営をおこなった．すなわち「強いアメリカ」を掲げて登場したレーガン政権は，①軍拡で財政拡張をおこない，②投資意欲をかきたてる名目で高所得者に対する大減税をおこない，③それらの結果発生した財政の赤字分は国債発行で埋める．④イン

フレ防止のために金融引き締めをおこない高金利政策をとる，⑤引き締められた金融市場での国債発行は金融を逼迫させ，さらに高金利をもたらした．⑥アメリカの高金利を求めて日本や西ドイツ等から資金が流入し，その際に円（マルク）をドルに換えてアメリカの国債や証券を買うため，需給関係から円（マルク）安＝ドル高状況をもたらした（図5-1）．⑦ドル高化はアメリカの製品価格を高め，アメリカの輸出を不利にするとともに，輸入品を割安にして輸入を促進するため，アメリカの貿易赤字は累積していくことになる．

　貿易収支によって為替レートが決まり，為替レートが貿易収支を左右するという市場メカニズム（円が高くなれば輸出が減り，黒字が減る）が，資金の流れによって攪乱されるようになり，黒字の日本はいよいよ黒字に，赤字のアメリカはいよいよ赤字になるという不均衡化のメカニズムが働くようになる．しかも1980年代には，アメリカが比較優位のはずの軍事直結的なハイテク部門まで対日赤字に転じ，アメリカに大きなショックを与えた．

　アメリカは1970年代までは，不均衡の原因は日本のダンピング（不当廉売）にあるとして，日本に輸出自主規制を求めたが，1980年代に入ると，みずからの工業部門の国際競争力の弱体化を認めるようになり，そのかわりアメリカが比較優位な部門については他国の門戸開放（自由化と輸入拡大）を求める，「守り」から「攻め」の戦略に転じた．

　そして「攻め」は，財・サービスだけでなく，他国における経済活動の門戸開放全般におよぶ．そのなかで農業部門は，アメリカに残された数少ない比較優位部門の1つだった．しかもその農業においてアメリカは，世界市場におけるシェアを低下させていた（図5-4）．その原因としては，①1980年ソ連のアフガニスタン侵攻に対抗したアメリカの農産物禁輸措置は，ソ連をはじめとする顧客を失う結果になり，②1970年代の食糧需給の逼迫危機を背景にしたアメリカ農業の輸出産業化は連作化等による品質劣化をまねき，③加えてドル高はアメリカ農産物を割高にし，④それまで最大の輸入地域だったECが輸出地域に転じてアメリカと競合するようになった点，などが指摘される．

　1981年，アメリカの農務長官が来日して農産物の全面自由化を要求し，1982年には後述するガット東京ラウンドに続いて日米農産物交渉が開始され，アメリカは牛肉・オレンジ・オレンジ果汁の自由化を求めた．1983年には日本の残存輸入制限13品目をガット違反として提訴した．

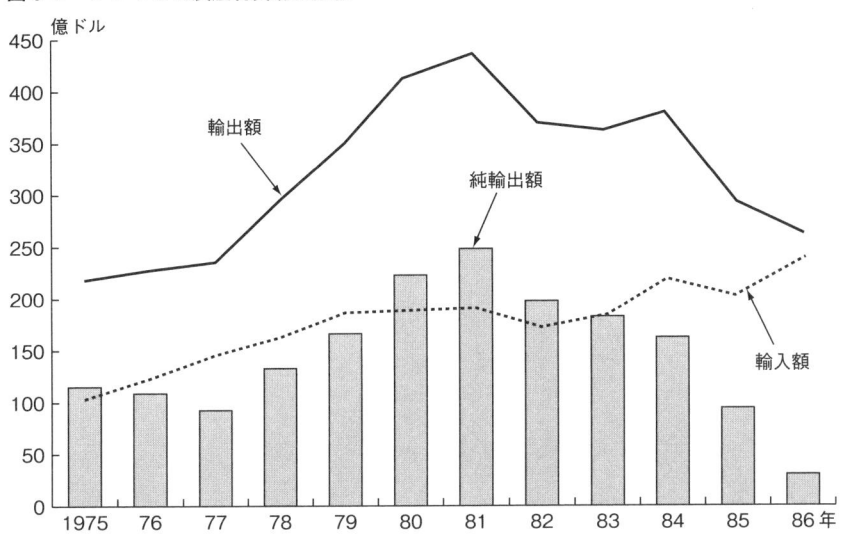

図 5-4　アメリカの農産物貿易の推移

　　　　　　　　　　　　　　　　　　　　　　　輸出額
　　　　　　　　　　　　　　　　　　純輸出額
　　　　　　　　　　　　　　　　　　　　　　　　　　　　輸入額

注 1. 輸出はFASベース，輸入はCIFベース.
　 2. アメリカ商務省 *Highlights of U.S. Export and Import Trade*.
　 3. 『通商白書』昭和62年度版，51ページより引用.

　1984年は農業問題の国際化の1つの画期だった．先の牛肉・オレンジ交渉は，ほとんど自由化に近い輸入枠拡大というかたちで決着した．またレーガン大統領と中曽根康弘首相に対する「日米諮問委員会」の答申がなされた．そこでは，日本の農産物自由化は「あらゆる日米間貿易摩擦のなかで最も政治問題化し，解決困難なもの」と位置づけられ，「日本の農業政策は，農地規模の拡大を図るとともに，小規模農地で効率的に生産しうる農産物への農業生産構造の転換を目指すべき」であり，高米価や，折から日本が強調しだした食料安全保障（そのための自給政策）がその最大のネックだとして，日本農政の根幹の見なおしをせまった．

　1984年には，米の不作が4年続いていたにもかかわらず，当該年度の生産量を次年度消費分に限定する単年度需給均衡論に固執したことから不足となり，韓国米の緊急輸入に追い込まれた．それを契機に他用途利用米（味噌・醤油やお菓子等の加工原料に仕向ける米で，通常米価の半値程度での買い入れ）の制度が導入され，米価引き下げに作用した．

臨調行革路線と農業保護政策批判

　国内では，1960年代後半から1970年代前半にかけて，高度成長のゆがみに対する社会的緊張が高まっており，労働運動の春闘ストや米価闘争も1970年代なかばに最後の高揚期をむかえた．自民党の相対得票率（対投票者比）は1970年代に入り5割を割った．加えて高度成長の破綻から1974・75年恐慌におちいった．この社会的・経済的危機を，日本は大量の赤字国債の発行で切りぬけたわけだが，それは社会的緊張を財政危機へ転移させることになった．

　それに対して1981年に第二次臨時行政調査会が発足し，民間企業の減量経営を国家行財政に適用した「臨調行革路線」が始まる．それは「増税なき財政再建」「小さな政府」を掲げ，いわゆる「3K赤字」（コメすなわち食管赤字，国鉄すなわち現在のJR，健康保険）退治を直接目標にすえ，1982年の第1次答申は，「経済活動に対する保護的基調や国際社会への受け身の対応といった旧来の傾向を払拭していく」とした．本章1でふれた新自由主義的な経済政策の，日本における本格化である．

　農政で槍玉にあがったのは食管制度だった．戦時下に制定された食管法は，米の自家消費を除く全量の政府売渡を農家に義務づけ，自主流通米をふくむ全量を政府の流通管理下に置き，政府買入米価を通じて価格を管理するという典型的な国家独占資本主義の制度であり，管理経済だった．それに対して財界の調査機関である日本経済調査協議会が，1980年に「食管制度の抜本的改正」を出して，政府の全量管理から部分管理（政府が管理する米を200万t程度にとどめる）への移行を提言した．これらの動きに応じて，政府は1981年に食管法を改正したが，縁故米の法認等の小幅なものにとどまり，財界の要求を満たすものではなかった．先の臨調第1次答申は，政府米の売買逆ざや（政府が高く買って安く売る価格差）の解消，自主流通助成の縮減，転作の奨励金依存からの早期脱却をうたい，価格政策については国際価格を考慮し対象数量をしぼり込むべきとした．

　臨調第1次答申と時を同じくして，財界の研究機関たる総合研究開発機構（NIRA）の『農業自立戦略の研究』が公刊された．それは，農業は先進国が優位な先進国産業だが，日本だけそうならないのは保護政策によってひ弱になってしまったからだとして，「何もしないことも農政」としてその撤廃を求め，その後の農業攻撃の基調をつくった[7]．

農業問題から農業・食料問題へ

　この過渡期には，次のグローバリゼーション期を準備する事態が着々とすすんだ．各国とも，高度経済成長を通じて農民の地位は決定的に低下した．日本では，就業人口に占める割合は1955年には36％だったが，1970年には16％，1980年にはついに1桁台になってしまった．

　1960年の農家の飲食費自給率は56％だったが，1980年には21％に下がる(8)．農家でさえ食料の大半を買う時代になった．

　また全世帯的に，食の外部化率（食料消費に占める外食と調理品の割合）は1975年の28％から1980年に33％，2005年には43％に達している．家庭で調理した食事を家庭でとる「内食」の割合は，半分強に縮んだ．

　農業白書は1978年から「食糧」を「食料」に改めた．「食糧」が「かて」すなわち穀物を主とするのに対して，「食料」は畜産物・野菜・果樹・加工食品といった，口に入るすべての食べものを指す．それは以上の事態を反映したものであり，本書で「食糧」がいつのまにか「食料」になっているのもそういう事情による．

　かくして農民の地位の低下，メジャー階層からマイナー階層への「転落」，国民多数の農産物生産者から消費者への移行，食事における「内食」の低下と「外食」の増大，食に占める生鮮農産物の低下と加工品・調理品の増大が，急速にすすむ．

　農業白書は後に「食と農の距離が遠くなった」と表現したが，遠くなったというより「隔てられた」と言うべきだろう．隔てたのは農・漁業以外の食料産業であり，第1に，農産物の集荷・流通・加工・資材供給にたずさわる多国籍アグリビジネス（農業関連産業）であり，第2に，折から展開しだしたスーパーマーケット・チェーン（SM）をはじめとする大手食品小売業である．

　他方で，日本生活協同組合連合会（日生協）傘下の生協の伸びを見ると，**表 5-1** のごとくで，第2次高度成長期から急進しだすが，とくに今期の伸びが著しい．1970年代までの生協は店舗事業が7〜8割を占めていたが，急伸を支えたのは共同購入形態（消費者が班をつくって注文し，配達を受ける）であり，その割合は1980年代に急伸し5割にせまる．供給高でも食料品が7割を占めるようになる(9)．とくに生鮮品が1980年には23％を占め，割合でピークに達する．生鮮品のなかには生協産直もふくまれ，消費者と産地のつながりもできた．

表 5-1　地域生協の推移

(単位：万人，億円)

	組合員数	供給高	うち店舗	うち共同購入
1970年	79	773		
1975	184	3172	2418	375
1980	292	6664	4591	1697
1985	575	13332	7052	5815
1990	916	21448	9645	11135
1995	1283	25537	11803	13043
2000	1450	25275	11017	13897

注．日生協『日本生協連50年史』2003年．原資料は日生協『生協の経営統計』．

　労働者が企業内に取り込まれ「会社人間」化するなかで，消費者と生産者の連帯がすすむようになる．

　しかし，多数派となった消費者が日々向きあうのは，農業・農民ではなく食料になった．その食料も，生の生鮮品よりも高度に加工された工業品が多くなった．食卓から見え，感じられるのは，「農民問題」ではなく「食料問題」であり，求められる政策も農業政策から食料政策にシフトした．

　1968年からの第2次自由化では多くの加工食品が自由化されたが，輸入加工品の低価格攻勢に悩む食品工業について，1978年には日本経済調査協議会が「国民経済における食品工業の役割」を発表し，原料自由化を強く求めるようになった．

　こうして日本でも，農業（農民）問題から農業・食料問題への転換が始まる．

　他方，農業・農村では，1970年代後半，米の生産調整が本格化するなかで，農業産出額に占める米のウェイトは4割弱から3割に落ち，代わって畜産が3割弱に達して米と並ぶに至った（**表4-3**）．生鮮品消費の割合が低下するなかで，生鮮品仕向け志向の強い日本農業の苦悩が強まりだす．

　地域労働市場は動揺し，農家の兼業化は，高度経済成長期ほどではなかったが，それでも恒常的勤務のⅡ兼農家が引きつづき増加し，兼業化もほぼピークに達した．兼業者は，農繁期に会社を休み農閑期だけ兼業する中途半端な兼業形態をやめて，フルタイムで働くかどうかの選択を厳しくせまられるようになった．労働時間はフルタイムだが，労働条件は日給月給（働いた日数ぶんだけを「月給」として支払われる）といったパートタイム的なものだった(10)．

　農地流動化政策の登場にもかかわらず，農家の減少率は高度経済成長期より

落ち，農家数が増える層と減る層の分岐層も，1970〜85年にかけては2.5haの線を動かず（79ページを参照），「兼業滞留」がなお支配的だった．しかし図8-3（180ページ）のように，1979年には1日あたり農業所得が農家の臨時的賃労働の賃金を下回るに至り，農業が総体として臨時雇賃金も稼げない高齢者等に担われる「高齢滞留」が兆しだした．

注

（1） 侘美光彦『「大恐慌型」不況』講談社，1998年．
（2） 伊藤正直『戦後日本の対外金融』名古屋大学出版会，2009年．同『なぜ金融危機はくり返すのか』旬報社，2010年．田代洋一『混迷する農政　協同する地域』筑波書房，2009年，第1章．高田太久吉『金融恐慌を読み解く』新日本出版社，2009年．デヴィッド・ハーヴェイ（著），森田成也ほか（訳）『資本の〈謎〉』作品社，2012年．
（3） 山口義行（編）『バブル・リレー』岩波書店，2009年．
（4） 井村喜代子『現代日本経済論』新版，有斐閣，2000年，第6章．北村洋基『岐路に立つ日本経済』改訂新版，大月書店，2010年．
（5） この点を強調するのは，森武麿ほか（編）『現代日本経済史』新版，有斐閣，2002年，第5章（伊藤正直・執筆）．
（6） 小倉和夫『日米経済摩擦』日本経済新聞社，1982年．関下稔『現代世界経済論』有斐閣，1986年．同『日米貿易摩擦と食糧問題』同文舘出版，1987年．
（7） 田代洋一『日本に農業はいらないか』大月書店，1987年．
（8） 高橋正郎（編）『食料経済』第4版，理工学社，2010年，prologue（高橋正郎・執筆）．
（9） この時期の市民（地域）生協の特徴づけとしては，田中秀樹『消費者の生協からの転換』日本経済評論社，1998年．
（10） 田代洋一ほか『農民層分解の構造　戦後現段階』御茶の水書房，1975年，第1章（田代洋一・執筆）．

第6章　グローバル化と農業・食料問題

　今日のグローバル化は，前章で見た変動相場制下の過剰（貨幣）資本の累積，金融自由化，経済の金融化を動因とし，情報通信革命を技術的基礎とし，冷戦体制の崩壊を政治的要因としたものであり，その実体はアメリカ金融資本主義の支配下での「世界経済の市場経済への一元化」である．本書はそれを「ポスト冷戦グローバル化」と規定し，グローバル化一般から区別する．

　本章は，1980年代後半の経済構造調整期，1990年代のポスト冷戦グローバル化期，そして21世紀の3期に分けられる．1980年代はまだ「国際化」「構造調整」という言葉が使われていたが，1990年代以降は「グローバリゼーション」「構造改革」が語られることに注意したい．21世紀は，人類の新たなありかたとしての本来のグローバリゼーションを追求すべき時期といえるが，現実の歴史は紆余曲折を経ており，とりわけ日本は混迷している．

1　1980年代後半——経済構造調整期

日米経済構造調整

　アメリカは1980年代なかば，世界最大の純債権国から世界最大の純債務国に一挙に転落した．その国の通貨・ドルが，にもかかわらず世界の基軸通貨の位置にとどまるところに，その後の世界経済の根本的な矛盾がある．ドルの基軸通貨としての位置は，ひとえにアメリカの政治・経済・軍事力を背景とした，ドルに対する世界の信認にもとづいている．その信認が崩れれば，たちまちドルは暴落し世界経済は混乱におちいる．

　現実にはドル高が続いた．アメリカが貿易赤字であるにもかかわらずドルが高くなるのは，日本やドイツ等の黒字国が，アメリカの高金利の国債や社債等を購入するためにドルを購入することによる．これらの外国からの資金により，

アメリカの貿易・財政の「双子の赤字」は補てんされた．こうしてドルは，アメリカの経済力からかけ離れて高くなっていった．そのドルを相応の水準に引き下げないと，いつドル不信認からドル暴落が起こるかわからない．そこで，国際的政策協調による為替相場への介入が求められた．1985年9月，世界の5大国（米英仏独日，G5）の蔵相・中央銀行総裁がニューヨークのプラザ・ホテルに集まり，為替介入に合意した（**プラザ合意**）．それにもとづく各国のドル売りと円・マルク買いの結果，日本円は合意直後の1ドル＝240円から，1987年末の122円の超円高に追い込まれた（図5-1）．

このような劇的な円高ドル安化は日米の貿易収支の不均衡の是正につながるはずだったが，実際には不均衡が拡大する一方だった．そこでアメリカは，日米の経済不均衡の原因はたんなる為替レートではなく，日本の経済構造そのものにあるとして，その改善を日本にせまった．

それに対する日本の回答が，「国際協調のための経済構造調整委員会」（中曽根首相の私的諮問機関，前川委員会）の「**前川レポート**」（1986年）だった．同レポートは，日本の「大幅な経常収支不均衡」が「世界経済の調和ある発展」にとって「危機的状況」になっており，かつその原因が「我が国経済の輸出指向等経済構造に根ざす」ものであると認めた．そして「世界経済の持続的かつ安定的成長を図るため，我が国経済の拡大均衡及びそれに伴う輸入の増大によることを基本」とすること，すなわち「輸出の適度な伸びを上回る輸入の増大」をはかることを宣言した．

「前川レポート」は，①「内需拡大」（住宅対策，都市再開発等，アメリカにとって輸出促進になりうる），②「国際的に調和のとれた産業構造への転換」（積極的産業調整，海外直接投資の促進），③農業については「着実に輸入の拡大をはかり，内外価格差の縮小と農業の合理化・効率化に努めるべき」，「市場アクセスの一層の改善」（製品輸入の促進）をはかる，とした．

前川レポートは，日本経済のグローバル化の宣言でもあった．すなわち，①すべての国境保護をとり払って（ボーダーレス化），超円高下での国際自由競争に日本の全産業をさらし，超円高でも国内に残れる産業・部門のみを国内に残し，②円高によるコスト高と貿易摩擦を回避するための海外直接投資を本格化し，③国際競争に対応できないが海外進出も不可能な農業や石炭業は，国内での淘汰をはかる，というものだった．

こうして日本もまた海外直接投資を増大しはじめ，遅ればせながら多国籍企業化の道を歩みはじめる（しかし製造業の海外生産比率は，1986年で日本4％に対してアメリカ20％，ドイツ17％で，なお水準が1桁異なっていた）．海外直接投資は，国内産業の空洞化をもたらし，その末端につながる農村進出企業，ひいては地域経済を直撃することになった．

バブル経済
　こうして日本は一時的には円高不況におちいったが，1987年ごろから好況に向かい，ついにバブル経済に突入する(1)．そこにはME化のための設備投資とバブル経済という2つの面がある．
　まず，超円高化を乗り越えて輸出するためのME化設備投資が，経済成長の4割以上を支えるようになった．国内総支出に占める企業設備投資の割合は，1990年には20％に達し，第2次高度成長末期の1970年にほぼ匹敵する過去最高水準になった．ME化投資は，内需拡大のための多品種少量生産から，銀行のオンライン化をはじめ情報サービスを中心とする対事業所サービス部門にもおよんだ．
　このような好況を支えたのが，超低金利での資金供給である．その供給源は，引きつづく貿易黒字，円高化を抑えるための日銀の円売り操作，円高を利用した海外からの低利での短期資金調達である．このような資金の過剰供給は市場金利の低下を引き起こすが，加えてアメリカが，経常収支の赤字を補てんするために海外からの資金を呼び込み，高金利を保とうとして，日本やドイツに低金利政策を押しつけた．こうして低金利の資金が国内にだぶつくようになった．
　このようななかで，資金力をつけてきた企業は設備投資の資金を従来のように銀行融資に依存しないで，転換社債（社債を購入時の契約価格で株に転換できる）やワラント債（購入時の契約価格で新株を購入できる）により，直接に国内外から資金調達するようになった．
　そこで都市銀行は，過剰資金の新たな融資先を求めて，従来の中小金融機関の市場だった中小・個人企業向け貸付けや，事実上の子会社だった住宅専門金融会社（住専）の市場に割り込むようになり，玉突き的に他の金融機関が不動産市場や証券市場に殺到し，地価や株価の高騰をまねいた．高騰した株や土地を担保に低利資金を借りて，企業はさらなる投機に走るようになった．これが

バブル景気である．「バブル」（泡）とは，通常の景気循環上の好況とは異なり，株・土地といった，人間労働がつくりだしたものではない資産の価格が，ものづくりの実体経済から遊離して急上昇することを指す．「泡」はいつか破裂するが，それがいつ破裂するかは誰にもわからないために，暴走してしまうのが「バブル」である．

アメリカから内需拡大を強要された日本政府は，民間活力（「民活」）による都市再開発（アーバン・ルネッサンス）や1987年のリゾート法による大規模リゾート開発といった開発政策をとり，土地投機をあおった．

こうして市街地の地価は，1988年から年率10％前後の上昇を見るに至る．地価上昇は中堅サラリーマンの住宅取得を困難にし，彼らを新たな集票基盤に取り込みたい自民党は，市街化区域内農地の宅地並み課税による，農地の大量供給（宅地転用）をねらうようになった（→第11章1）．これにともなって都市計画区域の転用農地価格は高騰したが，それ以外の地域や農地の地価は必ずしもそうではなかった．その点が，全国土的な地価高騰をもたらした1970年代前半のオイル・ショック，狂乱物価期と異なる．ただし農協貯金増に占める土地代金の割合は，バブル期には3割を超して，1970年代末に次ぐピークを画した．

保護農政から国際化農政へ

1986年の衆参同日選挙で，自民党は300議席獲得という史上空前の勝利をおさめた．その一因として自民党が議席増の9割を都市部で稼いだことがあげられる．農村党とされてきた自民党に都市政党化の兆しが見えだしたわけである．それまでアメリカは通商交渉にあたっても，盟友である自民党が農村に政治基盤を置いていることにある程度は配慮してきた．しかし自民党の都市政党化はそのような政治的配慮を不要にする．こうしてアメリカは遠慮会釈なく日本に農産物自由化をせまるようになる．それが1980年代後半の熾烈な農業摩擦の1つの背景である．

このような状況変化にもかかわらず，農協組織は自民党への選挙協力の見返りに米価引き上げを求め，据え置きを勝ちとった．そのことをきっかけとして，中曽根首相のバックアップを受けたマスコミ等による農業・農協攻撃が始まり，アメリカの全米精米業者協会（RMA）も通商代表部（USTR）に日本のコメ輸入禁止措置をガット提訴するよう要求し，通商代表部は後述するガット・ウル

グアイ・ラウンド（以下URとする）でコメ自由化問題をとりあげることとした(2). URについては次項でまとめて述べる.

　このようななかで，先の「前川レポート」にもとづいて，農政審報告「21世紀に向けての農政の基本方向」が出された（1986年11月）．同報告は，①「国際的に開放された我が国の立場を踏まえ」，②「経営感覚に優れ」た「意欲的な農業者，企業者マインドと知識を持った農業者を育成」する，③「産業として自立しうる農業を確立」「各種の助成措置及び規制措置は適切な範囲にとどめ……コスト意識に立脚した生産性向上を強力に進める」，④「農産物の内外価格差を縮小」「農産物市場アクセスの一層の改善」を柱に掲げた．

　このうち①については，その発想は，第2次高度成長対応としての総合農政のそれに酷似しているが，今回はそれがグローバル化対応である点が異なる．

　③の価格政策については，「市場メカニズムを活用」して「需給実勢を反映し，需給均衡の確保に資する」ものにし，「構造政策を助長し，生産性向上に資する」ものに転換することとされた．そのため食管制度については「自主流通米に比重を置いた米流通の実現」，生産調整は「生産者による需給均衡のための努力が生かされるような制度運営」に改めるとし，国境調整は，「例えば関税措置によって国際的な市場価格が国内価格にも反映され得るような方向で……，市場アクセスの一層の改善に取り組んでいくべき」とした．当時はあまり注目されなかったが，「関税措置」うんぬんは，後述するガットURの合意を先取りするものだった．

　同報告にもとづいて，1986年から行政価格（政府が決定する価格）は引き下げとなり，農産物価格全体も引き下げ段階に入った．政府米価も，1987年には31年ぶりに引き下げられた．

　1987年からは第3次米過剰に対する水田農業確立対策が開始されたが，生産調整を通じて規模拡大をはかること，生産調整の責任を国（行政）から「農業者・農業団体の主体的責任」にシフトさせることが強調された．

　1980年代後半には政府米の比重は急落して自主流通米の比重が高まり，1990年秋には自主流通米の価格を競争入札で決定する市場（自主流通米価格形成機構）が開設された．

　④の「市場アクセスの改善」については，首相官邸の強力なイニシアティブのもと，1984年に交渉開始された牛肉とオレンジ・オレンジ果汁，アメリカが

ガットに提訴したその他の残存輸入制限品目（ガットに通報して輸入数量制限を継続している品目）12品目のうち脱脂粉乳とでん粉を除く8品目（プロセス・チーズ，トマトジュース，豚肉調整品等）の関税化（自由化）が，1988年に決定された．

農政は，このような自由化や米価引き下げに対して，そのアフター・ケアを講じることで農民層の自民党離れをくい止めるという伝統的手法をとった．すなわち子牛の不足払い制度（基準価格と市価の差額の一部を補てんする制度）や，オレンジ自由化で打撃を受けるミカン園の廃園に対する補償，また米価引き下げにあたっては，純農村部の農地転用を規制緩和した．1988年のリゾート法も，農業・農村を大都市住民の週末リゾート地として位置づけるものだった．

このようななかで，1989年の参議院選挙では，産物自由化等に対する農業者の怒りが爆発し，自民党は敗北を喫した．

日本農業の屈折点

日本の農業・農政にとっては，1980年代後半は，高度成長期以降における最大の屈折点になった．

内外価格差の拡大と輸入自由化のもとで，農産物の輸入数量は1985〜90年に1.4倍に伸び，1965〜70年の1.6倍に次ぐ伸びとなった．穀物自給率はこの間に1ポイントしか下がらなかったが，カロリー自給率は53％から47％へと，やはり1965〜70年に次ぐ低下となった（図4-3）．基本法農政の選択的拡大作物が軒並み輸入拡大をせまられたわけである．

これらの輸入増大に押されて，農業生産指数もついに1985・86年をピークに下がりだした．日本農業は縮小再生産過程に突入した．

農家の減少率は，1985〜90年には9.3％とかつてなく高まった．1975年以来300万戸を維持していたⅡ兼農家の総数も，この間に10％減に転じた．兼業・高齢滞留構造の崩壊と，本格的な離農の時代の開始である．そのなかで農家の増減分岐層も1975〜85年の2.5haから3haへ上昇した．

農村の混住化と過疎化も段階的な深化を見た．1975年の1農業集落あたりの総戸数は118戸，うち農家が30％だったが，1990年には172戸，16％に割合を半減した．いまや「農村」において農家が1割人口になった．

他方で，過疎地域人口は，1987年に自然減（死亡＞出生）に転じた．これま

で社会減（転出＞転入）が過疎化の主な経路だったが，自然減という「過疎化の第2段階」に入ったのである．そして1970年代には横ばいだった農業集落の総数が，1980～90年には2233集落，1.6％の減少を見ている（これらは集落そのものの消滅だけでなく，農業活動の停止をふくむ）．米価をはじめとする農産物価格の下落，牛肉・オレンジの自由化決定はこのような地域を最初に襲い，1980年代末から「中山間地域問題」が急浮上する（→第11章2）．

　農政が転換し，農業が後退するなかで，農協はいよいよ農政の下請け機関化を強め，生産調整政策への協力を通じて「第二農水省」と揶揄されるようになった．1988年の全国農協大会では，3～5割のコスト・ダウンを打ち出し，生産調整政策への協力から構造政策への協力に突きすすんだ．国際化・農業縮小という状況下で，農協系統の主たる関心はみずからの経営・組織問題に置かれ，金融自由化対応として，4000あまりの農協を21世紀までに1000農協にする広域合併方針を打ち出したが，広域合併は農協の地域離れ・農家離れをうながすことになる（→第10章2）．

2　1990年代──ポスト冷戦グローバル化期

　通商面でグローバル化を象徴するのは，1986年のガットのウルグアイ・ラウンド（UR）の開始であり，その結果としてのWTO（世界貿易機関）体制の成立だった（1995年）．そのなかで日本は，経済面では「平成不況」に突入し，政治面では今日に至る政権交代期に入り（1993年に自民党政権が9党連立政権にとって代わられ，翌年には2大政党制を容易にする小選挙区比例代表制が導入される），農政面ではグローバル化に対応して農業基本法を改め，**食料・農業・農村基本法**（以下では「新基本法」）を制定し（1999年），21世紀に向けての新たな農政への移行をはかった．このうち本項ではUR，WTO，新基本法に焦点をあてることにする．

ガット（GATT）

　戦後の世界貿易体制については，当初は強力な権限をもつITO（国際貿易機関）憲章がアメリカ政府等から提案されたが，各国の主権を制限するものとして，ほかならぬアメリカ議会の批准（条約は国会批准を経て発効する）が得ら

れなかった．そこでその通商に関する「関税及び貿易に関する一般協定」(GATT）の「暫定的適用に関する議定書」により，1947年に発足したのがガットである(3)．日本は1955年に，ヨーロッパが反対するなか，アメリカのあと押しで加盟を認められたが，特定加盟国が日本に対してガット義務をまぬがれることができるという，差別的な条件をともなうものだった．

　ガットの原則として，最恵国待遇（すべての国を平等に待遇する，たとえば同率の関税率をすべての国に適用する），内国民待遇（輸入品を国産品と同等にあつかう），輸入数量制限の一般的禁止，相互互恵主義（各国間の〈譲許額＝関税引下額×輸入量〉を均衡させる）があげられる．

　ガットは，貿易紛争を話しあいで解決するゆるやかな国際的取り決めとして出発し，国内法に対する優先権はなかった．かつ幾多の例外が設けられ，政府が生産制限している場合の輸入数量制限，ウェーバー条項（加盟国の3分の2の多数決による輸入制限，主としてアメリカが活用），祖父条項（加盟前から存在した輸入制限は維持できる）など，自由化義務をまぬがれる条項（非関税障壁）が置かれていた．例外措置の多くは，当時のアメリカが競争力の劣る国内農業（酪農など）を守るために必要としたものだったが，アメリカは自国農業の比較優位性が強まるにつれて，1980年代から農業も工業と同様にあつかうべきと，態度を180度変えた．

　ガットは現実には，関税引き下げのために各国がいっせいに交渉をおこなう場（ラウンド，多角的交渉）として機能した．ガットのラウンドでとくに注目されるのは，ケネディ・ラウンド（1964～67年）と東京ラウンド（1973～79年）である(4)．

　ケネディ・ラウンドは，ECC（欧州経済共同体）が域内について低い統一関税を設けることでアメリカ製品を排除するのを突き崩したいという，ケネディ大統領の強いイニシアティブで始まった．同ラウンドは，それまでの国別品目別の2国間交渉から，多角的交渉による一律関税引き下げ方式に切り替え，鉱工業製品について平均して35％の関税一括引き下げをおこなうことに成功した．しかし農産物の引き下げ率は低く，また非関税障壁への挑戦もおこなったが，成功しなかった．

　次の東京ラウンドは，変動相場制移行，オイル・ショック，EC拡大という世界経済の構造的変化を背景に開催された．同ラウンドは工業品については平

均33%の引き下げを達成したが，非関税障壁の撤廃（自由化）や農業問題は積み残された．途上国に対しては一般特恵関税等を新原則に加える等の配慮がなされた．

ウルグアイ・ラウンド（UR）

ウルグアイ・ラウンド（UR）は1981年ごろから検討されはじめ，1983年の日米首脳会談ではずみがつき，1986年にウルグアイの首都で124ヵ国プラスECの参加により，4年以内の終結を目標に開始された．

同ラウンドの背景としては，世界的な産業構造の転換のなかで新産業を保護しようとする傾向が高まったこと，アメリカの比較優位が高まったサービス・知的所有権・金融等の取引が増えたこと等があげられているが，すでに鉱工業製品の関税引き下げがある程度達成されたあとのラウンドの焦点は，農産物だった．

その背景には世界的な農産物過剰があった（図7-1）．1980年前後，ヨーロッパは農産物の輸入国から輸出国に転じ，アメリカと輸出補助金を付けての輸出競争（「穀物戦争」）を強めており，双方にとってその負担が大きくなっていた．URの農業分野では，農業保護の「撤廃」（ゼロ）を主張するアメリカやケアンズ・グループ（カナダ，ブラジル，オセアニア諸国等，輸出補助金なしの輸出国）と，農業保護の「撤廃」ではなく「削減」を主張する日欧等との対立が続いたが，1989年には「農業の支持および保護の，一定期間にわたる相当程度の漸進的削減」という，いちおうの「中間合意」がなされた．

日本は，食料安全保障や国土・環境保全など農業の有する多様な役割（「農業の多面的機能」）を貿易面でも配慮すべきと主張し，中間合意にも「**非貿易的関心事項**」（Non-Trade Concerns, 以下NTCとする）として配慮すべき旨を盛り込ませた．それにもとづいて，日本は，農業保護の撤廃は受け入れられないこと，基礎的食料（米）についてはNTCの観点から国境措置を講じうることを交渉の基本姿勢とした．

中間合意後も対立は続いたが，1991年にガット事務局長が「**包括的関税化**」（すべての非関税障壁を関税に置き換えること．非関税障壁の撤廃という意味で，日本では「自由化」と呼ばれる）を軸とする最終合意案を提起したことにより，交渉の大勢は決まった．

その後も米欧の対立は続いたが，それも妥協が成立し，1993年末にはURは決着し，1995年からWTO（**世界貿易機関**）が発足することになった．「グローバリゼーション」という言葉の頻度が高まるようになったのは，そのころからである．

日本は主食の米を100％自給する建前で，最後まで米の関税化に抵抗したが，ちょうど1993年，冷害により平年の74％しか米が収穫できないという大凶作におちいり，260万トンもの米を輸入した（「平成米騒動」）．こうして米自給の前提が崩れてしまった日本は，米の関税化はしないものの，「関税化の特例措置」を受け入れることになった(5)．

WTO農業協定では，輸入量が国内消費量の5％以下の品目については，3％（1995年）～5％（2000年）のミニマム・アクセス（MA，最低輸入機会）が設定されることになっているが，日本は米を関税化しないかわりにMAを4～8％に割り増しされることになった．1～3ポイントの割り増しは大したことがないように見えるが，米が過剰で生産調整している日本にとっては，きわめて厳しい措置だった．

これは一定量の米の恒常的輸入を制度化する措置と受け取られ，その意味で「部分自由化」とも呼ばれた．また特例措置を返上し関税化に切り替えた場合も，その時点で課されていたMAは継続される．その結果，日本は1999年に米を関税化したものの，70万t以上のMA米の輸入を継続させられている．

米以外の輸入数量制限品目（麦・乳製品・でん粉・雑豆・落花生・こんにゃく芋・生糸・繭・豚肉）はすべて関税化した．ようするに日本は米を除いてオール自由化の時代に入った．関税化に際しては，①1986～88年の年平均輸入量に相当する「現行（カレント）アクセス」を設定し，そのぶんについては無税あるいは低率の1次関税をかける．②現行アクセス以外の輸入分について関税相当量（国内卸売価格と輸入価格の差）を課することとされた．このような，一定数量の輸入品について無税あるいは低率の1次関税をかけ，その他の輸入分についてはより高率の関税をかける制度を，「**関税割当制度**」という．関税割当制度は完全な関税化（自由化）への移行ではなく，それへの過渡的措置といえる．③米・麦・乳製品については国家貿易制度を継続し，MAあるいは現行アクセスぶんについては，マークアップ（食糧庁や農畜産業振興事業団のような国家貿易企業が，輸入した農産物を国内で販売した際に得る内外価格差相

当分の輸入差益）を徴収することとした．このような関税割当制度による高率の2次関税の維持やマークアップの徴収により，関税化しても関税化以前と実質的には変わらない輸入制限を続けることができた(6)．

　UR交渉は日本にとって困難をきわめた．日本は多面的機能を前面に打ち出して交渉にのぞみ，WTO農業協定の前文に「非貿易的関心事項への配慮」を書き込ませることはできたが，第1章でも見たように多面的機能という外部経済効果は客観的に貨幣数量化しうるものではなく，具体的な数値をめぐる国際交渉には役立たない．ECも多面的機能それ自体には一定の理解は示すものの，それを国境保護の理由に用いることまでは同意しない．

　国会では米自由化反対決議が3回もなされたが，財界はもとより労働組合や日生協も「自由化反対」にはならず，農業・農協団体や安全な食を求める消費者との間で国論が二分された．

　関税化の即時的影響が少なかったことから，「はじめから関税化しておけばよかった」というマスコミ，学者等の後知恵的な発言もなされた．しかし「関税化」は当初は高関税を張れたとしても，その関税の引き下げ・撤廃のスタートラインに立つことを意味する．事実，すでに自由化していた牛肉，オレンジ等は関税率の大幅な引き下げがなされ，また後述する2000年からのWTOの新ラウンドはまさに関税引き下げ交渉そのものになった．

　UR妥結の受け入れにあたっては，2000年までに総事業費規模6兆円（半額国庫負担）を投じる「UR農業合意関連対策」が打ち出された．内訳は，公共事業と，農地流動化や負債対策等が半々である．ここでもまた，自由化を受け入れつつそのアフター・ケア対策で矛盾を吸収する農政の従来パターンが，かつてなく大規模にくり返された．

WTOとその農業協定

　ガットがたんなる協定にすぎなかったのに対して，WTOは国内法に優先する立法・司法・懲罰権をもった「単一の世界経済の憲法」（ガット事務局長）を有する国際的な権力機関になった．50年前のITOの実現ともいえるが，ITOが完全雇用や1次産品の特性を考慮していたのに対して，WTOは「市場指向型の農業貿易体制の確立」を掲げるなど自由貿易一点ばりであり，日本が頼りとするNTCへの配慮も具体性に乏しかった(7)．

WTOの主な特徴は，①鉱工業製品のみならず，農産物，サービス，知的財産権など地球上の商品化しえるすべてのものを巻き込む「ブラックホール」として，グローバリゼーションを具現するものだった．かつ新たに加えられた領域はアメリカの比較優位部門である．②国内法に対する優先権をもって，国家間の貿易のみならず国内政策（国，自治体等）にまで内政干渉し，ハーモナイゼーション（多くはアメリカ基準である国際基準への斉一化）や国際政策協調（多くはアメリカへの協調）を推進する．③紛争解決機関（パネル）での採択は，それまでの全員一致方式から，全員が反対しなければ（つまり1国でも賛成すれば）採択というネガティブ・コンセンサス方式に180度転換し，スピードアップする．④異なる分野での報復措置を認め，総合的な自由化をはかる，というものである．

WTO は，貿易ルールを透明化した点は評価しうるが，各国の多様性や発展度を無視して過度に抽象的一般的な市場ルールを一律に適用する点では，輸出国優位の自由貿易，グローバリゼーションの権力的な推進であり，WTO で多数を占める途上国等の反発をまねくことになる．

WTO の農業協定については**表 6-1** のとおりである．このうち日本にとってとくに問題なのは，関税化と国内支持の削減である．

関税化は，非関税障壁を関税相当量＝内外価格差に置き換えるもので，その限りでは実質的影響をもたらさないが，その真の目的は前述のように関税引き下げへの布石である．

国内支持の削減は，国内政策に踏み込むという内政干渉をおこない，各国の農業政策を**表 6-2** のように「緑」「青」「黄」の3つに分類し，「黄」の政策を削減対象とするものである．

表6-1　ウルグアイ・ラウンド農業合意の概要

区　分	対象施策	約束実施方式（6年間）
国境措置	関　　　税	農産物全体で平均36％（品目ごとに最低15％）削減
	輸入数量制限等（非関税措置）	原則としてすべての輸入数量制限等を関税に転換（関税化）し，関税と同様に削減
国内支持	市場価格支持，不足払い等	助成合計量（AMS）を20％削減
輸出競争	輸　出　補　助　金	金額36％，対象数量で21％削減

注1．助成合計量(AMS)＝市場価格支持(内外価格差×生産量)＋削減対象直接支払い(表6-2を参照)
　2．農水省「農林水産物貿易レポート2002年」による．

表6-2　WTO農業協定における国内支持の区分

削減対象外の政策	①「緑」の政策	a. 政府の提供する一般サービス等　研究, 普及, 基盤整備, 備蓄等
		b. 生産者に対する直接支払いのうち以下のもの 　：生産に関連しない収入支持, 災害対策, 構造調整援助, 環境施策, 　　条件不利地域援助等
	②「青」の政策	生産調整を前提とする直接支払いのうち, 特定の要件を満たすもの
	③最小限の政策	生産額の5％以下の国内助成
削減対象の政策	「黄」の政策	上記以外の国内助成（市場価格支持, 不足払い等） 　：助成合計量（AMS）を算出し, これを実施期間で基準期間（1986～88 　　年）比20％削減

注. 表6-1に同じ.

　「緑」の政策は, 貿易「歪曲」効果または生産に対する影響が, 無いか最小限の政府の施策で, 生産者に対して価格支持効果をもたないものとされる.

　「青」の政策は,（面積・生産・頭数等）生産にリンクした直接支払いのうち, 国が生産調整を実施しているものであり, 2003年までは削減対象外とする. ECの直接支払いを念頭に置いて, 米欧の妥協の産物として設定された.

　また国内助成が生産総額の5％（途上国は10％, その後加盟した中国は8.5％）以内の品目も, 削減対象外とされる.

　それ以外のすべての政策は「黄」の政策に分類され, その総額をURの期間（1995～2000年）に20％削減することとされた. これにより, 価格支持政策や, 生産とカップルした直接支払いは, 削減対象となった. 削減は20％だが, 日本ではあたかも禁止的であるかに受けとめられ, 価格政策を廃止する口実になった.

　削減の理由は, それらの政策が自由競争をゆがめ, 世界の農産物過剰を促進するということだった. しかし増産効果のある政策を削減することは, 輸入国にとっては自給率向上政策の否定である. つまりWTO農業協定は, 徹底して輸出国の立場に立っており, そのことは輸出補助金の削減率の低さや, 輸出国が輸出の禁止・制限措置を継続保持できる点にもあらわれている.

　加えてURでは, 途上国への配慮はあったものの, 交渉自体は先進国どうしのそれに終始し, とくに農業は米欧の対立と妥協の場だった. その結果, アメリカ等の輸出国はいよいよ農産物貿易の黒字幅を広げ, ECは赤字幅を縮小し, 途上

国とくにアジアと日本は赤字幅を増し，グローバル化の本質が発揮された(8).

日本農政は，URで農協等がコメ自由化反対にまわった苦い経験をふまえて，自由化反対の挫折で政治力を失った農協を政府・自民党との3者協議の場に封じ込めた．その結果，米の関税化から新基本法制定に至るその後の農政展開は，農協陣営等のさしたる抵抗を受けることなく進むことになった．

グローバル化と平成不況

世界のGDPに対する金融資産（株，社債，国債，預金）の比率は，1980年には109％だったが，1990年には201％，2000年には294％になった(9)．アメリカは貿易・財政赤字を通じて過剰資本（ドル）の発生源になるともに，高金利で過剰資本のアメリカ環流をはかり，IT革命を主導しつつ，IT技術を駆使した「金融工学」にもとづく金融派生商品（価格・金利・為替・指数等の原資産から派生する商品）や債権の証券化・再証券化等を通じて金融資本主義への傾斜を強め，ポスト冷戦体制＝グローバリゼーションの時代の経済的覇者に返り咲いた．過剰資本が引き起こすバブル・リレーは，1980年代後半の日本から1990年代なかばの東南アジアにバトンタッチされたが，1990年代後半にはアメリカの株式・ITバブルへと大元のアメリカに回帰し，アメリカは「ニュー・エコノミー」あるいは「金融情報帝国主義」と呼ばれた．

アメリカは，そのほか，WTOをはじめ国際制度を利用して，アメリカ基準を国際標準として世界に押しつけ，言語（米語），ワールド商品（自動車，牛肉），食生活（マクドナルド），文化（ディズニーランド，ハリウッド），スポーツ（メジャーリーグ）等のあらゆる面で「世界のアメリカ化」をもたらした(10)．

このようなアメリカの「繁栄」の対極が日本だった．1990年代は金融資本主義の勝利，ものづくり経済の敗北の時代だった．日本は，バブルの過熱を防ぐために公定歩合（日銀の貸出金利）の引き上げや不動産融資の総量規制を通じて景気が引き締められると，バブル経済がはじけて株価・地価は暴落し，1993年の成長率は0.8％に落ち，1994年には「就職氷河期」が到来し，不良債権の表面化，金融機関の破綻（1997年北海道拓殖銀行，山一證券），企業倒産，完全失業率のアップなど，「平成不況」に突入する．その特徴は次のとおりである．

第1に，円高化は日本製品の輸出を困難にし，1985～95年の日本の輸出は40

兆円前後に停滞する．日本の輸出依存体質の継続は困難となり，他方ではアメリカは日米構造障害協議等（1989年～）を通じて，日本に徹底した市場開放を要求した．

日本は，輸出先をアメリカから東アジアに切り替え（1985年の日本の輸出はアジア33％，北米43％に対して，1995年はそれぞれ45％と32％とちょうど逆転する），アジアへの直接投資を増大させた．しかしそれも1997年の東アジア金融危機で頓挫し，さらに2000年からアメリカもまたバブル崩壊と景気後退局面に入った．

こうして日本の輸出依存型の経済構造はさらに行きづまったが，国内の設備投資や消費需要が伸びないもとでは，国内産業はなかなか輸出依存体質から脱却できず，政府の景気対策も結局は輸出による景気回復に依存せざるをえない．

第2に，日本もまた遅ればせながら多国籍企業化の道を歩んでいる．日本の対外直接投資は1980年代後半に急増し，1989年には675億ドルのピークに達する．そして製造業の海外現地法人の売上額は1996年に47兆円に急伸し（前年度の1.3倍），もたつく日本の総輸出額をついに上回るに至り，2000年には58兆円に達した．それにともない製造業の海外生産比率も，1990年の6.4％から2000年の14.5％へと伸びている（1990年代後半に5.5ポイント増）．そして現地法人から日本への輸出（逆輸入）は，日本の総輸入額の15％を占めるに至っている．逆輸入の8割はアジアからである（経産省『我が国企業の海外事業活動』2002年）．こうして日本の海外生産比率は急速に高まりつつあるが，なお欧米には遅れをとっており，前述の輸出依存体質を払拭しきれてはいない．

以上の事態は，いいかえれば国内産業の空洞化にほかならず，不況の直接要因となる．現地法人売上額は日本のGDPの4分の1程度に相当する．供給面から見たバブル期の膨大なME化投資と高コスト化，需要面からみた投資・生産・雇用の海外シフトは，両者あいまって国内の過剰生産を強める．

第3に，財政危機の深刻化である．1989年からの日米構造障害協議，1993年からの日米包括経済協議等を通じて，アメリカは日本に対して1991～2000年にかけて総額430兆円（後に630兆円）の公共投資を約束させた．日本は1990年代前半の不況対策に65兆円（うち公共投資44兆円）を投じ，1991～98年には金融機関に公的資金57兆円弱を投じるなどして，財政の公債依存度は1998年には一挙に40％を超え，国債残高の対GDP比もまた1999年には67％に達するなど，

国と地方の財政危機が深刻化する(11).

　財政危機は，輸出依存と並ぶもう1つの日本の経済体質だった公共事業依存をも困難にし，公共事業の見なおしがゼネコン（大手建設），鉄，セメント産業，そして公共事業に依存した地域経済や総兼業化した農家を直撃し，不良債権問題を急浮上させる.

　平成不況対策として，財界は，1993年平岩委員会の規制緩和，1995年日経連「新時代の『日本的経営』」，1999年経済戦略会議の「日本経済再生の戦略」等を通じて，日本をアメリカ型競争社会に改造する「構造改革」を要求する．そこでは「過度に平等・公平を重んじる日本型社会システムが公的部門の肥大化・非効率化や資源配分の歪みをもたらしている」とし，「公的部門を抜本的に改革」し「市場原理を最大限に働かせることを通じて，民間部門の資本・労働・土地等あらゆる生産要素の有効利用と最適配分を実現させる新しいシステムを構築」するとした.

　具体的には「経済的規制は原則自由化，社会的規制は自己責任原則で最小限に」といった規制緩和，労働力を長期蓄積能力活用型（正社員），高度専門能力活用型（派遣・契約），雇用柔軟型（パート）に区分し，それに応じて大学も序列化がすすんだ.

　これらを集大成したのが橋本内閣の，行政，財政，社会保障，経済構造，金融，教育の「6大改革」だが，同内閣の消費税5％への引き上げは日本を1998・99年にマイナス成長に追い込み，自民党は1998年参院選で惨敗した．その後の自民党内閣は財政の大盤ぶるまいをおこない，財政危機を深化させた.

3　農業基本法から新基本法へ

新基本法への道

　WTO体制は，価格や生産から切り離したデカップリング型の直接支払い政策を農政の国際標準にした（→第8章3）．ECは1992年に共通農業政策の改革をおこない，穀物については価格支持水準を29％引き下げ，その減額相当分を，生産調整を条件とする面積ベースでの直接支払いに切り替えた（WTOでは「青」の政策あつかい）．アメリカもまた1996年農業法で，1930年代以来の生産調整と1970年代からの不足払い制度をやめ，直接固定支払いに切り替えた(12).

このなかで日本も1992年に，URでの米自由化を必至と見て，「新しい食料・農業・農村政策の方向」（**新政策**）を打ち出した(13)．新政策は，その後の日本農政を方向づける最も基本的な文書になった．そこで強調されたのは，「効率的かつ安定的経営」に稲作生産の8割を集積するなど農業構造の変革に拍車をかけ，また農業の経営形態の選択肢の1つとして株式会社も検討することだった．これを受けて1993年には認定農業者制度（市町村が経営改善計画を認定した農業者）を創設し，低利のスーパーL資金等を借りられるようにした．これが農政が公認する「担い手」というわけである．

　UR決着後の1994年農政審の答申「新たな国際環境に対応した農政の展開方向」は，米政策を本格的にとりあげ，市場原理のいっそうの導入をはかるため自主流通米のような民間流通を基本とし，政府米は生産調整実施者のみから備蓄米として買い上げるにとどめ，生産調整は「生産者の自主的判断に基づいて」おこなうこととした．これにもとづいて1995年には，ポストUR農政の第1号として食管法の廃止と食糧法の制定がなされ，米流通の自由化がすすめられた．

　同答申は，「農業基本法の見直し」も公式宣言した．前述のように農業基本法は，従来からの農業保護論と新しい農業近代化論のミックスであり，前者の面では，「農業総生産の増大」，価格政策，国境保護措置など，WTO農業協定に真っ向から反する規定をもっていた．これでは2000年から開始予定のWTOの農業交渉にはのぞめず，基本法そのものの差し替えを必要としたのである．

　新旧の基本法の比較を**表6-3**にしておいた．農業基本法の背景は，国際的な冷戦体制の強化にともなう国内での社会的緊張の高揚であり，農工間所得格差を是正するという社会的統合政策の必要性だった．いまやその冷戦体制が崩壊し，この間にGDP・人口・就業人口に占める農業の比重は決定的に低下し，1桁産業，1％産業に落ち込み，社会的統合政策の対象は農業者から消費者に移った．

　以上をふまえて，農政は新基本法の制定作業に入る(14)．その手始めが1999年4月の米の関税化への移行である．政府は，米の関税化の特例措置を続ければMA米は2000年に85.2万tになり，その後はさらに拡大をせまられる可能性が高く，関税化に移行したほうが76.7万tにとどめられるので得策だとして，米の関税化に踏み切った．米自由化反対運動に敗北し，政府の言いなりになっ

表 6-3　農業基本法と食料・農業・農村基本法の比較

		農業基本法	食料・農業・農村基本法
登場背景	世界の緊張	冷戦強化・冷戦帝国主義	冷戦体制解体・多国籍企業帝国主義
	日本の緊張	安保闘争，三井三池争議	自民党・政府・農業団体の三位一体
	日米関係	新安保条約	新ガイドライン法
	国際経済	ガット・開放経済体制	WTO 体制
	国内経済	第1次高度経済成長	平成不況
農業の比重	国内総生産	9.0%（1960年）	1.2%（1998年）
	総人口	36.5%	8.9%
	就業人口	26.8%	4.9%
	一般会計	7.9%	3.7%
政党	賛成	自民党	自民，民主，公明，自由，社民党
	反対	社会，民社，共産党	共産党
政策の枠組み	戦後法制	前提とする	全面見直し・廃止
	農政目標	生産性向上，生活水準の均衡	食料の安定確保，多面的機能の発揮
	主たる農政対象	農業従事者	消費者
経営安定	経営安定策	価格の安定，農業所得の確保	直接支払い政策
	価格政策	生産費・需給・物価を考慮	需給・品質を反映
	輸入規制策	価格政策を講じている場合 緊急の場合	緊急の場合（セーフガード）のみ
担い手育成	農業経営像	自立経営	効率的かつ安定的経営
	株式会社	否認（1962年農地法で）	容認
	育成方法	家族経営の近代化	農業法人化
	経営補完	協業化	集落営農
	相続対策	経営細分化防止	
農協	法による位置づけ	流通加工，協業で期待	団体再編の対象
	法に対する態度	消極的反対	積極的賛成

た農協も，賛成にまわった．これにより日本農業は，一切の非関税障壁を取り払う総自由化段階に入った．それを受けて7月には農業基本法を廃して食料・農業・農村基本法（新基本法）が制定された．

欧米がWTO体制の農政の国際標準である直接支払い政策への転換を果たしたのに対して，日本は構造政策，食管制度，農業基本法を主要テーマとするという，段階的な「遅れ」がめだった．

新基本法の構成

新基本法は，食料の安定供給の確保と農業の多面的機能の発揮を二大理念とし，そのために農業構造の確立と農村の振興をはかるものとした(15)．

二大理念は，WTO農業協定が前文でうたったNTCを具現するものと位置づけられた．それをもって2000年からのWTO農業交渉に備えるのが新基本法の第1の性格である．

食料の安定確保も農業の多面的機能も，農業が国民生活に対して果たす役割

の強調である．つまり，農業者の福祉の向上が目的だった旧基本法に対して，新基本法は消費者国民向けを基本性格とした．それは社会的統合政策の主たる対象が，農業者から「消費者としての国民」に一般化したことを意味する．第2章で農業政策から食料政策への国際的な転換を指摘したが，日本農政は20年弱のタイムラグをもってそれに追随したといえる．

新基本法は主に3つの要素からなる．第1は，農産物価格を市場メカニズムにゆだね，価格変動の影響には経営安定対策で対処するという，価格政策から直接支払い政策への転換である．第2は，効率的かつ安定的経営（主たる従事者の生涯所得が他産業従事者に均衡しうる経営）が「農業生産の相当部分を担う農業構造」を確立するという構造政策である．第3は，中山間地域について「農業の生産条件に関する不利を補正するための支援」である．

新基本法農政の立ち上がり

新基本法農政は，実は新基本法の制定に先立って，食管法の廃止，新食糧法の制定により口火を切っていたが，問題もまたそこから生じた．すなわち食糧法の制定後も豊作が続くなかで4度めの米過剰が発生した（図5-3）．食糧法は「需給及び価格の安定に関する法律」と銘打ちながら，需給調整の方法としては生産調整のみで，生産調整をしたにもかかわらず発生してしまう過剰に対処する事後的な調整方法を用意しておらず，自主流通米の価格が暴落した（1993～99年に26％低下，図8-8）．そこで1997年から，生産調整を達成した農家に対して，政府が価格の6％，生産者が2％を積み立てた基金から価格下落の8割を補てんする**稲作経営安定対策**が講じられることになる．

そのほか関税化に移行したり価格政策が削減対象になったことにともない，政府買い上げや不足払い制度による価格支持制度をやめて，これまでの価格支持部分を直接支払い（交付金）に変え（麦・大豆・加工原料乳），また稲作経営安定対策と同じしくみの価格補てん制度を前述の品目と果樹に対しておこなうことになった．

これらは新基本法に先立ってポストUR対策として実施されたものだが，新基本法になってからは，市場メカニズムによる価格変動の影響を緩和する収入補てん策を40万の「育成すべき農業経営」にしぼって講じる「個別経営を単位とした経営所得安定対策」が検討され，選別政策と直接支払い政策のミックス

が追求されるようになる(16).

　新基本法は5年程度を1期とする基本計画により政策を実施・評価することとしているが，2000年策定の基本計画では，10年後のカロリー自給率45％を目標にすえ（1998年は40％），それに要する農地面積470万ha（同491万ha）を確保することとしている．趨勢では442万haに減るところを半分に抑えるという野心的な計画である．そして自給率向上のためには，脂質消費や食べ残しを減らし，麦・大豆等の生産を伸ばすとした．

　また懸案だった株式会社の農業参入・農地取得については，農地法を改正して，地域に根ざした農業生産法人の一形態として容認する（農業生産法人の諸要件を緩和しつつ，その条件を満たした株式会社は農業生産法人として農地取得可能にする）ことになった．

　中山間地域については中山間地域直接支払いが開始された．すなわち国土・環境保全を名目に，集落協定を結んだ傾斜農地について，都府県の水田の場合で10aあたり2万1000円の直接支払いをおこなうこととした．そのうち半分は集落で地域資源管理等に使い，残りが農家に支払われるよう指導されている．日本初の本格的な直接支払い政策，条件不利地域（中山間地域）政策の登場である．新基本法農政がまず具体化し，かつ成果をあげたのは，同政策だけである（→第11章2）．

4　21世紀——構造改革と政権交代

激動と混迷の21世紀

　2001年9月アメリカで同時多発テロが発生し，アメリカはアフガニスタン，イラク戦争（2003年）に突入する．21世紀は「テロと戦争の世紀」として始まった．

　日本では2000年には雪印乳業集団中毒事件が起き，92年ぶりに口蹄疫が発生しているが，同時多発テロの前日にはBSE感染牛が発見され，中国産野菜の残留農薬問題等と重なり，「食の安全性の世紀」を印象づけた．日本政府は2002年，「『食』と『農』の再生プラン」を出して，新基本法農政を「生産者から消費者に軸足を移した農政展開」として具体化し，2003年には食品安全基本法を定め，食品安全委員会を発足させた（→第7章4）．

2001年4月には小泉内閣が発足した．小泉「構造改革」路線は日本社会の安定性を根本からくつがえし，その一環としての構造改革農政が一因となって，2009年の政権交代になった．その前後からの農政は，政局によりコロコロ変わる「政局農政」におちいった．

　アメリカでは，21世紀に入り住宅価格の上昇率が高まり，2007年からのサブプライム危機の素地をつくり，2008年のオバマ大統領の登場につながる．それらは「ポスト『ポスト冷戦』の世紀」の到来を告げたかに見えたが，そうはならず，混迷が続いている．

　そして2011年には東日本大震災と原発事故が日本を襲った．原発事故は1979年のアメリカ・スリーマイル島，1986年のチェルノブイリに始まり，1990年代後半には日本で多発していた．そして1995年阪神・淡路，2001年インド，2004年中越，スマトラ沖，2007年中越沖と，21世紀は「大地震の世紀」にもなった．

　世界金融危機のなかで2008年には原油価格や食料価格の高騰が起こり，食料危機となった．世界の穀物在庫率は，1980・90年代には安全在庫水準（17〜18％）をかなり上回る過剰時代だったが，21世紀に入ると安全在庫水準ギリギリに落ちている．21世紀は「食料不足の世紀」といえる．

WTO新ラウンド

　WTOの新ラウンドを立ち上げるための閣僚会議が1999年暮れにシアトルで開かれたが，閣僚宣言を発することができなかった．その原因は，農業（農産物を鉱工業と同じルール下におくか否か），ダンピング防止措置（アメリカが多発する反ダンピング措置の規制），労働問題（途上国の低賃金輸出に対するアメリカ等の反発）における対立にあるとされるが，その根底には，これらの対立の一方の当事者に途上国が立ち，しかも多数会議の同時並行開催や参加国を主要15〜25国にしぼるグリーンルーム交渉により，担当者を多数派遣できない多くの途上国が実質的に交渉から排除されることに対する反発が強く，それにさまざまな立場からのNGOの動きが加わったというアクターの変化がある．URは先進国どうしの対立と妥協の場だったが，世界の153ヵ国が参加するWTOは，先進国と途上国・新興国との対立の場となり，今までのように先進国の思いどおりにはいかないことをシアトルの決裂は意味した．

　このような曲折を経て，2001年に「ドーハ開発アジェンダ」が立ち上げられ

た（ドーハはカタールの首都，「開発」は途上国への配慮をにじませたもの．以下では「新ラウンド」と通称する）．日本はその農業交渉に向けて2000年末に「日本提案」をWTOに提出した．日本提案は，「行き過ぎた貿易至上主義へのアンチ・テーゼ」として「『多様な農業の共存』という人類の生存権」を「基本的哲学」として主張し，農業の多面的機能と食料安全保障という「非貿易的関心事項に配慮するという農業協定の規定にしたがって交渉を行なう」べきことを高らかにうたった[17]．

具体的には，関税の水準は各国の事情をふまえて適切に設定する（急激な引き下げをしない），米の関税化の特例措置にともなうMAの設定は過大であり，削減・廃止する，季節性があり腐敗しやすい農産物については新たなセーフガード（輸入が急増した場合の関税引き上げ措置）を設ける，生産要素（生産手段）と関連させた直接支払いを削減対象から外す，収入保険の要件を緩和する，輸出入国間の権利義務の均衡化の見地からURで輸入制限をすべて関税化したのだから，輸出禁止・制限も同じく関税化すべき，等の提案をおこなった．

日本提案は，UR以前から日本が主張してきた持論であり，それ自体は真っ当なものが多いが，「多様な農業の共存」自体が，比較優位原則に立つWTOの自由貿易の考えと正面からぶつかる性格のものだった．

交渉はまず交渉枠組み（モダリティ）を決める必要があるが，それは2012年に至るまで決まっていない．焦点は関税率の引き下げだったが，モダリティ確立の期限だった2003年3月のカンクンでの閣僚会議は，大幅引き下げを主張するアメリカやケアンズ・グループと，UR並みの漸進的引き下げを主張するEU・日本との対立で流れた．しかしその後，アメリカとEUは上限関税の設定等で妥協が成立し，米などの高関税品目を抱える日本を窮地に追い込んだ．

この閣僚会議も，途上国の特別あつかいを求めるブラジル，インド等の反対で決裂した．その後も2007年，2008年と交渉は断続的に続けられたが，焦点は徐々に関税引き下げ率を低められる「重要品目」の割合にしぼり込まれ，農業交渉議長提案は6％，最大で8％とされ，10％を主張する日本と対立した．その後，日本は要求を実質的に8％に引き下げたが，孤立をまぬがれなかった．2008年の閣僚交渉も緊急輸入制限措置をめぐるインド・中国の反対で決裂した．そしてついに2011年末には，新ラウンドの早期妥結は断念されるに至った．

以上の経過は，第1に，先進国と途上国・新興国（BRICs，ブラジル，ロシ

ア，インド，中国）の対立が主軸になってきたこと，とくに新興国の発言力が強まったこと，第2に，先進国内では米欧の妥協が成り立ち，日本は孤立させられたこと，を示している．日本は，工業製品については徹底した市場開放を要求しており，その農業保護の姿勢は他国に自己矛盾ととられた．国際的な対立に見えたものも，実は国内での農工対立の投影でしかなかったのである．

WTOからFTAへ

こうしてWTO交渉が行きづまるなかで，21世紀にかけて2国間のFTA（自由貿易協定）への傾斜が強まった．FTAは「実質的なすべての貿易」について関税撤廃する建前だが，現実的には貿易の9割以上について10年以内に撤廃することとされ，関税撤廃の例外品目や10年以上の期間延長，再協議品目もある．

WTOがすべての加盟国の合意と一律適用を要するのに対して，FTAは相手国を選んで柔軟に対処できるものとして重宝されている．2国間のみで関税を撤廃するのはガットの最恵国待遇の大原則には反するが，地域経済統合へのステップという位置づけでガット・WTO上も認められて今日に至っている．

実は欧米は，EC（EU）やNAFTA（北米自由貿易協定，アメリカ・カナダ・メキシコ）というFTAをWTOに先行させていた．つまりFTAとWTOの2正面作戦をとってきた．これらは地域的に隣接した，その意味で地域経済統合に向かうFTAといえるが，最近では太平洋にまたがる「飛び地FTA」も一般化している(18)．

日本は，このような2国間（バイラテラル）交渉を避けて多角的（マルチナショナル）交渉を主軸にすえてきた．アジアでは政体・発展段階の異なる国が多く，また主要な貿易相手国であるアメリカとの2国間交渉に悩まされてきたこと等が原因として考えられるが，その日本も2003年の対シンガポールをかわきりに経済連携協定（EPA）／FTAを追求しはじめた（EPAは，物・サービス貿易に関するFTAに加えて投資ルールや知的財産権保護等も盛り込む協定）．

2012年現在では12ヵ国，1地域（ASEAN）と結んでいる．メキシコ等の南米諸国もふくまれるが，アジア諸国が主である．さらに，交渉中が韓国，オーストラリア等，共同研究が日中韓，EU，モンゴル，カナダである．日中韓FTAも2012年内に交渉開始することとされている．日本は「みどりのアジア経済連

携戦略」でアジア諸国の農業開発，食の安全性，貧困解消に協力するかわりに，米等の重要品目を例外あつかいにする方式でアジアとの連携を強めてきたが，アジア以外にも相手国は広がっている．

2010年にはTPP（環太平洋連携協定）への参加問題が起こったが，その点は後述する．

小泉「構造改革」

国内では，2001年に「自民党をぶっつぶす」「構造改革なくして景気回復なし」と叫んで小泉内閣が登場した．

「自民党をぶっつぶす」とは，公共事業等を基盤にした族議員に連なる既得権益を「ぶっつぶし」，自民党をグローバリゼーション時代にふさわしい都市政党に衣替えすることであり，「構造改革」とは，規制の緩和・撤廃を徹底して，資本や労働等のすべての資源を低成長分野から高成長分野にシフトさせることである．そのために新自由主義者を集めた経済財政諮問会議の答申を「骨太の方針」として閣議決定する方式をとり，反対する者を「抵抗勢力」と決めつけ，医療等の社会保障の切り捨て，労働規制緩和（派遣労働の全面化），郵政民営化等を追求した．なかでも規制の緩和・撤廃による企業活動の活性化のために「構造改革特区」をつくり，農業・福祉・教育等の部門にも株式会社を導入した．

グローバル化対応の1つとして，1999年には市町村合併特例法が制定され，合併特例債をエサにして「平成合併」が2006年にかけて強引にすすめられ，市町村数は2010年には1773にほぼ半減した．とくに人口1万人未満の過疎・中山間地域の自治体がねらいうちされた．並行して三位一体の地方財政改革がすすめられ，地方に税源移譲するかわりに補助金と地方交付税交付金を削減することとしたが，地方は差し引き6.8兆円の財政縮減を余儀なくされ，地方財政危機を強めた．

平成合併は，グローバル化時代に多国籍企業に立地選択してもらえる地域・自治体づくりをめざし，財政危機の解消，国家のグローバル化対応機能（外交，防衛等）の強化，その他の民政の地方への押しつけをねらったもので，その延長上には全国を300都市と10前後の道州に再編すること（道州制）がねらわれている．

小泉構造改革は，グローバル化時代に行きづまりを見せた「自民党システム」を新自由主義的手法で突破しようとする最後のあがきだったが，半世紀におよぶ自民党支配を内部から本当に「ぶっつぶし」てしまった．野放しの自由競争，自己責任の押しつけで，貧富の格差，地域格差等を拡大し，日本を「**格差社会**」に転じさせた．そのもとで景気は回復したが，それは財政支出と，後述するアメリカのバブル景気による過剰消費がもたらす輸出に支えられたもので，企業収益は大いに増加するが賃金総額は減少するという，これまでの景気回復過程には見られないパターンを示した（図5-2）．

　一連の「構造改革」を通じて，日本は「グローバル（輸出）大企業中心社会」に転換した．成長の成果をそれなりに労働者にも配分してきた日本的な企業経営から，企業利益だけをなりふりかまわず追求するアメリカ型の株価資本主義への変化が定着した．そのもとで内需は冷え込み，デフレ（物価下落）が起こり，消費者は低価格志向に追い込まれ，チャネル・キャプテンになった巨大小売企業（スーパーマーケット・チェーン等）は農産物の買い叩きを強めた．

世界金融危機と食料危機

　前述のようにポスト冷戦グローバル化時代は，アメリカ金融資本主義とその新自由主義イデオロギーが勝利した時代だった．アメリカでは2000年前後にITバブルがはじけたあとは，それ以前から上昇傾向にあった住宅価格がバブル状況を呈するようになった．住宅価格上昇にともなう買い替え差益をあてこんで，信用力の劣る階層（サブプライム層）にも住宅ローンを貸し付け，その債権を証券化（RMBS，住宅ローン担保証券）して商品として売買し，さらにRMBSをその他のローンを証券化したものと混ぜ合わせて再証券化し（CDO，債務担保証券），さらにその破綻を担保するCDS（債務破綻保証証券）を発行し，これらの証券を投資銀行（証券会社），商業銀行，ヘッジファンド（大口資金の運用会社），年金基金等のあいだで売買して差益を稼ぐ「バブルの塔」が築かれた[19]．

　アメリカの家計は，住宅価格の上昇をあてこんだローンを可処分所得の1.3倍も借りて，その債務償還年限は2006年以降，推定80～90年にもおよび，一生かかっても返済できない水準に達していた[20]．ローンにもとづくアメリカの過剰消費は，耐久消費財の購入を増やし，日本の対米クルマ輸出を支えた．

これらの「バブルの塔」も，過剰消費も，ひとえに住宅バブルの上に築かれたものであり，住宅価格が2006年あたりから下落しだすと「砂上楼閣」に化してしまう．こうして2007年にサブプライム危機が起こり，世界金融危機，世界経済危機が始まった．そのなかでアメリカの過剰消費による輸出に依存した日本経済の落ち込みは，世界で最も激しかった．

　2008年には食料価格の高騰による食料危機が勃発した．図6-1に見るように，穀物価格は，新興国の需要増，異常気象による不作，原油価格高騰で採算性の高まったバイオエタノールの原料へのとうもろこし等の仕向けにより上昇傾向にあったが，サブプライム危機で過剰資本（投機マネー）が穀物市場に殺到したことを引き金として一挙に高騰し，輸出国の禁輸措置が追い打ちをかけ，途上国では貧しい人々が食料を買えず暴動が起きるまでに至った．その後も穀物価格は高止まりし，2012年夏以降は，アメリカの干ばつ等から再高騰している．つまり新たな需要と供給不安による穀物需給のタイト化を素因としつつも，それに過剰資本の投機が加わったのがグローバル化時代の食料危機の特徴であり，短期資本移動の有効な国際的規制がなければ食料危機はくり返されることになる(21)．

　世界金融危機が世界恐慌に発展することをくい止めるべく，各国は金融緩和，

図6-1　穀物等の国際価格の推移

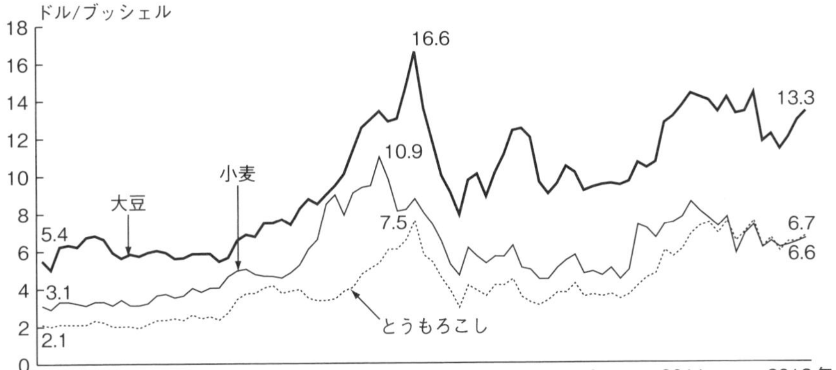

注1．シカゴ商品取引所（CBOT）の各月第1金曜日の期近価格．
　2．1ブッシェルは，大豆，小麦は27.2155kg，とうもろこしは25.4012kg．
　3．農水省『平成23年度　食料・農業・農村の動向』による．

ゼロ金利政策，膨大な財政支出をおこない，危機を切りぬけたかに見えたが，ギリシャ財政危機に端を発してユーロ経済圏の経済危機に発展し，それらの反動で日本の円が買われて，日本は超円高に追い込まれている（図5-1）.

構造改革農政の展開

　財政負担の軽減と構造改革という，小泉構造改革の2大目的を，農政はどう受けとめたか．WTO体制下では価格政策は「黄」の政策として削減対象になる．そこで1995年食糧法は米の政府買い入れを備蓄米100万tに限定し，基本的に価格支持から撤退した．米に対する残る財政負担は生産調整費3000億円である．その削減を，農業構造改革とともに追求するために打ち出されたのが2002年の「米政策改革大綱」であり，2004年から実施されることになった．

　それは，①2010年までに水田作では8万程度の効率的かつ安定的経営が面積シェア6割を占めるようにする．②効率的・安定的経営は自分の判断で適量の米を生産するようになるはずだから，米の生産調整政策は不要になるとして，2008年から国による生産調整の割当てを廃止し，農業者・農業団体が生産調整の主役となるシステムに移行する．③それまでのあいだは「地域水田農業ビジョン」を策定し，担い手の特定とその担い手への農地の集積目標を設定した地域水田農業推進協議会に対し，「産地づくり推進交付金」（転作推進のための交付金，後に産地形成交付金）を交付する．④生産調整に参加した，都府県で4ha以上，集落型経営体20ha以上の水田経営に対して，当該年と過去3年の稲作収入の差額の8割を「担い手経営安定対策」として補てんする（一般農家は5割補てん），というものである[22]．

　大綱は，第1に国の生産調整政策からの撤退をはかること，第2に政策対象を一部の経営に限定する選別政策をとることの2点において，構造改革農政を象徴する．この自民党農政に対して，2004年の参院選で，民主党は生産調整廃止，1兆円の直接支払い政策を打ち出し，1人区（農村部）で躍進した．

　農政は，2005年に新計画，経営所得安定対策等大綱を決定し，2006年から品目横断的経営安定対策，2007年から水田・畑作経営所得安定対策を実施することとした．その詳細は第8章3にゆずるが，ようするに政策対象を都府県で個別経営4ha以上，5年後に法人化予定の集落営農20ha以上に限定したうえで，WTO等での関税引き下げによる内外価格差と価格変動に対して直接支払い政

策で対処しようとするものである．これらの「産業政策」とともに，「地域振興政策」として，農地・水・環境保全向上対策も講じられた(23)．

政権交代と農政

　これらの政策により，日本もまた，欧米に遅れること十数年にして WTO 対応型の直接支払い政策を打ち出したことになるが，そのかたちは欧米と決定的に異なっていた．1つは選別政策であること，2つは農産物の政府買い入れ等を通じる最低価格保障をともなわないことである．

　この2点，とくに米価支持政策を欠き，米価下落を放置したことに対する農民の怒りが爆発し，2007年の参院選で自民党は惨敗した．そこでようやく小泉構造改革の「毒」に気づいた自民党は一定の修正をはかるが，時すでに遅く，2009年の総選挙で敗北し，政権交代となった．自民党は依然として農村党の性格を脱却できていなかったが，その農村部での地滑り的な敗北が致命的だった．議員定数の問題もあるが，農業・農村にはなお政治を変える力があることが証明された(24)．

　民主党は選挙政策として小泉構造改革の批判を正面に打ち出し，「国民の生活が第一」をスローガンにした．農政についても，これまでの自民党農政の選別政策を批判し，2010年度にモデル事業として，米の生産数量を守る（生産調整をする）すべての販売農家を対象にして米戸別所得補償政策を導入し，2011年度からは農業者戸別所得補償政策として麦・大豆等の畑作物にも拡大した．戸別所得補償は，過去の生産費（ただし労働費は8割カウント）と実勢価格の差額を補てんする「不足払い」を生産量に応じておこなうこととした．食料自給率50％を目標に掲げ，とくに米粉・飼料米等の水稲作付けで水田をフル活用することとした．

　それは，自民党農政がついに突破できなかった，米価下落の全階層的補てんをおこなう政策だった．しかし生産調整の選択制や水田フル活用政策は，末期自民党農政の時代にすでに始まっていたことであり，政府買い入れによる価格支持政策をとらない点では自民党農政と同じだった．2009年総選挙では熱狂的ともいえる農業者の支持を得た民主党だが，2010年の参院選では菅直人首相の消費税引き上げ発言等もあって惨敗した．

TPPと東日本大震災

　政権交代を果たした鳩山由紀夫・小沢一郎等の初代民主党内閣は，自民党政治に決別すべく，日米安保体制の相対化（米軍基地の沖縄県外・国外移転），「東アジア共同体」への参画，個人所得再分配（子ども手当，農業者戸別所得補償政策等）による内需拡大という社会民主主義的な路線を打ち出したが，沖縄基地問題ひいては日米同盟をめぐりアメリカの逆鱗にふれて，菅内閣に交替することになった．菅内閣は，「鳩山の失敗」に恐れをなし，折からのアジア太平洋地域における米中対立の激化のなかで，日米同盟強化に舵を切り，2011年のAPEC（アジア太平洋経済協力）会議においてTPP（環太平洋連携協定）への参加の意思を表明し，2012年にはその事前協議に入り，2013年夏には交渉参加が取りざたされている．

　TPPは2006年にシンガポール，ブルネイ，ニュージーランド，チリの4つの小国のとりくみとして始まり，2009年にアメリカ，オーストラリア，ペルー，ベトナム，マレーシアの5ヵ国が参加を表明し，2012年にはメキシコ，カナダの参加が認められた．TPPはFTAの一種だが，10年で例外なしに関税撤廃する点で，例外を認めているFTAと区別される．

　日米がTPPを通じて追求するのは，政治的には，アジア太平洋における米中対立のなかで日米同盟を強化し，中国封じ込め作戦を展開することである．経済的には，アジア太平洋地域を「親米経済圏」に変え，アメリカ流の新自由主義的な経済のありかたを行きわたらせて，多国籍企業の営業の自由を最大限に追求する点にある．そのために先の関税撤廃と並び，知的財産権の保護（特許，著作権，偽ブランドの排除等），投資権益の保護（投資や送金の自由の確保）をねらったものといえる．

　投資権益に関連してISD（投資家対国家間紛争解決）条項（投資家が，投資先の国家・自治体の措置から不利益を受けたとして，国を国際紛争処理機関に提訴し，補償を要求できる）の導入が注目されている．これは多国籍企業の利益を国家主権に優先させる措置であり，それを導入されると，国や自治体が国民生活や国内産業を守るための諸措置がとれなくなり，その影響は，金融・保険，医療，政府調達など，経済と国民生活の全面におよぶことになる．とくに医療における国民皆保険制度のなし崩し崩壊への国民的懸念が高まっている．

　日本もまた，2006年あたりから貿易収支の黒字より所得収支の黒字が上回る

「投資国家」に転じており（2011年に貿易収支は赤字化），海外投資の保護という点でアメリカと利害を共にする(25).

　農林水産省は，農業関税をゼロにすれば食料自給率は13％に落ちると試算し，農業界をはじめとしてTPPには強い反対の声があがっている．それに対して民主党政権は，TPPに先行して国内の規制緩和，非関税障壁の撤廃をおこないつつ，「食と農林水産業の再生実現会議」等で「開国と農業再生の両立」をはかることにした．

　そのようななか，2011年3月11日，マグニチュード9，最大震度7の東日本大震災が起こり，東北太平洋岸の農林漁業は壊滅な打撃を受けた．被害農地は2万3600ha（宮城県は農地の11％，福島県は4％）におよび，被害額は農業9000億円，林野2000億円，水産1兆3000億円弱，あわせて2.4兆円強にのぼる．また原発事故による放射性物質汚染が福島・岩手県をはじめとして広がり，廃村の憂き目にあう地域もでた．さらには放射性セシウムの安全性の基準値以下の農産物等も，販路喪失，価格暴落等にさらされる「風評被害」を受けることになった(26)（→第7章4）．

　東日本大震災と原発事故は，工業的利益の追求のために効率追求一筋で走ってきた日本を直撃し，さらには日本のみならず人類に対して，人間と自然との関わりに関する文明史的な転換をせまることになった．食料や農業の位置づけはその中心的なテーマになるはずであるが，民主党政府や財界は，これを機に，「創造的復興」と称して，漁場や農業に株式会社資本を導入するまたとないチャンスと位置づけている．農政面では，平場で20〜30haの中心的経営体に5年間で集落農地の8割を集積させる「人・農地プラン」（地域農業マスタープラン）を地域につくらせようとしている．

歴史的岐路に立つ日本

　それでよいのか．TPPは，政治的にはアジア太平洋における米中対立の時代に，日本がアメリカによる中国封じ込め作戦に同調する証だとした．しかしアメリカが中国を軍事的に封じ込めることは不可能になりつつある．米中は経済的にも深く補完しあっており，いずれ米中は日本を飛び越して交渉するようになる．日本は，ひたすら日米同盟強化に走るのではなく，みずからの主体性をもって平和的な手段で国家安全保障を追求すべき立場にいる(27)．

経済的にも，日本が「親米経済圏」づくりとしてのTPPに前のめりになっているのに対して，ASEAN（東南アジア連合）諸国はアジア主体の「東アジア共同体」をめざしており，日中韓FTAも2013年に交渉を開始する．

日本が選択をせまられているのは，関税撤廃という極端なFTAとしてのTPPか，それとも各国の事情をそれなりに斟酌した「多様な農業の共存」をはかれるような「東アジア共同体」等のFTAか，である．現在の日本の貿易は，TPP関係国よりもTPP非参加国とのそれのほうがはるかに大きくなっており，さらに市場の将来性という点ではアメリカよりも中国・インド等をふくむアジアのほうがはるかに大きい．

日本経済は農工の「ものづくり」よりも，海外投資や金融に傾いている．そしてTPPのねらいの1つは，日米の投資権益の確保にあった．だが，ISDで身を守りつつ海外投資に傾斜していくことは，国内産業の空洞化をまねき，内需の縮小とデフレにつながり，国内農産物需要を冷え込ませる．日本は原発に依存しない内需豊かな経済構造を構築し，さらには東アジア共同体の一員として，可能なかぎり農業関税も引き下げつつ，「多様な農業の共存」をはかっていく必要がある．

グローバル化のなかの農業・食料

しかるに現実はどうだろうか．グローバル化のもとでの日本農業の主要指標を図6-2に掲げた．図4-3等とあわせて，グローバル化の影響がどんな順序であらわれたかを確認したい(28)．

①図4-3によると，1980年代後半にカロリー自給率が大幅に低下した．これは穀物以外の畜産物・果樹・野菜等の自給率低下によるものであり，自由化の影響が大きい．

②農家数は1980年代後半の減少が大きく，そのあとを追って農業就業者の大幅減が起こった．農業就業者は1985年からほぼ半減した．

③農業産出額や農業総所得の低下は，とくに1990年代後半に大きかった．この間，食料消費支出は一貫して減少した．対応して農業生産指数もかなり低下した．しかしそれ以上に価格低下の影響が大きい．とくに米価の下落が激しかった．食糧法への移行がその背景である．

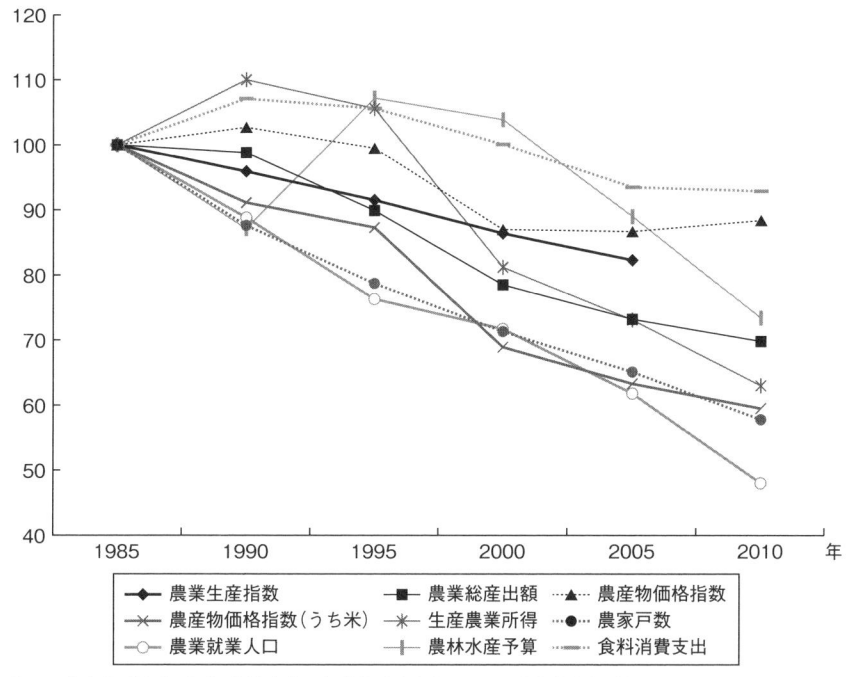

図6-2 グローバル化期の日本農業(1985年=100)

凡例:
- ◆ 農業生産指数
- ■ 農業総産出額
- ▲ 農産物価格指数
- ※ 農産物価格指数(うち米)
- ＊ 生産農業所得
- ● 農家戸数
- ○ 農業就業人口
- ╂ 農林水産予算
- ┅ 食料消費支出

注1．農水省『食料・農業・農村白書　参考統計表』『ポケット農林水産統計』による．
　2．農業生産指数は2006年から発表されていない．生産農業所得の2010年は2008年の数字．

表6-4　農業の財政負担等の比較

(単位：%)

	米	仏	独	韓国	日本	統計年次等
①農林水産業生産額（億ドル）	1516	513	287	261	629	日本は2007，他は2008年
②農業予算（億ドル）	849	174	177	156	173	日本は2007，韓国2010，他は2008年
③＝①/GDP	1.1	1.8	0.8	2.8	1.5	2008年
④＝②/国家予算	2.8	4.3	4.3	5.9	2.4	日本は2007，韓国2010，他は2008年
⑤＝④/③	2.6	2.4	5.4	2.1	1.6	
⑥＝②/①	56.0	33.9	62.0	59.8	27.5	

注1．①〜⑥は『ポケット農林水産統計2010』．①③はUN統計，②④は農水省国際部資料．
　2．仏，独の②は各国執行予算額で，ほかにEU予算がある．
　3．仏の2008年の農業予算はかなり減っており，2005年の⑥は44.3％になる．
　4．韓国は①が2008年，②が2010年のこともあり⑥が高いが，2005年は38.1％．

④農業予算は21世紀に大幅に減少した．農業が危機にあるときに，追い打ちをかけるような財政措置をとったのである．

本書では農業予算を全体としてとりあげる項を設けていないので，最後の点を表6-4で確認しておきたい．

まず表の①の農林水産業生産額では，日本はフランスを上回る農業大国である．しかるに③ではGDPのたった1.5％になる．この数字はフランス1.8％，アメリカ1.1％で，先進国としては似たり寄ったりだ．他の先進国が1.1％，1.8％のために農業交渉で文字どおり体を張り，しのぎを削っているのを見れば，日本がたった1.5％だから農業をないがしろにしていいとは言えないことがわかる．

④の予算割合面でも，これらの農産物輸出大国は日本を上回る割合の国家予算を農業に投じている．⑤は〈農業予算の対国家予算比〉を〈農林水産業生産額の対GDP比〉で割って，割合における農業保護度を比較したものだが，この点での日本の貧弱さは④以上に強まる．

さらに⑥は，農林水産業生産額に対する農業予算の割合で，農林水産業生産に対して財政がどれくらいサポートしているかを見たものだが，ここに至って日本の貧弱さはさらに際だつ．アメリカやドイツ，隣の韓国でも農林水産業生産額の6割に匹敵する農業予算が投じられているが，日本は3割に満たない．

日本は，財政保護の点で，オーストラリア，ニュージーランド等を除き，先進国で最も低い国である．その農業予算をさらに減らす点では，民主党農政は自民党農政のまぎれもない継承者である．

日本農業は，財政はともかく関税で保護されているという反論もある．しかし日本の平均関税率（各作目の輸入量による加重平均値）12.5％は，アメリカ4.1％，豪州2.9％より高いが，EU9.8％，中国10.3％，タイ12.5％と同程度である．にもかかわらず高い印象を与えるのは，米，小麦，乳製品など一部の品目が高いために，単純平均をとると高くなるからにすぎない．

日本農業は決して過保護ではない．とすればありうる相違は，各国による農業保護のしかたのちがいである．そのことは，日本がWTOで主張する「多様な農業の共存」に通じる．では日本の農業保護はどのような特徴をもち，それがどのように崩されてきて現状に至っているのか，そこにいかなる課題がある

第6章 グローバル化と農業・食料問題

のかを，次の第3部で見ていきたい．

注

（1） 北村洋基『岐路に立つ日本経済』改訂新版，大月書店，2010年，第3・4章．
（2） 1980年代までの貿易交渉については，田代洋一『日本に農業はいらないか』大月書店，1987年．
（3） ガットについては，池田美智子『ガットからWTOへ』筑摩書房，1996年，佐伯尚美『ガットと日本農業』東京大学出版会，1990年．
（4） ガット交渉については，T.E. ジョスリンほか（著），塩飽二郎（訳）『ガット農業交渉50年史』農山漁村文化協会，1998年，戦後日本の食料・農業・農村編集委員会（編）『戦後日本の食料・農業・農村』第6巻（21世紀農業・農村への胎動），農林統計協会，2012年，第2章（是永東彦・執筆）．交渉当事者の証言としては，塩飽二郎「ガット／WTO農業交渉の回顧と展望」（『農業経済研究』第74巻2号，2002年），同「私の来た道　政策当事者の証言」（『金融財政ビジネス』2011年8月22日号〜10月2日号，全5回）．
（5） 米自由化問題の経緯については，田代洋一（編著）『論点　コメと食管』大月書店，1994年，綿谷越夫『コメをめぐる国際自由化交渉』農林統計協会，2001年．
（6） UR農業合意の内容（日本）については，農林水産省『農林水産物貿易レポート2001』農林統計協会．
（7） WTOの性格については，田代洋一『食料主権』日本経済評論社，1998年，第1章．農業協定の条文は，農林水産物貿易問題研究会（編）『世界貿易機関（WTO）農業関係協定集』国際食糧農業協会，1995年．
（8） 農林水産省『農林水産物貿易レポート2002』農林統計協会．
（9） 『通商白書』2008年．
（10） その一端については，エリック・シュローサー（著），楡井浩一（訳）『ファストフードが世界を食いつくす』草思社，2001年．
（11） 萩原伸次郎『日本の構造「改革」とTPP』新日本出版社，2011年．なお2011年度の公債依存度は48%，国債残高の対GDP比は140%弱になる．
（12） 欧米の農政改革については，是永東彦ほか『ECの農政改革に学ぶ』農山漁村文化協会，1994年，生源寺眞一『現代農業政策の経済分析』東京大学出版会，1998年，第IV部，服部信司『WTO農業交渉』農林統計協会，2000年．
（13） 「新政策」立案者による解説として，新農政推進研究会（編）『新政策　そこが知りたい』大成出版社，1992年．
（14） 新基本法への道については，田代洋一『食料主権』（前掲）．
（15） 新基本法の解説は，食料・農業・農村基本政策研究会（編）『食料・農業・農村基

本法解説』大成出版社, 2000年.
(16) 初期の新基本法農政については, 田代洋一『日本に農業は生き残れるか』大月書店, 2001年.
(17) シアトル閣僚会議から日本提案に至るまで, そして中国の WTO 加盟などについては, 農林水産省『農林水産物貿易レポート2002』. 新ラウンドの経緯については, 田代洋一『混迷する農政 協同する地域』筑波書房, 2009年, 第 2 章第 1 節.
(18) WTO と FTA の関係については, 田代洋一『WTO と日本農業』筑波書房, 2004年.
(19) 世界金融危機については, 田代洋一『混迷する農政 協同する地域』第 1 章に文献を掲げたが, その後のものとして, 山口義行 (編)『バブル・リレー』岩波書店, 2009年, 高田太久吉『金融恐慌を読み解く』新日本出版社, 2009年, 伊藤正直『なぜ金融危機はくり返すのか』旬報社, 2010年, 井村喜代子『世界的金融危機の構図』勁草書房, 2010年.
(20) 『通商白書』2008年.
(21) 2008年食料危機については, 田代洋一『食料自給率を考える』筑波書房, 2009年.
(22) 「米政策改革」については, 田代洋一『農政「改革」の構図』筑波書房, 2003年, 第 6 章. 生源寺眞一『農業再建』岩波書店, 2008年, 第 4 章.
(23) 2005年新計画については, 田代洋一『「戦後農政の総決算」の構図』筑波書房, 2005年, 第 2 章.
(24) 田代洋一『政権交代と農業政策』筑波書房, 2010年.
(25) TPP については, 田代洋一『反 TPP の農業再建論』筑波書房, 2011年, ジェーン・ケルシー (編), 環太平洋経済問題研究会ほか (訳)『異常な契約』農山漁村文化協会, 2011年, 田代洋一 (編)『TPP 問題の新局面──とめなければならないこれだけの理由』大月書店, 2012年, 田代洋一『安倍政権と TPP──その政治と経済』筑波書房, 2013年.
(26) 東日本大震災については, 農林水産省『平成23年度 食料・農業・農村の動向』がデータにくわしい. 田代洋一・岡田知弘 (編)『復興の息吹──復興格差を許さず, 地域の歴史をふまえた再生へ』農山漁村文化協会, 2012年.
(27) 孫崎享『不愉快な現実』講談社, 2012年.
(28) 田代洋一『反 TPP の農業再建論』(前掲), 第 1 章.

第3部
今日の
農業・食料問題

第7章　食料問題

　食料問題は，それぞれの国・地域・社会階層により異なった現れかたをする．食料不足による飢餓・飢饉というかたちもとれば，過栄養による肥満・健康害が「緩慢な死」をもたらすというかたちもとる．現在の食料不足に対して，将来の食料不足の不安という食料安全保障の問題もある．とくに21世紀に入り，食の安全性問題が国際社会や日本をゆるがしている．このような多様性において食料問題をとらえ，その原因や対策を考えたい．

　本書では「食料問題」「食料不足」「食料危機」といった「食料」に関わるさまざまな用語を用いている．「食料問題」は前述のように，食料をめぐるさまざまな問題を包括的に指している．「食料不足」は後述するように，世界の食料在庫が安全水準を下回る状況を指す．それに対して「食料危機」は，食料不足等の事態（食料不足だけではないので「等」とした）が，一国の支配体制を揺るがすような社会的政治的問題に転化した状況を指す．

　また本書では，1978年を境に，それまでは「食糧」，その後については「食料」を使う（その理由は第5章3を参照）．

1　世界の食料問題

1973年と2007・08年の食料危機

　図7-1は世界の穀物在庫の状況を示している．食糧が安定的に行きわたるには消費量の17〜18％の安全在庫が必要とされている．その水準を規準にすると，1970年代の転換期以降の世界は2度の食糧（食料）不足を経験している．1度めは1973〜74年である．異常気象にともなう不作等を原因として，在庫が安全水準を下回った．さらにオイル・ショックも重なって食糧価格が高騰し，世界的な食糧不足が起こり，食糧危機に転化した．

図7-1　世界の穀物全体の生産量，需要量，期末在庫率の推移

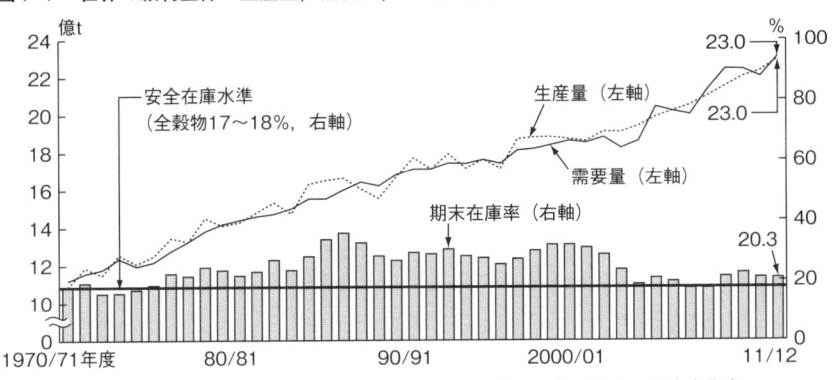

注1．米国農務省 *Production, Supply and Distribution Database*（PS&D）をもとに農水省作成．
　2．穀物全体は，小麦，粗粒穀物（とうもろこし，大麦，ソルガム等），米（精米）の計．
　3．農水省『平成23年度　食料・農業・農村の動向』より引用．

　これをきっかけに供給国側は食糧増産に励み，以降は在庫が安全水準をかなり上回る農産物過剰時代が20世紀中は続いた．とくにアメリカは冷戦体制下で，西側陣営の食糧危機に備えて「世界のパンかご」として一定の在庫を抱えつつ，食糧を「第2の武器」すなわち外交戦略上の武器として使おうとした．それが冷戦緩和（デタント）とともに目いっぱいに生産・輸出する戦略に転じるが，それでも世界の在庫水準は依然として高かった．
　しかるに21世紀に入ると，実際の在庫がしばしば安全水準を下回るようになり，第2の食料不足が兆しだした．その原因としては，農業環境の悪化による単収低迷，異常気象，新興国等の経済成長にともなう需要増，とうもろこし等のバイオエタノール原料への転換等が指摘されている．それらを背景に穀物価格は上昇傾向にあったが，2006年末あたりから急騰しはじめ，2008年には2005年の3倍前後にも高騰した（図6-1）．アフリカ，アジア等では，目の前に食料の山があっても高くて買えないことに対する怒りから，業者のストライキ，民衆暴動等が起こり，食料危機の再現となった[1]．日本でも，パンをはじめ食料が値上がりし，同時に起こった資源価格の高騰による飼料・肥料・農薬等の値上がりにより畜産農家が廃業に追い込まれるなどの影響があった．
　穀物価格高騰の原因のとらえかたは，各国の立場により異なった．アメリカ等は新興国の需要増が原因だとし，新興国・国際機関・NPO・日本の学界等は

アメリカ等のバイオ原料化を糾弾した．価格が高騰した直接の原因は，過剰資本を原資とする投機マネーが，サブプライム危機により金融市場から逃げ出して，価格が上昇している穀物市場に殺到したことによるといってよい．

　価格高騰が治安におよぼす影響を恐れたロシアとその周辺諸国，アジア・アフリカ・南米などの国々は，穀物輸出の禁止や制限措置をとった．これらも価格高騰の原因とされたが，むしろ価格高騰に対する2次的な反応だろう．輸入大国である日本の政府は禁輸措置を批判したが，後述する食料主権の見地からは，輸出の制限措置をいちがいに非難することはできない．

　その後，穀物価格は一時下がったものの，2010年あたりから再高騰している（図6-1）．農林水産省は，2020年の世界の穀物在庫率は14.9％で，安全水準をかなり下回ると推計している（2012年）．

　つまり，急騰の直接的・短期的要因は投機マネーだが，基底的・中長期的要因としては需給逼迫があるといえる．とはいえ適切な短期資本移動等の規制措置を講じなければ，投機マネーはくり返し穀物市場を襲う可能性がある．

　2007・08年食料危機は新たな問題を表面化させた．それは食料危機を恐れる国々が外国の農業関連企業に投資・買収したり，農地を借りて農場建設する「ランド・ラッシュ」「ランド・グラブ」が強まったことだ[2]．投資国としてはサウジアラビア，カタール，リビア，中国，韓国，インドなどの産油国・新興国，投資先国としてはスーダン，エチオピア，パキスタン，フィリピン，カンボジア，トルコ，ウクライナなどがあげられる．

　韓国では穀物自給率に加えて「穀物自主率」を目標に掲げるようになったが，後者は海外からの調達を加えたものである．韓国は工業製品を輸出するために米欧等とのFTAを果敢にすすめており，それにともなう輸入が国内農業を衰退させるのに対して，海外からの調達でカバーしようとしている．しかし海外農業投資は，農場から積出港までのインフラが整備されていなければ食料確保に結びつかず，また，食料危機時における投資先国の食料主権に抵触する懸念がある．日本は，現状では必ずしも積極的ではなく，秩序ある投資を国際的に呼びかけている．やはり国内供給，食料自給率の向上が基本だといえる．

食料危機の要因

食料不足はいかにして食料危機に転じるか．FAO（国連食糧農業機関）は，基礎代謝率の1.55倍（途上国では1800kcal前後）未満を慢性的栄養不足人口と定義している(3)．慢性的栄養不足状態が「飢餓」であり，それが突発的集団的に起こるのが「飢饉」である．

世界の栄養不足人口は，2007年までの8億人前後から，2009年には10.2億人（人口比15％程度）に増大した．そこには前述の食料危機が影響しているが，2010年になっても9.3億人と膨大である．FAOは，1996年にローマで世界食料サミットを開催し，2015年までに飢餓人口を半減させるという「ローマ宣言」を採択したが，事態はむしろ悪化している．

栄養不足人口の絶対数はインドと中国が突出しており（2005～07年の対人口比では，インド20.3％，中国9.8％，世界平均12.7％），その他のアジア・太平洋諸国，サハラ砂漠以南のサブサハラ・アフリカ，ラテンアメリカに集中している．つまり途上国・新興国に偏在する．

そしてまたそれぞれの国にあっても，とくに農村，貧困層，子どもとくに離乳期の赤ちゃん，妊婦や授乳期の母親など，特定の地域・階層に集中する(4)．

アマルティア・センは生まれ故郷のインド・ベンガルの1943年の飢饉，1970年代初めのエチオピア飢饉等を分析し，食料が足りており日常的飢餓が弱まりつつあるときにも飢饉が発生する事実を確認し，その原因を「権原（エンタイトルメント）」の崩壊に求めた．「エンタイトルメント」とは，充分な食料を得る本来的な能力をさす．センは，その剝脱の原因が，供給不足，貧困だけでなく，雇用機会，社会保障，保健衛生，平和，民主主義，情報公開などに深く関わることを明らかにし，平和，教育，民主主義を普及し，女性の地位を高めることを訴えた(5)．しかし，これらの多くの要因はやはり所得水準と相関していると見るべきだろう．また内乱，干ばつ等による自給的農業の崩壊も重視されるべきだろう（たとえば2011年のソマリア飢饉）．

以上をまとめると，食料危機は，在庫が安全水準を下回るという意味での食料不足により価格が高騰し，その価格では食料を購入できない所得階層が増大し社会的緊張が高まる状態といえる．つまり，食料不足・価格高騰と所得水準・所得格差の合成である．食料危機の一半が所得の水準・格差にあるということは，食料問題が，途上国のみならず先進国にも存在しうることを示唆するが，

まず途上国から見ていこう．

途上国の食料問題

栄養不足人口は，前述のように途上国・新興国に集中している．食料自給率という点では，途上国は平均して日本などよりはるかに高いが，にもかかわらず飢餓人口が多い．日本とのちがいは，国として食料不足におちいった場合に，輸入によってそれをカバーする購買力（外貨，通常はドル）に欠ける点であり，また個人として高騰した食料を購入できない貧困層が存在する点である．つまり国としても個人としても，購買力の欠如こそが食料問題の本質ということになる．これは食料問題を南北問題や貧困問題に還元するとらえかたである．

このようなとらえかたは，アメリカ等の農産物輸出大国にも共通する．たとえば世界銀行は，「世界に食糧は十分にある．……しかしなお，多くの貧しい国や何億という貧困層の人々は，この豊饒の分け前にあずかっていない．問題は，食糧安全保障の欠如であり，それは主として購買力の欠如からきている」（世界銀行『貧困と飢え』1986年）という．ようするに先進輸出大国からすれば，食料問題とは端的に途上国の問題であり，途上国に食料を輸入するカネさえあればわれわれがいくらでも供給し，解決してあげられる問題だととらえる．

このような途上国―先進輸出大国間を通じる食料問題のとらえかた（南北問題，貧困問題）が，世界の食料問題をとらえる大勢になっている．しかし，貧しくとも，その国が人々の日常食（主食）を自給できれば問題を緩和できる．途上国の食料問題の根底には，人々の日常食の供給不足という問題がある．

途上国の農業・食料問題は歴史的に形成されてきた[6]．

第1期は，第2次世界大戦前の植民地時代（1870～1914年）である．ヨーロッパ宗主国は，アジア・アフリカ・南アメリカの植民地に，自分たちの近代的な私的土地所有制度を強制的に適用し，伝統的な共同体的土地所有とそれにもとづく自然循環的な農法を破壊して，大地主に土地所有を集積し，自給的農業から，原料農産物等を単一栽培する「プランテーション経営」等に転化・特化させた．

第2期は，戦後高度経済成長期である．途上国の多くは第2次大戦後も農地改革が徹底されず，大土地所有が零細農を圧迫した．アメリカは，冷戦体制を勝ちぬくために，途上国を西側陣営につなぎとめようとして，余剰農産物を集

中的に食糧援助として用いた．この食糧援助をテコにして，被援助国の食糧の消費と生産の構造をアメリカからの輸入依存型につくりかえ，日常食を輸入に依存するような農業・食料構造に改変した(7)．このようなやりかたは，今日では新興国・先進国化している当時のインド，日本，韓国等でも功を奏した．

　アジア途上国は，1960年代に食糧危機にみまわれるが，それに対して高収量品種の育種と普及という「緑の革命」が救世主として立ちあらわれた．アメリカは，途上国が食料不足から社会主義に傾斜するのを防ぐため，世界銀行やロックフェラー・フォード等の財団資金を動員して，高収量品種の稲・麦等を開発した．開発された品種は，灌漑用水を用い，化学肥料・農薬を多投した場合にのみ高収量を発揮する．この「緑の革命」により，アジア途上国の穀物単収は1970～95年にほぼ2倍に高まり，それにともない穀物生産も倍に増え，1.5倍化した人口増を支えた．しかしそれは，途上国の伝統的な自然循環性の高い持続型農業を，先進国からの肥料・農薬・種子の供給に依存する農業に改変し，肥料・農薬等の購買力のある農家とそうでない農家との貧富の格差を拡大し，また病害虫に弱いため農家経済を不安定化した(8)．

　高度成長を背景に，食糧援助や「緑の革命」を通じて世界的に大量生産・大量消費を追求する時代は，1970年代初頭のオイル・ショック，食料危機，高度成長の終焉とともに終わった．

　第3期は，第2部で見た転換期・グローバリゼーション期である．冷戦の緩和・崩壊，自由化の進展のもとで，輸出指向型工業化を追求した途上国や中進国は先進国からの累積債務におちいり，世界銀行やIMF（国際通貨基金）からの融資でそれを乗りきろうとした．その際に，世界銀行やIMFから「構造調整プログラム」による規制緩和，民営化，貿易自由化を強要された．その一環として，債務返済のために，自給的な穀物生産から外貨獲得力のある欧米消費者向けの高級野菜や果実等の輸出用農産物への転換や，「第2の緑の革命」としての遺伝子組み換え作物の栽培を押しつけられ，それを受け入れることで多国籍アグリビジネスの傘下に入った．

　さらに1990年代に入りWTO体制やNAFTAの発足により，たとえばメキシコは，主食のメイズ（とうもろこし）の無関税輸入や自由化により輸入が急増し，メイズ生産の主力である貧困地域の小規模生産者は離農を余儀なくされ，都市スラム街に流れ込み，あるいはアメリカに移住することを余儀なくされた(9)．

このような主食の輸入依存は，食料問題の金融・経済への依存を強めるが，そこに1997年のアジア発の金融・経済危機が襲いかかった．金融自由化は金融小国を短期資本の激しい流出入の波に飲み込み，実質所得の減少，農業・農村，農業研究，社会的セーフティーネットに対する政府支出の大幅削減，人口の農村還流・過剰人口増をもたらした．また多くの途上国は深刻な水不足に悩まされている．こうした状況下で，前述の2007・08年食料危機が起こった．

ようするに，第2期が冷戦下の食糧援助をテコとする農業・食糧支配だったのに対して，第3期はグローバル化・自由化・金融支配をテコとした農業・食料支配である．それに対する反発が，第6章で見たWTO交渉における途上国・新興国と先進国の対立にあらわれている．

農産物輸出大国の食料問題

先に新興国（BRICs：ブラジル，ロシア，インド，中国）にも栄養不足人口が多いことを指摘したが，ロシアを除く3ヵ国は栄養不足人口の上位10ヵ国に入っている．それは高度成長にもかかわらず，1人あたりGDPの低さと，地域・階層間の所得格差の大きさがもたらしたものだといえる．つまり「食料を買うカネがない」という途上国の食料問題は，新興国の貧困層にも共通しているのである．

同様の問題は，アメリカ，カナダ，オーストラリア等の農産物輸出大国にも存在する．これらの国々は，所得格差の大きさを示すジニ係数や相対的貧困率（所得がその国の中位所得の半分以下である世帯が占める割合）の高い国々である．

アメリカ政府は，食料を買えない低所得層に「フード・スタンプ」を配給し，彼らはこの電子カードで食品（できあいの惣菜，酒，ビタミン剤を除く）を購入する．2000年度のフード・スタンプの対象は1720万人，給食補助を受ける子どもは2800万人，あわせて人口の18％程度にあたる．それがサブプライム危機以降急増しはじめ，2011年5月には4570万人と，前年から一挙に500万人も増えている．

食料問題が社会保障政策としての農業政策によってカバーされているわけだが，それで問題が済んだかといえば決してそうではない．スタンプを利用する肥満体の有色人が増大しているからである．アメリカ農務省のパンフレットは

「栄養のある食品」「健康の維持」のために，野菜・果物・でん粉質・低脂肪肉・乳製品を選ぶよう勧めているが，スーパーマーケット・チェーンは有色人種の多い低所得地区には出店を控え，クルマ弱者は低価格・過脂肪のファストフードや加工食品に頼らざるをえず，ウォルマートまで行ける人も日持ちする加工食品等を1ヵ月ぶんまとめ買いする(10)．アメリカでは貧困層ほど低価格・過栄養のジャンクフードに依存して肥満化し，「緩慢な死」に向かっている．

　輸出大国アメリカの食料問題は，人口対食料という物理的な問題ではなく，所得格差・貧困という社会問題である点では途上国と変わらない．そして途上国もまた，一方では栄養不足でやせこけた食料不足としての食料問題，他方ではジャンクフードによる過栄養・肥満の食料問題の，両方を抱えている．

2　日本の食料問題

日本の食料問題

　日本は，すくなくとも今までのところは「カネはある」．だから輸入がなければ直面するであろう食料の絶対的不足問題をおおい隠し，それどころか飽食を謳歌し，肥満や生活習慣病に悩んでいる．

　しかしその日本も，前述の相対的貧困率は世界のワースト5に入り，ジニ係数も上昇し，「格差社会」化した．その点では，輸出大国や途上国と同じ，所得問題としての食料問題を抱えだした．当面それは，生活保護世帯の急増，より一般的には「食の二極化」現象としてあらわれている（後述）．

　しかし国民レベルでの食料問題は，「こんなに低い自給率で，将来的に食料不足が生じたときに大丈夫なのか」という「食料安全保障」の問題である．前述のように農産物過剰の20世紀にはそれは杞憂だったかもしれないが，在庫率が安全水準を割り込む年が多くなった21世紀には，その将来不安は現実のものになった．2007・08年食料危機はその前ぶれである．

　日本の農政は，アメリカが1970年代なかばから食料を「第3の武器」と位置づけ，1980年にはソ連のアフガニスタン侵攻に対する穀物禁輸措置としてそれを発動したころから，「食料安全保障」を問題にするようになり，国内生産，備蓄，安定輸入で対処するとしてきた．

　しかし日本が真剣に食料安全保障を考えてきたとはいえなかった．それは，

主食の米を国が全量管理する食糧管理法が存在し，「いついかなる時も国民の主食・米は守ってくれる」という保障を与えていたからである．その食管法も1995年には廃止され，日本の食料安全保障は丸裸になってしまった．

それでは国際交渉で農業を守ろうとしても根拠に欠ける．そこで1999年の新基本法で，食料の安定確保を2大目標の1つとして掲げ，2002年には「不測時の食料安全保障マニュアル」を定めた．それは最終的には輸入ゼロになった場合を想定し，国民が最小限必要とする1日2000kcalの熱量供給を確保するため，カロリー供給力の高いいも等への生産転換と割当・配給・物価統制を実施するというものである．

そういう「不測の事態」としては，異常気象による同時不作，港湾ストライキ，国際的紛争等が例示されている．この類推ではバイオテロもふくめられよう．さらに2011年には東日本大震災を通じて日本が災害・原発列島であることを思い知らされた．しかし「不測の事態」が食料危機に至る最大の要因は，「平時」の食料自給率の決定的低さである．

食料自給率

こうして食料自給率は国民的関心を呼んでいる[11]．〈自給率＝国内生産量÷国内消費量〉として，①品目別重量，②穀物（飼料込みと食用穀物），③供給カロリー，④生産額（金額）をベースに計算されている．このうち①については図7-2に，②③④については図4-3に掲げた．なかでも穀物自給率とカロリー自給率は，飼料も込みで計算される総合性，人間にとって穀物とカロリーが基礎であるという点から注目される．

自給率の動向を見ると，第1に，第1次高度経済成長のただなかの1960年の自給率はかなり高かったが，穀物自給率を先頭に1980年ごろにかけて急低下した．とくに飼料自給率の低下が著しかった．第2に，穀物自給率が下げ止まりだした1980年代なかばから，カロリー自給率がいちだんと低下しはじめた．グローバル化と円高化，内外価格差の拡大がその背景である．品目的には，穀物以外の果実，肉類，牛乳・乳製品，野菜等の低下が著しかった（図7-2）．第3に，1990年代以降，生産額ベースの自給率の低下がめだつ（ただし2009年は5ポイント増）．円高化による輸入価格の低下がその主たる背景である．

なぜ自給率が低下するのか．根底には，第2章1あるいは第4章1（図4-2）

で見たように，工業を中心とした世界最高の高度経済成長が日本農業の比較劣位化を強め，それが農産物自由化によって輸入増大として顕在化したといえる．そのうえで農業白書（2000年版）は，1965〜1998年の自給率の低下幅の3分の2は米消費の減少と畜産物，油脂類の消費増といった食生活の変化によるものだが，1985年以降については自給率低下の6割は国内生産量の減少によるものとしている．

農業白書（2011年版）は，日本の穀物自給率が世界の177ヵ国中124位，OECD加盟30ヵ国中の27位だとしている．ほとんどビリである．かくして超低自給率という食料問題（食料安全保障問題）が，グローバル化期の日本の新たな社会的不安定要因になった．

それに対して，自民党農政はカロリー自給率を45％に引き上げるとし（達成目標年度2005年，後に2010年に延長），2009年からの民主党農政はさらに目標を50％に高めた（同2020年）．しかし現実には，2010年のカロリー自給率は38.5％に下がってしまった．食生活の変化，国内生産の減少，国内消費の減少

図7-2　野菜・果実・畜産物の自給率

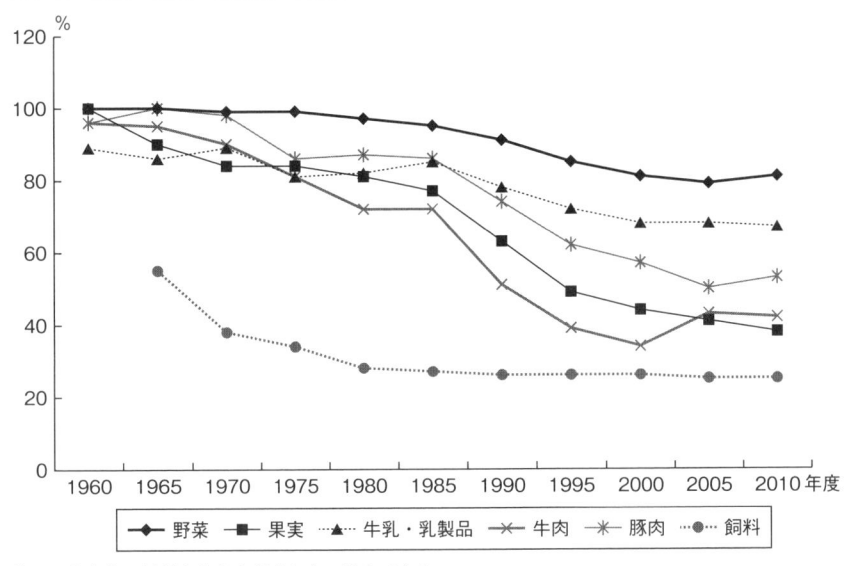

注1．畜産物は飼料自給率を考慮しない数字である．
　2．農水省『農業白書付属統計表』『食料・農業・農村白書　参考統計表』（農林統計協会）による．

といった諸要因のすべてに歯止めをかける総合政策なくしては，自給率の向上はおろか，その現状維持さえも困難であり，現状はたんに政治的目標を競っているにすぎない．

　前述のように穀物自給率やカロリー自給率は実用的だが，難点もある．第1に，定義からして輸出も国内生産だから分子にカウントされる．最近の農政は「攻めの農政」ということで，輸出を大いに強調している．しかし分母を国内消費としつつ，国内消費されない輸出を分子にカウントするのは論理的でない．すくなくとも超低自給率の国が輸出増大で自給率を高めるというのは戯画でしかない．

　第2に，エネルギー源としてのカロリー自給率が重視されているが，カロリーが低いか無い野菜，果物，お茶，花も現代生活には欠かせない．その意味では品目別の重量自給率がベースになるべきである．

　第3に，決定的なのは，日本が2005年から人口減少時代に転換したことである．人口減少は食料消費量の減少をもたらす．このような時代には，食料消費減少率が国内生産減少率を上回れば自給率は高まる．しかし，それでは国内生産は減少したが食料自給率は上昇したということになりかねない．人口減少時代には，輸入農産物を国内農産物に置き換えていく努力なしに，前向きの自給率向上はありえない．

　最近の農政は，自給率とともに「自給力」という言葉も併用しだした．人口減少時代に，国内生産を増大させつつ自給率を高めるには，絶対的な「自給力」の維持向上が欠かせない．自給力の構成要素として，農政は農業資源，農業者，技術をあげているが，「技術」は農法といいかえたほうがよかろう．それぞれを目標数値として掲げるのは煩雑なので，自給率を目標とすることは致し方ないとしても，その土台に自給力があることを忘れてはならない．

日本型食生活と自給率

　自給率計算の分母にくる国内消費量には，食生活が密接に関係する．

　高度成長が始まった1950年代後半の日本は，国際的には所得水準が低く，カロリーに占めるでん粉比率の高い国で，今日でいう途上国グループに属していた．所得が増大するにつれ，でん粉質から動物性タンパク質にシフトしていくのは人類共通の傾向だが，日本でも高度成長期には所得水準が向上するととも

に,それまでの炭水化物を腹いっぱい食べてがんばる筋肉労働から,高タンパク質を要求する頭脳労働等への労働の変化があった.食は本来は人間の最も保守的な行動の1つだが,日本人の食生活は他国に例を見ないスピードで変化していった.

そのなかで前述の食料安全保障論が登場した1980年ごろから,「日本型食生活」論が説かれるようになった.供給熱量が日本人の体格にあった2500kcal程度で安定しだしたこと(2010年には2473kcalに減少),カロリー源に占めるタンパク質,脂質,炭水化物のバランスがとれていること,タンパク質のなかで動物性と植物性が半々で水産物の割合が高いことが,その特徴とされた.1970年代後半,日本はスウェーデンを抜いて世界の最長寿国になったが,それをもたらしたのが「日本型食生活」というわけである.

脂質の摂りすぎに悩むアメリカは,1977年にいちはやく,供給熱量源の割合がP(タンパク質)12%,F(脂質)30%,C(糖質)58%というバランスを求めた「食事目標」を設定した.それに対して日本は,公衆衛生審議会が1989年に,適正比率をP12〜13%,F20〜30%,C68〜57%と設定した.これを規準にすれば,日本は1970年前後に糖質と脂質の割合が適正圏内に入り,日本型食生活を実現させたといえる.しかしそれを実現させた1960年代は,まさに前述のように日本の食料自給率が急低下した時だった.とくに飼料自給率はこの10年間に63%から38%へと最大の落ち込みを見た.かくして日本型食生活は,皮肉にも,輸入食料・飼料への依存を強めることで実現したものといえる.輸入飼料に依存した加工型畜産への傾斜が,それまでのご飯と野菜や魚の煮付け,味噌汁,漬物といった食生活に代わって,動物性タンパク質の摂取を可能にしたわけである.

さらに問題なのは,適正幅に達して以降も20世紀には脂質の割合の上昇,糖質の減少がコンスタントに続いており,2003〜06年にはF30%の上限に接近したことである.その後は横ばいだが,それが食生活の改善の結果なのか,不況による脂質消費の減少によるものかは定かでない.「日本型食生活」は,その輸入依存度や傾向から,「日本型」と呼べるような安定性をもったものではなく,輸入飼料等に依存した和洋折衷型の食事の実現にすぎなかったともいえる.

日本の人々は飽食を謳歌しているように見えるが,40代以下の育ちざかり,働きざかりの層のエネルギー,カルシウム,鉄の摂取量の割合は平均所要量以

下であり，摂りすぎは脂質だけである．そして鉄やカルシウムの摂取減は，1990年代後半からの現象である．いまや健康食品や機能食品（サプリメント）ブームだが，主要栄養素だけを分析的に取り出してそれを大量補充すれば足りりとする風潮のもとで，若い女性を中心に，微量要素である亜鉛の不足から味覚障害が発生している(12)．

そこで政府は2000年に食生活指針を公表し，「食事を楽しみましょう」「多様な食品を組み合わせましょう」「食塩や脂肪は控えめに」など10項目を掲げている．このような栄養政策は，北欧やアメリカを先頭に欧米諸国がほぼ1980年代からとりくんでいるもので，日本は20年遅れたといえる(13)．その背景には，食生活のようなプライヴェイトな問題に国が介入すべきでないといった「遠慮」があるが，食生活自体が政策の産物だとしたら，それを改善する責任の一端は政府・政策にある．

食の二極化現象

前述の〈自給率＝国内生産量÷国内消費量〉という式から，自給率を高めるには2つの方法が考えられる．分子の国内生産量を高める方法と，分母の国内消費量を減らす方法である．現実はどちらの方向を向いているのか．

金額で見た国民の食料消費支出は，1990年代に減少に向かっている．ようするに日本は，分母の食料消費支出を減らしているが，分子の国内生産の減りかたのほうがより激しくて，結果的に自給率の低下をまねいているといえる．これでは日本農業は，いよいよ縮小再生産に追い込まれることになる．

一般に食料消費には飽和性（胃の腑の限界）という特質があり，所得が高まるほどには消費は増えず（消費の所得弾力性が小さい）(14)，所得が高まるほど食料支出の割合は低下する（エンゲルの法則）．今日の日本の食料消費の減少もこのような経験則の一環のように見えるかもしれないが，果たしてそうか．

図7-3によると，1990年代の平成不況期から，日本の食料消費は家計消費全体を上回る勢いで低下している．支出＝数量×単価だから，支出減は数量か価格かその両方の減ということになる．とくに生鮮食品は，1990年前後から数量・単価ともに低下傾向にある（2000年度『家計調査年報』）．1人あたりカロリーは1995年以降横ばいなので，最近ではよりカロリー単価の安い食品へのシフトがすすんでいるといえる（低価格志向）．

図7-3 消費水準指数の推移(1981年=100)

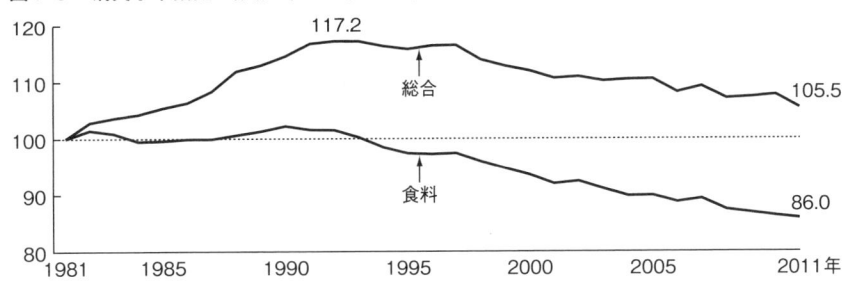

注1. 総務省「家計調査」をもとに農林水産省で作成.
 2. 2人以上の世帯.
 3. 農水省『平成23年度 食料・農業・農村の動向』より引用.

図7-4 世帯員1人あたり実質食料消費支出(世帯主年齢階層別)

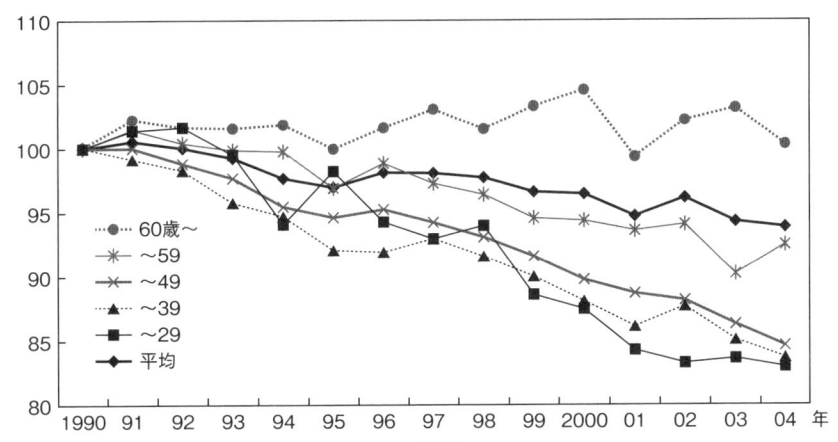

注1. 総務省『家計調査報告』,消費者物価指数(食料)による.
 2. 60歳以上は,2000年からは60〜69歳.

　図7-4で世帯主年齢階層別に見た世帯員1人あたりの食料消費支出を見ると(15),年齢階層別にはっきりした傾向があらわれる．ようするに若い層ほど食料消費支出の減りかたが激しい．20歳代，30歳代は1980年代から一貫して減少，40歳代，50歳代は横ばいから減少へ，60歳代は増大から減少へという，パターンのちがいがある．
　この傾向については，世帯主が若い家庭ほど，交際とそれにともなう外食等

の，必ずしも家計単位でとらえられない食料消費が増えてきているとする説と，実際に食料消費支出が減ってきているという説との2つの解釈がなりたつが，全年齢階層的に減少している点をふまえれば，後者の可能性が強い．

さらに世帯主年齢階層別に1人あたりの消費量と単価を見たのが表7-1である．

これによると，世帯主年齢が上がるほど，①牛肉のように消費量も単価も高くなる品目（生鮮魚介等も）と，②米・生鮮野菜・生鮮果実のように，消費量は増えるが，単価はさほど上がらない品目に分かれる．表示は略したが，③鶏肉のように，消費が減り単価は上がる品目もある．

ここに，①に典型的に見られるように，高齢層ほど1人あたり高単価のものをより多く食べ，若い層は逆だという，「食の二極化現象」を指摘することができる．高齢者の食べる量には限りがあるとすると，それは①③の単価に，より強くあらわれているといえる．

このような年齢階層別の食料消費のありかたから推測すると，若い層ほど，前項でふれた日本型食生活から離れて，低価格志向を強めていると見られる．その背景には，高齢層は年金生活でそれなりに安定しているのに対して（ただし高齢者層内における格差は大きい），若い層ほど非正規雇用化が強まり，低所得化しているという，日本の格差社会化の強まりがある．図表には反映されていないが，単身者の増大はそれに拍車をかけているといえる．

なお家計調査で勤労者世帯の収入五分位階級別の食料支出を見ると，最低所得（Ⅰ）階級に対する最高所得（Ⅴ）階級のそれは2.07倍（世帯員1人あたり1.15倍）になっている（2010年）．ちなみにエンゲル係数（食料費/消費支

表7-1　世帯主年齢階層別の食料消費（2010年，年間1人あたり）

	米		牛肉		生鮮野菜		生鮮果実	
	量	単価	量	単価	量	単価	量	単価
29歳以下	12.2	336	1.3	185	31.8	35	8.7	34
30～39	14.6	334	1.5	202	34.9	36	10.5	39
40～49	22.0	338	2.2	217	42.7	38	13.9	41
50～59	26.0	342	2.5	270	54.8	39	24.8	40
60～69	34.7	352	2.8	309	71.8	39	42.6	41
70歳以上	38.8	347	2.3	339	76.0	39	51.2	39
平均	25.4	345	2.0	273	50.2	38	25.1	40

注1．量はkg，単価は，米はkgあたり，その他は100gあたり．
　2．総務省『家計調査年報　家計収支編　平成22年』による．

出）は低所得層ほど高い（Ⅰ層25.4％に対しⅤ層19.9％，2010年）．

年齢と食生活

　食生活は年齢と深く関係する．今日の日本人の年齢と食生活の関係には，3つのパターンがある．①子どものときには食べないが加齢とともに食べるようになる，加齢効果（魚など），②子どものときから食べない習慣が加齢によっても変わらない，世代効果（果実など），③子どもも大人も食べるようになる，時代効果（肉類など）である[16]．そして直接には②や③が日本型食生活を崩壊に導いているといえる．しかし①も加齢とともにどれだけ増大するかの程度問題であり，②もふくめて大きくは③の時代効果の影響下にある．たとえばF（脂質）比率は若い層ほど高いが（①効果の逆），1980年代以降は若い層も高齢層もともにF比率を高めている（③効果）．

　以上をまとめると，若い層ほど食料消費支出を減らしつつ，F比率を高めていることから，前述のように若い層から日本型食生活離れが起こっているといえる．なぜそうなるのか．食生活（料理の好み，味付け，調味料，食習慣など）の基本型が形成されるのは，ほぼ20歳くらいまで，とくに10代前半まで（5〜13歳が中核）といわれる．そうだとすれば，この年齢期までに日本型食生活が身につかなかったら，国民レベルでのその崩壊は時間の問題だといえる．

　この年齢期の子どもたちの食生活の形成において，集団で食事をとる学校給食は決定的である[17]．第3章の末尾で1954年の学校給食法にふれたが，アメリカの差し金で脱脂粉乳とパンで開始された学校給食は，日本人の食生活の粒食（米）から粉食（麦）への移行と欧米化を制度的におしすすめた．日本の学校給食は，アメリカの「平和のための食糧という名の投資のまったくの成功例」[18]である．

　そのアメリカでは，1980年代にファストフード業界が子ども向けテレビ広告を急増しはじめ，今日ではアメリカの公立高校の約30％が特定ブランドのファストフードを販売しているという．学校給食の効果に着目したアメリカ政府は，1993年から，学校給食を通じて脂質を減らす国民の食生活改善にのりだした（農業白書1993年版）．

　どの国でも，食歴（個人の食生活の歴史）形成期の子どもたちの食が，将来の食のありかたを握る鍵なのである．日本では1982年にテレビでとりあげられ

てから，子どもたちの「孤食」が注目されるようになった．農業白書も2000年版で「こども達の『食』を考える」を論じて以降，継続してとりあげており，朝食をとる小学生のほうが正答率が高いというデータまで掲げている（2008年版）．2005年には食育基本法が制定され，健全な食生活教育が強調されている．同法は大人のそれも対象にしており，農業白書は，朝食欠食者が国民の1割強，その市場規模は1.7兆円にもおよぶと試算している（2011年版）．

　このように親・大人の食生活も乱れているなかでは[19]，学校給食の果たす役割が大きく，学校給食に地場の米や野菜を供給するとりくみもなされている．地域レベルでは「地産地消」が強調されるようになり，農家・農協等による直売所も盛況で（約1万4000店），すでに直売所をふくむ農産物の直接販売は6000億円，全体の7～8％に達している（2010年）．

　2025年の食料消費構造についてのある推計では，高齢化により1人あたり食料消費支出は増大するが人口は減少するので総支出額は減り，生鮮品から加工品，内食から中食（なかしょく，家庭外で調理された惣菜・弁当など）へのシフトがすすみ，高齢世帯のシェアが5割，単身者のそれが3割に近づくとされている[20]．将来を見越した子どもたちの食への目配りとともに，高齢者や単身者の食への気配りが欠かせない．薄味，低カロリー，豊富な野菜・カルシウム，隠し庖丁，入れ歯食など，外食・中食をふくめて食のバリアフリー化，ユニバーサル化が求められる．

　なお食料消費については，食品ロス（食べ残しと廃棄物）の問題がある．世帯におけるそれは，廃棄が消費量の2.8％，食べ残しが1.0％の計3.8％である（2007年度）．外食産業のそれは，結婚披露宴が20％，宿泊施設・宴会が14～15％，食堂・レストランが3.2％である（2009年度）．またコンビニ等は後述する賞味期限を前倒しした「販売期限」を設け，大量の廃棄物を発生させている．食料不足問題や環境問題の観点から，その改善が求められる．

3　フードシステムとアグリビジネス

フードシステム論の登場

　農業白書が「食料」という言葉を使うようになったのは，1978年からである．それまでは「食糧」だった．辞書によると，「食糧」とは主食物を指す．日本

でいえば米麦，より一般的には穀物を指すといえよう．それに対して「食料」とは，肉類，魚類，野菜類，加工食品等を加えた食べもの全般を指す．1人あたり供給熱量における米麦の割合が5割を切ったのは1970年であり，1978年には44％だった．

食糧から食料への移行の核は加工食品である．飲食料の最終消費額の構成を見たのが図7-5である．生鮮食品は1975年に32％を占めていたが，2005年には18％に減り，代わって加工食品や外食が82％を占めるようになった．

これは国民経済レベルでの話だが，家庭での食料消費に占める外食の割合は17％，調理食品（弁当，調理パン，蒲焼き，サラダ，コロッケ，冷凍食品など）の割合は12％になる．調理食品＝中食とすれば，外食・中食あわせた「食の外部化率」は29％になる(21)．加えて加工食品が32％で，生鮮食品は29％にすぎない．家庭外で調理した外食・中食と並んでしまったのである．

なお家庭レベルで把握した（家計調査）外食は1990年代から減（産業レベルでは1999年から減），中食は1995年から横ばい傾向（産業レベルでは統計のある1995年から微増）である．これまで内食（家庭食）が外食に代わられ，次いで内食・外食が中食に代わられてきたが，平成不況，消費不況が続くなかで

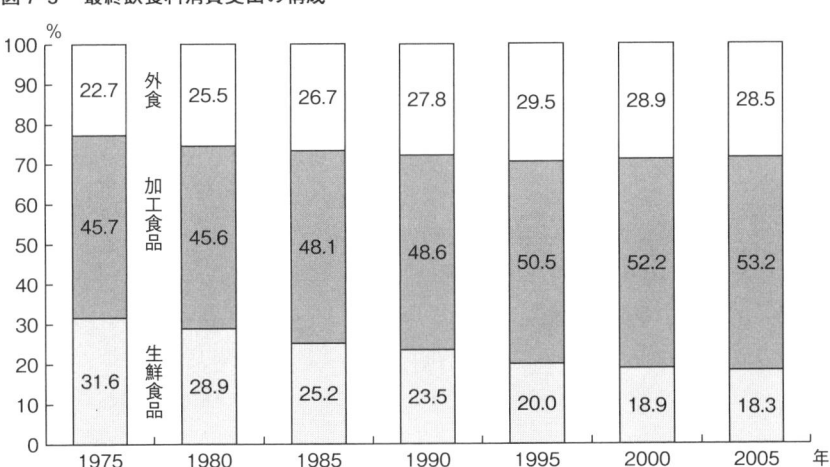

図7-5　最終飲食料消費支出の構成

年	生鮮食品	加工食品	外食
1975	31.6	45.7	22.7
1980	28.9	45.6	25.5
1985	25.2	48.1	26.7
1990	23.5	48.6	27.8
1995	20.0	50.5	29.5
2000	18.9	52.2	28.9
2005	18.3	53.2	28.5

注1．「産業連関表」より農水省が試算．
　2．図7-2に同じ．

「食の外部化」は足ぶみ状況にある．不況で強いられた「内食」回帰だが，そのなかでも加工食品の割合は一貫して高まっている．

　こうして農産物が直に口に入る生鮮食品が国民経済レベルで18％，家庭レベルで29％になったということは，それだけ農と食の距離が遠くなり，あいだに介在するものが圧倒的に増えたことを意味する．その中間に対する透視力を高め，トータルな流れを知る必要が生じる．そこで農業を「川上」，消費を「川下」にたとえ，川上から川下への食料の生産・加工・流通・消費の流れを1つのチェーンあるいはシステムとしてとらえ，生産者，加工業者，流通業者，外食産業，最終消費者の相互関係を把握しようとする「フードシステム論」が登場した(22)．

　そのようなアプローチの必要性は次のように説明される．

　第1に，農産物需要が拡大する高度成長期には，生産サイドから農業経済を見る視角が強く，第2章1で見た農民層分解論が主要テーマの1つだった．しかし農産物が過剰に転じれば，生産よりも需要が注目されるようになる．農業生産の場が食料消費の場からあまりに遠く離れるもとで，消費者が何を求めているかを正確に把握し，あるいは生産現場のありようを消費者に伝えることが大切になる．

　第2に，日本の食料は国際的に割高だとされており，前述のように不況下で消費者の低価格志向が強まっている．飲食費の最終消費の部門別の帰属割合を見ると（2005年），農水産物は14.5％にすぎず，食品流通業に34.4％，食品製造業に26.1％，外食産業に17.9％が帰属する（残り7.1％は輸入加工品）．日本の食品の流通迂回率（卸売販売額／小売販売額）は高い(23)．かくして加工流通過程でのコストダウンなしには食料コストの引き下げも困難だし，農業サイドとしても加工流通過程に食い込まないと農業所得増は望めない．

　第3に，国産農水産物の仕向け割合は，最終仕向け31.7％，食品製造業向け61.6％，外食向け6.6％である（2005年）．農業者の関心は単価の高い最終仕向け（生鮮品）に向かいがちだが，7割弱は加工・外食仕向けになっているとしたら，それへの積極対応をはかっていくことが日本農業の重要な課題になる．

　第2，第3の点をめぐっては，一方では，フードシステムの各構成要素間の協働（コラボレーション）という「農商工連携」が追求されている．食品産業等が農業生産法人に出資したり，役員を送り込んだりして，加工原料の安定確

保をはかる例が増えるなど，さまざまなかたちでの資本の農業進出がすすんでいる（→第9章3）．

　他方では，農業サイドが積極的に農産物の加工・流通に乗り出す「6次産業化」も追求されている（2011年，6次産業化法施行）．地域にカネを落とす，地域でカネをまわす，農業者主体の6次産業化が望まれる．

多国籍アグリビジネスの展開

　フードシステムを「農業・食料複合体（コンプレックス）」と表現するアメリカの農村社会学者たちは，小麦コンプレックス，耐久（加工）食品コンプレックス，畜産・飼料コンプレックス，さらに最近では果実・野菜コンプレックスを軸に，戦後食糧体制の変化を追跡する．小麦コンプレックスを担う穀物輸出企業は，アメリカの PL480（公法480号）による食糧援助とともに台頭し，1970年代初めのオイル・ショックと食糧危機のなかで，「石油メジャー」と並んで「穀物メジャー」として，アメリカ政府の援助対象の穀物をソ連に輸出して巨利をあげるなどの営業が注目された．

　1973年の食糧危機後，アメリカ農業は「黄金の70年代」をむかえ，穀物メジャーも政府の価格支持・輸出促進政策に支えられて伸張したが，1980年代にかけての農産物過剰（農業不況）とアメリカの輸出シェアの低下とともに構造変動にみまわれるようになった．そのなかで穀物メジャーは M&A（企業買収・合併）をくり返して少数巨大企業化しつつ，国際的に加工・流通諸段階を統合していくようになる．このような企業群のうち，海外子会社をもつものが「多国籍アグリビジネス（農業関連企業）」と呼ばれる（以下 MAB と略称）[24]．

　MAB は絶え間なく M&A を展開しているが，穀物メジャーから発展した代表的な MAB として，カーギル，ADM，ブンゲ（以上アメリカ原籍），ルイ・ドレフュス（フランス）等があげられる．カーギルは世界68ヵ国に事業拠点をもち，従業員16万人を擁する．

　生産資材部門を軸にしたものとしては，モンサント（アメリカ），シンジェンダ（スイス）は農薬・種子からバイオテクノロジー部門への進出が著しい．

　食品産業ではネスレ（スイス），ユニリーバ（イギリス等），クラフトフーズ，コカ・コーラ，マクドナルド（以上アメリカ）等があげられる．ネスレは世界83ヵ国449工場，28万人弱を雇用する．スイス本部社員は1600人だが，その国

籍は80ヵ国以上になる．コカ・コーラは200以上の国・地域に900工場を有し，従業員は9.2万人である．

これらのMABの展開は次のような特徴をもつ．

第1に，農業資材を工業製品で代替し，農産物を化学的に高度加工する「農業の工業化」をおしすすめつつ，流通過程から農業資材，農産物加工部門にも進出するコングロマリット化（多角経営化）をはかる．「緑の革命」以降は，たんなる工学化ではなく，生命科学にもとづくバイオテクノロジーを駆使した遺伝子組み換え等に活路を開いている．

第2に，先進国の食料市場が飽和状態になるなかで，消費者ニーズに即した多品種少量生産やニッチ（すき間）市場が求められるようになるなかで，MABは莫大な宣伝費を投入して市場の創出・開拓をおこない（マーケティング），さらに市場と価格のシグナルに依存するだけでなく，農家・農場との契約生産やインテグレーション（統合）を通じて，フードシステムを企業内部に取り込み，多様・分散化するニーズにきめ細かく対応する．

第3に，同じく国内市場が飽和化するもとで，海外市場なかんずく途上国市場を主要なターゲットにするようになる．グローバル化のなかで食料の世界商品（ワールド・フード）化がすすみ，農産物をしのぐ加工食品・飲料貿易の増大が起こる．牛肉，キウイフルーツ（原名・中国スグリ），オレンジジュース等が注目されているが，筆頭は加工食品やファストフードである．1990年代はじめ，農産物と加工食品の貿易総額に占める加工食品の割合は世界計で64％に達している．アメリカの主要食品加工企業の国内部門の輸出額と海外事業の販売額を比較すると，1991年で後者は前者の6.7倍になっている[25]．

MABはそれまでの冷戦体制下では，おおむね「国益」に従うポーズをとった．しかし冷戦体制崩壊後のグローバル化期には「国益」を離れて企業利益を追求するようになり（多国籍企業から超国籍企業へ），貿易自由化，ボーダーレス化の先兵となり，企業と政府の人事交流（「回転ドア」と呼ばれる）を通じて農政を牛耳り，多角的交渉や食品の表示・企画等の国際化においても政府機能を使って企業利益を追求している．

第4に，製造業等の多国籍企業が中間生産物を本社・海外子会社間，海外子会社間で取引する企業内世界分業を展開しているのに対して，「現地子会社の販売額のほぼ80％……が現地生産＝現地販売である点が，食品産業部門のきわ

だった特徴」(26)とされている．すなわち食品加工業の海外直接投資は，川上・川下よりも，川中の他の食品加工業に投資し，新規投資よりも既存工場の買収が主で，販売の多くは投資先国向けで母国向け等は限られる．ようするに本部（情報）機能の輸出ともいえる(27)．

このようにMABは「複数国国内企業型」を主とするが，多国籍企業としての企業内貿易による価格操作，シカゴ市場に連動して現地買取価格を決める振替価格の押しつけ(28)，租税回避，会計操作による利益も追求している．

かくして今日のMABは，投資先国なかんずく需要の伸びている途上国において，原料の世界調達とともに域内調達をおこない，現地の低賃金労働力を雇用して，その国の市場を独占し，食生活の国際標準化（アメリカ化）を果たそうという世界食料の転換戦略を追求している．それは日本がたどらされた道でもある．「1971年のマクドナルドの日本上陸が，日本の食習慣をさらに大きく変化させた．80年代，日本におけるファストフードの売り上げは2倍以上に増加し，子供の肥満率もすぐに倍増した」(29)．

多国籍アグリビジネスの新展開

MABは，高度成長を背景とする大量生産・大量消費を背景にフードシステムのチャネル・キャプテンになったが，1990年代に入り食品小売業（スーパーマーケット・チェーン：SM）が急速に多国籍企業化し，MABにとっての最大の顧客であることによって新たなチャネル・キャプテンにのしあがっていく．ウォルマート（アメリカ），カルフール（フランス），テスコ（イギリス）が世界の上位3社である．

ウォルマートは世界全体で160万人を雇用し，アメリカのGDPの2％を占め，国防省に次ぐコンピュータを擁するアメリカ最大の企業になり，「毎日低価格」（エブリデー・ロープライス）を旗印にアメリカ国民の8割を顧客にしているが，その基礎はIT技術にもとづくサプライ・チェーン管理の効率化，低価格のPB（プライベート・ブランド）の展開，「毎日低賃金」である．カルフールは，フランス政府のハイパーマーケット（巨大SM）規制を契機にいちはやくグローバル化をはかり，今日では中南米，アジアを中心にハイパーマーケット868店をふくむ1.1万店舗を展開している(30)．

これらの大規模食品小売業をふくむMABは，従来からの高脂肪・高カロリ

ー・低価格の「大きな商品」を継続販売しつつ，同時に消費者の健康・低カロリー・オーガニック（有機）志向に対応する商品も「ナチュラル」「オーガニック」「シングルサービス」「ローファト，ノーファト」のブランドで販売するようになっている．2004年のアメリカで，オーガニック食品マーケットで最大のシェアを占めていたのはSMチェーンである．これらは，折からのCSR（企業の社会的責任）論の台頭にともなう，企業の差別化戦略の追求でもあり，マクドナルドやスターバックスは「フェアトレード」のオーガニック・コーヒーをあつかっている．

このようなMABの世界食料支配と食料の画一化・国際標準化に対して，先進国において地域固有の食料，自然生態系に即した環境保全型農業，その生産者たる家族農業を守る運動や，ファストフードに対して「スローフード」を対置する運動，貿易自由化に対して各国の食料主権の確立（後述）をめざす途上国等の運動も展開している．

「有機食品の分野にアグリビジネスを進出させることは，これらの企業によるフードシステムの支配を正当化し，これら企業の関与がなければいかなるフードシステムも存在し得ないと認めることにほかならない」(31)．かくしてMABによる低価格志向と健康志向との双方に対応する2正面作戦は，彼らの支配に対する抵抗運動への反撃でもある．こうして食料問題，食料政策が新たな戦場となってきた．

なお日本原籍のMABも，味の素，キッコーマン，サントリー，ヤクルトの食品企業，イトーヨーカドー（セブン＆アイ），イオンのSMチェーン，総合商社等が海外進出に挑戦しており，また世界のMABもネスレ日本，日本コカ・コーラ等のかたちで日本進出している(32)．またドール（フランス）もドール・ジャパンの下に農業生産法人を組織して日本での農業生産にのりだしている(33)．国際小売資本の日本参入は，日本市場のきめ細かさのゆえにそう簡単ではなく，カルフールの直接進出が撤退（2005年）を余儀なくされたあとは，日本企業を買収するかたちで参入してきている（ウォルマートは2005年に西友を子会社化，テスコは2003年に企業買収で参入）．

4 食の安全性問題

食の安全性問題の推移

日本の食の安全性問題をふり返ると(34)，まず細菌性食中毒・感染症が問題だったが，赤痢等の法定伝染病が急速に減少したあとも，1960年代以降，食中毒が年間3～4万件起こっている．最近では，飲食店等のとりあつかいから生じるよりも原材料そのものの汚染によるもの，ノロウィルスによる食中毒（日本の21世紀の食中毒中最多），生食嗜好（カキ，レバー，生肉）が多い．

1980年代には食品添加物，動物医薬品（ホルモン剤など），保存料の問題がクローズアップされ，安全な食べものを求める消費者の産直志向が強まった．

さらに1980年代後半からは，残留農薬問題に関心が集中した．その背景には農産物貿易の拡大がある．国によって異なる残留基準をもった農産物が大量輸入・長距離輸送されるなかで，輸送途中での腐敗や害虫発生を防止するためのポストハーベスト農薬（収穫後に散布される農薬で残留性が強い）の問題が急浮上した．

1990年代後半からは，腸管出血性大腸菌O-157，O-111，ホルモン剤使用牛肉，遺伝子組み換え食品，ダイオキシン・カドミウムによる農産物汚染，BSE，中国野菜の農薬汚染等の問題が世界各国で同時多発的あるいは連鎖的に発生した．また化学物質による汚染（1999年，所沢のダイオキシン事件），微量重金属，内分泌攪乱物質等の汚染問題も生じている．

日本では21世紀に入り集中的に問題が発生している（表7-2）．これによると，国内産については偽装等の表示問題が多く，安全性に関わるのは輸入にともなうものが多い．つまり前節で見たMABに主導された「農業の工業化」「食のグローバル化」にともなう「食の安全性問題のグローバル化」が大きな問題である．先に食料問題とは何かを見たが，輸入大国・日本の食料問題の1つが，この食の安全性問題のグローバル化であり，それに日本がどう対処すべきかにあるといえる．その典型例が次のBSE問題である．

BSE問題

ガットURが開始された1986年，イギリスでBSEの発生が確認された．原

表7-2 食の安全性問題（2000年以降）

年	事件	内容	対策
2000	雪印集団食中毒事件		
2001	BSE汚染牛	国産1頭目	
2002	違法添加物混入の中国産肉まんじゅう	ダスキン	食品衛生法の一部緊急改正
	違法香料の使用	協和香料	
	中国産冷凍ホウレンソウの残留農薬汚染		
	無登録農薬の不正使用		
	鶏肉偽装事件	全農チキンフーズ	
	偽装表示の横行	国産牛買い上げ補助金詐欺	
2003			食品安全基本法の制定
			食品安全委員会が発足
			食品衛生法の大改正
2007	ミートホープ	豚，鶏，カモ肉などを牛肉ミンチと偽装	
	不二家	消費期限が切れた牛乳を使用	
	船場吉兆	産地偽装，料理の使いまわし	
	赤福	製造日，消費期限の改ざん	
	マクドナルド	賞味期限切れの食材使用	
		調理日時のラベル貼替え	
	白い恋人	賞味期限の改ざん	
	比内地鶏	廃鶏を使用	
2008	中国産ギョウザに農薬混入	メタミドホス	
	中国産ウナギ	原産国表示を偽装	
	事故米・不正転売	三笠フーズ	
2009			消費者庁の設置
			消費者委員会の発足
2011	焼肉チェーン店ユッケ集団中毒	腸管出血性大腸菌	生食用牛肉新基準
	福島第一原発事故	放射性物質による食品汚染	新基準（本文）

注．山口英昌（監修）『食の安全事典』旬報社，2009年に加筆．

因と経路，人間への影響が不明なまま，対策は混乱し，イギリスからヨーロッパ大陸へ，そして世界に問題を拡散させた．1987年にはBSEに罹患した牛を原料とする肉骨粉等が感染経路であることが判明し，イギリス政府は肉骨粉を反芻動物に与えることを禁じたが，禁輸はしなかったため，世界各地に広がった．1996年には，BSEと人間の新クロイツフェルト・ヤコブ病との関連が公式に示唆された．

日本政府は，1989年に国際獣医事務局，1990年にイギリス政府，1996年にWHO，2001年にEUから，肉骨粉がBSEの原因である旨の報告あるいは禁止勧告を受けたが，それをことごとく無視し，アメリカ等が1997年以降，肉骨粉

投与等を法的に禁じたあとも，輸入・投与に法的措置を講じず，ついに2001年に国内でBSEの発生を見るに至った[35]．

このような失政の大きな原因の1つは，WTOのSPS協定（衛生植物検疫協定）の「遵守」にある．同協定の第2条2項で，各国が国際標準を上回る厳しい検疫措置をとるにあたっては「科学的な原則に基づいてとること，……十分な科学的証拠なしに維持しないこと」を条件としているが，日本はこれに忠実に従い，肉骨粉がBSEの原因であることが「科学的」に証明されていないことをもって，禁輸措置に踏み切らなかったのである．

政府は，BSEの発生により売れなくなった国産牛肉の買い上げ措置をとったが，国産牛肉である旨のチェックを省略したため，安い輸入肉を高い国産肉に偽装して補助金をだましとるという事件を誘発した．またBSEによって牛肉から豚・鶏肉への急激な需要シフトが引き起こされ，それによる欠品を恐れた業者の偽装表示問題を生み，それを契機にいろいろな食品分野で偽装表示がおこなわれていることが明らかになった．

政府のBSE問題調査検討委員会の報告書は，「生産者優先・消費者保護軽視の行政」が問題を生んだとして農政の転換をせまり，農林水産省はそれを受けて「消費者第一のフードシステム」をうたう「『食』と『農』の再生プラン」（2002年）を打ち出し，新基本法農政を「消費者サイドに軸足を移した農政」に方向づけた．日本でも，第2章で述べた農業問題（政策）から食料問題（政策）へのシフトが本格化したわけである．

日本は牛の全頭検査を義務づけるとともに，2003年にアメリカでBSE感染牛が発見されてからは，アメリカ牛の禁輸措置をとった．アメリカはその解除を強く要求し，日本もそれに屈して全頭検査を21ヵ月齢以上の検査に緩和し（日本では21ヵ月牛が感染），2005年暮れには20ヵ月齢以下のアメリカ牛の輸入を認めたが，アメリカは執拗に30ヵ月齢以下への緩和を要求し，日本政府は2011年にTPP参加問題に絡めて，その要求を受け入れる方向を示し，後述する食品安全委員会に諮（はか）っている．ところが2012年にアメリカで6年ぶりに4頭めのBSE牛が発見された．なお国際獣疫事務局（OIC）は2009年から「全月齢の骨なし牛肉」について検査不要とし，EUも72ヵ月齢以上の検査に緩和しているので，それにくらべれば日本の立場は厳しいが，今日でも全自治体が国からの補助金なしで全頭検査を続けている．

放射性物質の汚染問題

2011年，日本では東日本大震災をきっかけにした東京電力福島第一原発事故によりきわめて広範に放射性物質汚染問題が発生し，消費者の不安はもとより，生産者も「加害者」の立場に立たされた．

国は当初，放射性セシウムの安全性の暫定基準値を年間放射線積算量20ミリシーベルト，また野菜等の出荷規準を kg あたり500ベクレルに設定し，それを超える食品の出荷制限措置等を講じたが，それ以下なら「ただちに健康に影響を与えることはない」とした．「ただちに」という言いかたは長期的影響を排除しないわけで，遺伝子レベルまでの長期の影響が懸念され，また食品等からの内部被ばくの影響が科学的に不明なこと，検査体制が整わないこと，安全性を競う自主基準の設定，販促のための「ベクレル競争」が始まったこと等から混乱が増した．とくに子どもをもつ，あるいはもちたい人々の不安が高まった．また海に汚染水を流したことから国際的な批判をあびることになった．

国は2012年4月から，長期的観点に立った放射性セシウムの新基準値を設定した．それは後述するコーデックス委員会の年間1ミリシーベルトを超えないという規準に従い，一般食品は100ベクレル/kg，乳児用食品と牛乳は50ベクレル/kg，飲料水は10ベクレル/kg とするものである．このこと自体が，「暫定基準値は一体何だったのか」「『ただちに』とは何を意味するか」を問いかけるものだが，その後も「ベクレル競争」は続き，農林水産省は自主規準の自粛を要請し，それに対する反発も高まった．

基準値の可否自体は科学的に検証されるべき問題だとしても，消費者とくに農業生産者は三重苦を負わされた．第1に，汚染地域では生産不可となる．第2に，基準値が引き下げられるほど，生産できない地域が広がる．政府は2km四方を目安に測定しているが，研究者等からは100m四方の汚染マップをつくるべきという声が強まっている．第3に，放射性物質が検出されなかったり基準値を下回る農産物まで，福島県産・日本産であるというだけで，売れない，業者が買い叩く，価格下落するという「風評被害」が，国内のみならず国際的にも広がり，それに悩まされた．

「風評」とは「ほんらい安全なもの」が「安全でない」とされることから発生するものとされているが，放射能被害には「閾値」（反応を引き起こす最小値）が存在しない．つまり「ほんらい安全」かどうかは不明で，実害と風評被

害のあいだに明確な線を引くことができない．そこから，共に被害者である生産者・消費者の対立が生じかねないが，それを避けるには，安全性の科学的解明，汚染状況の正確・詳細な情報にもとづく消費者・生産者等のコミュニケーション，それらを通じる国民の放射能リテラシーの取得が決定的に重要である．

食の安全対策の制度化

　食の安全性問題のグローバル化に対しては国際的な対応が必要だとされ，WTOは前述のSPS協定にもとづき，衛生植物検疫措置による「貿易に対する悪影響を最小限にするため」，国際的に同一規準で運用すべき（ハーモナイゼーション）とした．そして食品の国際的規準についての科学的判断はコーデックス委員会（CAC）にゆだねた．同委員会はWTO発足後に強大な力をもつに至ったが，そこにはMABの関係者が多数参加し，その利害を反映している．ようするに各国がそれぞれの独自性にもとづいて設けたバラバラな規準をハーモナイズすることにより，自由貿易のベースをつくり，農産物貿易をスムーズに拡大することがそれらの目的といえる．日本の食の安全対策も，すべてCACにもとづいて設計されている．

　SPS協定は，「科学的に正当な理由がある場合」にのみ，より高い保護水準を設定することができるとしている．また貿易相手国が「客観的に証明」した場合にはその規格・規準を受け入れるべきとする「同等性の原則」に立っており，輸入国が自国民の安全を守るために特別の措置をとることを制限している．

　このように各国の食の安全性は，WTO発足後は基本的にその国際基準に従わされるものとなっている．日本の残留農薬基準（1995年までに85農薬に設定），食品添加物（天然添加物も追認），食品の製造年月日表示の廃止と賞味期限表示の導入（1995年）等も，WTO発足にともなうものである．

　日本では前述のBSE問題をふまえて，CACに準拠して，2003年に「食品の安全性の確保」のための食品安全基本法が定められ，リスク・アナリシス（リスクの科学的分析）の制度化がはかられた．それが，リスク評価（Assessment），リスク管理（食品行政），リスク・コミュニケーション（情報の公開・交換）の3者である[36]．以下は制度の説明である．

　リスク評価は，「どの程度の確率で，どの程度の健康への影響が生じうるかを科学的に評価する」．すなわちリスク（危険の確率）とベネフィット（有用

性）とのバランスを考慮してリスク許容を判断するもので，食品行政から独立した機関におこなわせるのがポイントとされる．具体的には内閣府に食品安全委員会を置き，7名の委員と200名の専門調査員を配置し，13の専門調査会が設けられている（EUの欧州食品安全庁は，関係者をふくむ14名の理事，14名の科学委員会と125名の科学パネルで構成）．

リスク管理は，リスク評価にもとづいて農林水産省（市場に出るまでの工程の安全管理）と厚生労働省（食べものの安全管理）が担当する．

リスク・コミュニケーションは生産者・行政・消費者等の関係者がリスクに関する情報を交換・共有することとされ，人によっては最も重視すべきものとされる．

安全性の追求システム

具体的なシステムとしては，GAP（適正農業規範），HACCP（ハサップ，危害分析・重要管理点監視），トレーサビリティ（traceability，追跡可能性）等があげられる．

このうちハサップは「食品製造業における衛生・品質管理のため原料から製造過程にわたって発生の可能性のある危害を分析したうえで，特に重点的に管理すべき点について監視し，その結果を記録に残すことによって危害の発生を未然に防止する手法」[37]であり，アメリカで軍事目的で開発され，1993年にCACで導入が決められた．日本でも食肉製品，牛乳・乳製品からハサップ承認制度が開始されたが，普及が遅れているとされている．

ハサップは主として工場内工程の監視システムであり，工場に搬入される原材料（残留農薬，遺伝子組み換え作物等の化学的危害）のチェックは困難であり，また化学物質への対応が弱いとされている．それに対してトレーサビリティはフードシステムの全過程にわたり「食品等の生産や流通に関する履歴を遡って調査・確認することができる方式」であり，EUが「農場から食卓まで」のスローガンで率先追求し，それがCACに取り入れられた．日本では牛の個体識別番号制の導入が開始され，肉牛・牛肉・米・米製品について義務づけられた．

ハサップやトレーサビリティは，そもそもの安全性問題の初発を防止するものではない．問題が起こったときにその発生箇所を特定し，その影響範囲を特定して，商品の全品回収等を回避することで企業の損失を抑えつつ，次なる発

生を予防する措置である．

　食品の表示・規格をめぐっては，JAS（日本農林規格）法改正により，生鮮品の原産地表示，一部の農水産加工品の原材料と原産地（国）表示，遺伝子組み換え食品の表示（ただし遺伝子組み換え原料が5％以内のもの，加工段階で組み換え遺伝子やタンパク質が分解されてしまったもの，家畜飼料には表示義務なし），有機農産物の認証制度にもとづく「有機」の表示等が定められ，2001年度から適用されることになった．有機農産物の表示についてもCACのガイドラインに従ったもので，有機農産物の国際的な流通条件の整備と関連している．2009年には消費者庁が発足し，食品表示に関する業務を担当することになった．

　また残留農薬，食品添加物等については，日本は2005年にポジティブリスト制（使用してよい化学物質をリスト化し，リストにない物質の使用を禁じる制度．それに対してネガティブリスト制は，使用できない物質をリスト化するもの．通常はポジ制度のほうが厳しいとされる）が導入された．

食の安全性の確保

　以上はすべてWTOの協定あるいはCACにもとづいている．英語のタームだらけなのはそのためである．食品安全基準法は，そもそも「安全」とは何かを定義していないが，CACでは，「リスク」と関連づけられ，確率論的にとらえられる．つまり，「リスクゼロ」すなわち「絶対安全」はありえないとして，費用対効果（便益）の分析から社会的に許容可能なリスクの水準が特定され，それをもって「安全」とするわけである．

　しかし前提となる費用対効果分析の科学的データや実績は充分ではないとされ，また日本では食品リスクについて「確率の認識が見られない」とされている(38)．そもそも一人ひとりにとってかけがえのない健康や命を確率で処理されたらかなわないという国民意識を，いちがいに非科学的と退けるわけにはいかない．

　前述のようにSPS協定では「科学的証拠」なしには各国独自の基準を設けられないことになっているが，O-157やBSE等の原因，遺伝子組み換え作物，そして放射能の内部被ばく（汚染食品の摂取）の人体や生態系への長期的な影響は，いまだ「科学的に」解明されていない．今日の食品安全性問題の多くは，このような科学的証拠がないか，あるいは不充分な，未知の分野に属する．

　このような問題に対してEUは，「公衆衛生に対する危険の存在またはその

程度に関して不確実性がある場合には，当局は，それらの危険が現実に甚大なものであることがはっきりと明らかになるまで待つことなく，予防措置をとりうる」という予防原則に立っている(39)．しかるに先の SPS 協定は「科学」の名でこの「予防原則を骨抜きにするもの」(40)である．予防原則に立った安全性問題に対する各国の主権を国際的に確認する必要がある．

　またハサップやトレーサビリティは膨大な費用と手間を必要とし，加工流通過程が複雑な食肉など一部の食品への導入にとどまるか，さもなくば生産者サイドに過大な負担を強いるものになる．量販店チェーン等は，みずからの安全のために納入先にハサップ導入を要求しているが，中小メーカーを淘汰する競争手段にもなりかねず，導入にあたっては適切な国の助成措置等が必要である．また大量食中毒事件を起こした雪印工場は実はハサップの認証工場だった．ハサップとはそもそも，市場流通は規制緩和しながら工場内について企業の自主管理をルール化したものであり，その実施にあたる人間的要素（訓練，注意力，エラー）の問題が決定的となる．このようにヒューマン・エラーをどう防ぐかの問題もある．

　独立したリスク評価機関をつくることは大切だが，日本の食品安全委員会は少数の専門的科学者で構成することになっている．しかし予防原則に立てば，科学的検証だけでなく，EU のように生産者・消費者という食の当事者が加わった評価が必要である．また前述のリスク・コミュニケーションにあたっては，国民や利害関係団体の徹底した参加が欠かせない．

　以上，主として国内措置について見てきたが，前述のように21世紀の日本の食の安全性問題の多くは，実は輸入食品をめぐって起きている(41)．その意味では安全性を高める究極の方法は自給率の向上であるが，より直接的な対策として最重要なのは水際（国境）での輸入食品の検査体制の強化である．日本は，WTO 発足まではすべての輸入食品を検査対象としていたが，WTO 発足により食品衛生法を改正して，原則検査から原則自由・例外的検査に転換した．すなわち過去の事例等から必要とされるものだけ命令検査，行政検査をおこない，その他は届け出制として，モニタリング調査はおこなうが，食品はそのまま国内流通させることとしている．輸入食品の監視人員は，国の食品衛生監視員（2008年341人）と，国内流通しているものについての県の食品衛生監視員（700名）に限られている．食品衛生監視員は安全性確保には無力であるとして，

それに代わるハサップの導入が促進されているが，それも軽視の一因だろう．
　安全性の国際標準はすべて，市場メカニズムを前提に，市場の透明度を高めることで競争条件を整えることが目的だが，前述のようにハサップ等は食品のごく一部に適用されるものでしかない．それに対し日本では，市場を通じない産直，とくに「顔の見える産直」による安全性確保を追求してきた．
　しかるにその産直や，それに関わる生協等に，数々の安全性・偽装表示問題が発生した．産直が，生産者と消費者の直接取引という原点を忘れて，生協と農協の組織間取引，経営者・担当者（バイヤー）間の直接取引という閉鎖システムに変質し，その内部で商売優先になっていたことが，他業態もふくめた競争激化のなかで問題を引き起こしたといえる．また2008年に日本を震撼させた中国製冷凍ギョーザ事件は，生協のナショナルセンターである日生協が当事者であり，その低価格路線がもたらした一面がある．そういう大型産直ではなく，生産者・消費者グループの身のたけにあった直接取引を地域で再組織するとともに，それを組合員の内外に「開かれたシステム」にしていく必要がある．
　既存のフードシステムを飛び越して，地域の生産者と消費者を結ぶ動きは，日本のみならず「オールタナティブな流通」として世界の各地で追求されている．アメリカのCSA（地域に支援された農業）の宅配や「ファーマーズマーケット」（直売所），イタリアに始まった「スローフード」（地域の食材を使った料理をゆっくり楽しむ）運動も「地産地消」に通じる動きであり，また今や世界的に市街で食料を自給する「都市農業運動」が追求されている[42]．

食料主権の追求
　グローバリゼーション時代のフードシステムのもと，世界の食とその安全性は多国籍アグリビジネスや大規模流通資本（SMチェーン）に支配されている．そこでは人々の日常食の安定確保，自給力強化，食の安全性確保よりも，自由貿易優先のWTO原則が優位する．それに対置されるのが「食料主権」（food sovereignty）の考えかたである．そこには多彩な要求が盛り込まれているが，「いかなる主権国家も，自国の人々に対して安全な食料を充分に確保する措置を講じる主権を有している」と考えたい．食料主権は，途上国の農民運動組織「ヴィア・カンペシーナ」（農民の道）が提起し，いまや国際的な概念になり，エクアドル，マリ，ネパールでは国家政策目標になっている[43]．日本がWTO

農業交渉に際して2000年に提起した「多様な農業の共存」（→第6章4）も，それに通底する意味をもつ．食の安全性についても，一律の国際基準を機械的にあてはめるのではなく，それぞれの国・社会の特徴をふまえられるようにする必要がある．今日の農産物貿易は，WTOの「市場歪曲的でないこと」「増産刺激的でないこと」が原則となっているが，その原則を食料主権の尊重に置き換える必要がある．

　食料主権からすれば，輸出国の輸出制限を非難するのは妥当ではない．輸出国といえども，食料不足時にはまず自国民の食料を優先確保する食料主権をもつ．それに対置される輸入国の食料主権の主張は，輸入国の自給力を高める政策，そのための一定の国境措置の容認を，WTOに認めさせることである．関税を例外なくゼロにするTPPへの参加は，そのような努力の道をみずからふさぐものである．

注

(1) 田代洋一『混迷する農政　協同する地域』筑波書房，2009年，第1章．
(2) NHK食料危機取材班『ランドラッシュ』新潮社，2010年．
(3) FAO（国連食糧農業機関）（編），国際食糧農業協会（訳）『世界の食料・農業データブック』上下，農山漁村文化協会，1998年．FAOは，成人の栄養状態として，体格指数＝体重（kg）÷身長（m）÷身長（m）を用いて，18.5未満が栄養不足，25以上が肥満としている．
(4) スティーブン・デブロー（著），松井範惇（訳）『飢饉の理論』東洋経済新報社，1999年．
(5) アマルティア・セン（著），黒崎卓ほか（訳）『貧困と飢饉』岩波書店，2000年．
(6) ハリエット・フリードマン（著），渡辺雅男ほか（訳）『フード・レジーム』こぶし書房，2006年，I，II．
(7) 関下稔『日米貿易摩擦と食糧問題』同文館出版，1987年．
(8) ヴァンダナ・シヴァ（著），浜谷喜美子（訳）『緑の革命とその暴力』日本経済評論社，1997年．
(9) ラジ・パテル（著），佐久間智子（訳）『肥満と飢餓』作品社，2010年，第2章．
(10) 同上，第7章．
(11) 田代洋一『食料自給率を考える』筑波書房，2009年．
(12) 亜鉛の機能食品もある．特殊な病気等を除けば，普通に食事していれば微量要素をふくめ栄養不足になることはないとすれば，今日の機能食品ブームは食のゆがみの反映かもしれない．

(13) 並木正吉『欧米諸国の栄養政策』農山漁村文化協会，1999年．
(14) 時子山ひろみ『フードシステムの経済分析』日本評論社，1999年，序章．なお近代経済学は，このような食料消費の所得弾力性の低下から農産物過剰と農業問題を説くのが一般的である．
(15) たとえば世帯主20代の典型的な世帯をとれば，20代の夫婦と幼子からなるだろう．そこで近似的にこの値をもって，20代の食料消費支出と仮定してみた．実際には20代の夫婦と子どもの消費額を平均（場合によっては父母等もふくまれる）したものだから，それを20代の消費としたのではかなり薄められてしまうが，あくまで近似値としてみた．なお図示を2004年までとしたのは，29歳以下世帯の世帯員数に前後で断絶があるためである（2004年3.01人，2005年1.56人）．
(16) 森宏（編）『食料消費のコウホート分析』専修大学出版局，2001年．
(17) 荷見武敬ほか『学校給食を考える』日本経済評論社，1993年．大江正章『地域の力』岩波新書，2008年，第4章．
(18) スーザン・ジョージ（著），小南祐一郎ほか（訳）『なぜ世界の半分が飢えるのか』朝日新聞社，1980年，241ページ．
(19) 岩村暢子『変わる家族 変わる食卓』勁草書房，2003年．
(20) 新井ゆたか（編）『食品企業のグローバル戦略』ぎょうせい，2010年，第1章．
(21) 食の外部化率にはいろいろな計算方法があり，産業レベルの計算では2005年は42.7％とされている（外食産業総合調査研究センター）．アメリカについては「食品支出に占める外食費の割合」は2005年に48.5％とされる（S.マルティネス［著］，三石誠司［訳］「アメリカの食品マーケティング・システム：最近の変化（1997—2007年）」『のびゆく農業』第977～978号，農政調査委員会，2009年）．
(22) フードシステム学会より『フードシステム学全集』全8巻が2001年から刊行されている（農林統計協会）．フードシステム論はシステム論の一環をなすといえるが，システムとはいろいろな要素が有機的に相互関連しあいながら構成する1つの世界を指す．そこでは要素間の関係は一方的な因果関係としてではなく，要素間の双方向的な規定関係としてとらえられる．システム論は，端的にいってポスト冷戦体制下に支配的になった思考方法である．
(23) 高橋正郎（編）『食料経済』第4版，理工学社，2010年，139ページ．
(24) 多国籍アグリビジネスについては，S.マルチネス，前掲書，農業問題研究学会（編）『グローバル資本主義と農業』筑波書房，2008年，大塚茂ほか『現代の食とアグリビジネス』有斐閣，2004年，磯田宏『アメリカのアグリフードビジネス』日本経済評論社，2001年．
(25) L.P.シェルツほか（編），小西孝蔵ほか（監訳）『アメリカのフードシステム』日本経済評論社，1996年，第6章．

(26) 中野一新ほか『グローバリゼーションと国際農業市場』筑波書房，2001年，第1章（中野一新・執筆）．
(27) 同上，第6章（磯田宏・執筆）．
(28) 豊田隆『アグリビジネスの国際開発』農山漁村文化協会，2001年，150ページ．
(29) エリック・シュローサー（著），楡井浩一（訳）『ファストフードが世界を食いつくす』草思社，2001年，339ページ．本書はマクドナルドの行動をあますところなく明らかにしている．
(30) ラジ・パテル『肥満と飢餓』（前掲），第7章．
(31) 同上，291ページ．
(32) 新井ゆたか（編）『食品企業のグローバル戦略』（前掲）．
(33) 関根佳恵「多国籍アグリビジネスによる日本農業参入の新形態――ドール・ジャパンの国産野菜事業を事例として」（『歴史と経済』第193号，2006年）．
(34) 山口英昌（監修）『食の安全事典』旬報社，2009年．
(35) 矢吹寿秀ほか『「狂牛病」どう立ち向かうか』日本放送出版協会，2002年．なお政府調査委員会報告の概要は2001年版農業白書の巻末に収録されている．
(36) 新山陽子（編）『食品安全システムの実践理論』昭和堂，2004年，第1章（新山陽子・執筆）．以下の解説部分は同書に拠るところが大きい．
(37) 定義は2001年版農業白書による．ハサップについては，日本農業市場学会（編）『食品の安全性と品質表示』筑波書房，2001年，第8章（佐藤信・執筆）．アメリカにおけるハサップの実態については，エリック・シュローサー『ファストフードが世界を食いつくす』（前掲）．
(38) 新山陽子「リスクアナリシス」（小池恒男ほか（編）『キーワードで読みとく現代農業と食料・環境』昭和堂，2011年），同「食品安全のためのリスクの概念とリスク低減の枠組み」（『農業経済研究』84巻2号，2012年）．
(39) 欧州裁判所の判決による．中嶋康博『食品安全問題の経済分析』日本経済評論社，2004年，第4章．予防原則については，ジャン・マリー・ペルト（著），ベカエール直美（訳）『遺伝子組み換え食品は安全か？』工作舎，1999年も参照．
(40) パブリック・シティズンほか（著），ラルフ・ネーダー（監修），海外市民活動情報センター（監訳）『誰のためのWTOか？』緑風出版，2001年，88ページ．
(41) 小倉正行『輸入大国日本・変貌する食品検疫』合同出版，1998年．山口，前掲書，第I部第4章．
(42) ラジ・パテル『肥満と飢餓』（前掲），第9章．島村菜津『スローフードな人生！』新潮社，2000年．梶井功（編）『「農」を論ず』農林統計協会，2011年，第2章（田代洋一・執筆）．
(43) 村田武（編）『食料主権のグランドデザイン』農山漁村文化協会，2011年．

第8章　農産物価格・直接支払い政策

　雇用者は会社から支払われる賃金で生活する．雇われ人でない農家，家内工業者，商店主等の自営業者は，自分が所有する生産手段を用いて農産物等を生産し，その販売価格から所得を確保して生活する．したがって農家にとっては，農産物価格の水準，価格政策の如何(いかん)が死活問題になる．20世紀の農業問題・農業政策は価格が中心テーマだった．借地の場合の地代も，価格から支払われるので，価格が決定的である．

　しかるにグローバル化時代には，価格は自由な国際競争にゆだね，そこで形成された国際価格水準では農家が生活できない場合には，政府が農家に直接に所得を支払う直接支払い政策が，農政の国際標準になった．そのことは農業問題の様相を大きく変えた．

　本章では，農産物価格政策の展開，その直接支払い政策への移行，そして直接支払い政策は万能かといった点を考える．日本については米価を中心に見ていく．

1　農産物価格の理論と政策

農産物価格の理論

　第1・2章で，農業の産業としての独自性を，土地生産と家族経営の点にみた．この2点が，工業製品とは異なる農産物の価格形成の独自性をもたらす．

　どの国でも資本主義の成立にあたっては，国内で労働者のための食料を確保することが大前提になる．そこでひとまず外国貿易がないものとして，国内で供給確保できる価格形成のありかたを考える．

　工業では，自由競争の条件下では，カネ（資本）さえもっていれば最新の生産条件（機械・技術）を採用できるから，新技術の採用をめぐる自由競争の結

果，生産条件は平準化していく．そこでは価格は，平均的な生産条件の経営の〈物財費＋賃金＋平均利潤〉の水準に決まる（平均原理）．「物財費」は，原材料費や，耐久的な機械等の年々の減価償却額からなる．「賃金」は労働者への支払賃金である．「平均利潤」は，投下資本額×平均利潤率である．平均利潤率は，資本がより多くの利潤を求めて産業間を移動することにより形成される．

それに対して家族経営は，利潤が得られなくても，賃金相当額さえ得られれば生活していける．もちろん家族経営も賃金部分を超える儲け（利潤）が欲しいが，その欲望をかなえるには，工業部門に移っても操業可能な最低必要資本量を確保しているという客観的条件が必要である．それがなければ農産物価格は平均的経営の〈物財費＋賃金〉の水準に決まらざるをえない．

ここで問題になるのは「賃金」の部分である．家族経営は賃金を実際にやりとりするわけではないから，その意味での客観的な水準はない．そこで賃金相当額は，農業者が現実的に転職可能な産業部門で成立している賃金水準との関係で決まる．もしも農業が儲からず，かつ他産業に転職可能なら，農業者がみんな転職してしまい，農産物供給が減少し，需給関係から，他産業並みの賃金を確保できる水準まで農産物価格が上昇するからである．逆に農業の儲けが大きければ参入が増え，儲けがなくなる水準まで価格は下がる．

現実には，肉体労働に従事してきた中高年の農家労働力が移行できるのは，せいぜい日雇い・パート的な労働市場だろう．日本では高度成長期の土建日雇賃金がその典型だった（180ページの図8-3の臨時的賃労働の賃金）．そうだとすると農産物価格＝平均経営の〈物財費＋日雇い賃金〉にならざるをえない．高度経済成長期には，農業と土建日雇市場のあいだを行き来する，専業下限からⅠ兼上層の「流動的就業階層」が価格規定層になった．

さらに農業には，土地を主要な生産手段とするという独自性がある．自然に規定される土地条件の差は，ある一定の技術水準では平準化困難で，土地が肥えているかどうかで10aあたり収量差（豊度差）が残る．

このように土地条件に差があるとき，10aあたり収量がより低い土地まで耕作しないと国民的需要量を満たせない場合には，その最低収量の土地（限界地）の経営にも賃金相当額を保障する必要がある．そこで農産物価格は限界地の平均経営の〈物財費＋賃金〉水準に定まる．工業の価格が平均的条件で決まる（平均原理）のに対して，農業は限界地で決まる（限界原理）．

ここで2点，留意する必要がある．1つは「賃金」水準で，それは前述のように，その時々の労働市場のありかたや，農業者の産業間・労働市場間の移動可能性により決まる．もう1つは，限界地は固定的ではなく，国民的需要量の大小に応じて移動する．より収量の低い農地がなったり，より収量の高い農地のみが耕作され，より劣等な農地は耕作圏外に据え置かれることもある．このように，耕作圏内に引き入れられる土地面積量により，農産物の需給が調整される．

次に地代（小作料）について説明する．ある一定時点での限界地の収量が10aあたり400kgで，この限界地でのkgあたりの〈物財費＋賃金〉＝農産物価格がA円だとする．その場合に，10aあたり500kgとれる優等地の経営には，収量差$(500-400) \times A = 100A$だけのプラス（剰余）が生じる．これが地代の源泉である．$100A$は優等地の経営者がその農地の所有者（自作農）であれば，自分のポケットに入れることができる．彼は賃金部分と地代部分をあわせた混合所得で生活できる（地代ぐるみの生活）．経営者が農地を借りている場合には，この部分は地代として地主に支払われる．それを収量差にもとづく地代という意味で「差額地代」と呼ぶ[1]．

地べたに張りついて生業を営む農家は，簡単に土地を離れて移住できないし，農地は相続により継承されることが多いから，それぞれの家族経営が利用する優等地と劣等地の差はなかなか解消されない．ぼんくら息子もオヤジから優等地を相続すればそのかぎりで有利になるが，優等地にあぐらをかいていれば遅れをとる．自作農間の自由競争は，土地条件によるバイアスをともなう．

国境政策

次に，外国貿易を入れたらどうなるか．単純化して，農産物が完全に自由貿易されているとすれば，国際価格は世界の限界地の〈物財費＋賃金〉で決まることになる．

しかし現実の事態はそう簡単ではない．農業はそれぞれの国の自然的歴史的条件によって生産条件が大きく異なるが，農地という生産手段は輸出入ができず，技術移転も困難なので，結果的に生産条件の平準化はできない（各国農業の多様性）．また農民層が最大の勤労階層をなしているために，自由貿易で国際水準まで価格を引き下げるのは政治的にむずかしい．あれやこれやで各国は，国境で，外国からの安い農産物の流入を制限しようとする．

これが国境（保護）政策である．そこには関税政策と非関税措置がある．

関税政策は，第2章2で見たように，19世紀末農業恐慌を通じて一般化した伝統的な農業政策である．

非関税措置は各種の国内法やガットの例外規定，国家貿易等による，輸入の禁止や数量制限である．戦後世界はガットを通じて非関税措置を取り払うこと（これを「自由化」と呼ぶ）を追求してきたが，それは工業部門にとどまり，農業は「聖域」だった．その「聖域」に手をつけたのが，第6章で見たガットのウルグアイ・ラウンド（UR）であり，1995年からのWTO体制下で，農産物についても，まず非関税障壁を撤廃して関税に置き換え（包括的関税化），次の段階ではその関税を引き下げようとする．その交渉が2000年から継続中だが，なかなかうまくいかないのでFTAへの切り替えが起こり，日本はTPPに当面していることは第6章4で述べた．国境措置を取り払えば，国内での価格政策の有効性は著しくせばまることになる．

また輸出入価格の水準は為替相場により決まるが，とくに変動相場制下では為替相場による価格変動が激しい．

価格政策の2類型

国境政策は，国境の外から安い農産物が入ってきて農産物価格を引き下げることをくい止めるには有効だが，国内の農産物過剰による価格下落には有効ではない．農産物は生活必需品であり，価格が下がれば需要がどんどん増えるというものではない．また農家は価格が下がったからといってただちに生産を縮小・廃止するわけにもいかない．つまり家族経営農業では，発生した過剰を価格変動を通じて解消するという市場メカニズムが働きにくい．加えて，高収量品種や農業機械が開発されるなどで，第2章2で見たように1920年代末から世界的な農産物の過剰生産恐慌にみまわれた．国内で発生した過剰には関税政策は無効なので，新たに価格政策が採用されることになる．

価格政策には2つの類型がある．両者を類型化して示すと図8-1のごとくである．

第1は，アングロサクソン型である．自由貿易・自由市場を前提として，国内市場価格は国際価格の水準に形成される．その価格水準では国内農家の再生産がおぼつかない場合は，政府が，生産費と市場価格の差額（不足）を農家に

図8-1　価格・所得政策の2類型

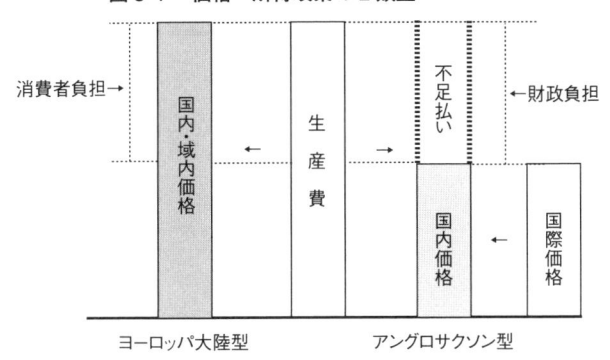

```
消費者負担→　国内・域内価格　←　生産費　→　不足払い　←財政負担
　　　　　　　　　　　　　　　　　　　　　国内価格　←　国際価格
　　　　　　ヨーロッパ大陸型　　　　　　　　アングロサクソン型
```

「不足払い」(deficiency payment) する．これは自由貿易の祖国・イギリスが採用し，1970年代にアメリカが引き継いだ方式なので，「アングロサクソン型」としたい．輸出国型といってもよい．消費者は安い国際価格を享受できるが，国家が不足払いするぶんは財政負担（税負担）になるので，「財政負担型」の政策とされる．

第2は，**ヨーロッパ大陸型**である．輸入を制限して，域内の生産費にもとづいて国内・域内の市場価格を形成する．戦後，食料が不足したヨーロッパは，この方式で自給率の向上に努めた．高い域内価格と安い国際価格の差額は消費者が負担するので，「消費者負担型」と呼ばれる．食管制度下の日本も，いちおうはこの型に入る．輸入国型・農業保護型の価格政策である．ここでは輸入制限のしくみがポイントである．

アメリカの価格支持融資制度

アメリカは，1933年農業調整法で本格的な価格政策を開始した．それが価格支持融資制度による最低価格保障だった．当時，農産物の過剰生産恐慌に悩んでいたアメリカは，生産調整政策（セットアサイド）への参加を条件に価格支持政策を講じた(2)．

まず価格支持水準として融資単価（ローンレート）を決定する．農家は国家機関であるCCC（商品金融公社）に対して，自分の農産物を担保に入れて，融資単価で9ヵ月の融資を受ける．そして農産物の市場価格が融資単価を上回るようになった場合には，CCCから農産物を引き出して市場で売却し，その

代金から借金を返し，差額をポケットに入れる．
　逆に市場価格が融資単価を下回った場合には，農家は農産物をCCCに融資単価で売却し（担保流れ），借金を返済したことにする．こうして農家にとっては，融資単価が最低価格保障の機能を果たすわけである（192ページの図8-7のA）．融資単価の水準は，その時代時代の需給事情によって変化する．アメリカの戦後の食糧援助にはこのCCC在庫が用いられ，1960年代からの商業輸出の販路を開拓した．
　1973年の食糧危機以降，アメリカ農業は「黄金の70年代」をむかえ，農業の輸出産業化がなされたが，それを支えたのは1973年からの「不足払い制度」である．生産費にもとづく目標価格を設定し，融資単価あるいは市場価格のうち高いほうと目標価格との差額を，国が不足払いする（図8-7のB＋Cの部分）．農民は安い国際価格並みで販売しても目標価格を保障されるから，不足払いは農民保護と輸出補助金の役割を果たすことになる．
　さらに，アメリカの農産物がドル高や単作化による品質劣化で国際競争力と市場シェアを落とすなかで，1985年農業法で，輸出競争力の劣る米や綿花について，国際価格が融資単価を下回った場合には，新たに国際価格水準の「融資返済単価」を設け，農民が融資単価で借りた借金は，融資単価ではなく，それより低い融資返済単価＝国際価格で返せばよいという「マーケティング・ローン」制度を設けた．結局のところ，農家は〈目標価格－融資返済単価〉の政府助成（財政負担）を受けることになり，その総額は農家手取価格の7割にもおよんだ．きわめて手厚い農民保護＝輸出補助政策であり，綿花については後にWTO農業協定に反するとしてブラジルに提訴され，敗訴することになった（2005年）．

ECの可変課徴金制度

　戦後のヨーロッパは，世界の食糧最不足地域としてアメリカの食糧援助を受けつつ経済復興をはかり，さらにECの発足にあたっては域内自給率の目標を70％に定めて向上に励み，1962年からはCAP（共通農業政策）を採用した．その国境・価格政策は図8-2のとおりである．
　①域内の穀物最不足地域デュイスブルクの卸売市場価格にもとづいて**指標価格**を定める．指標価格は，効率的な経営の生産費をほぼ反映しているとされて

図8-2 ECにおける穀物の価格・市場制度

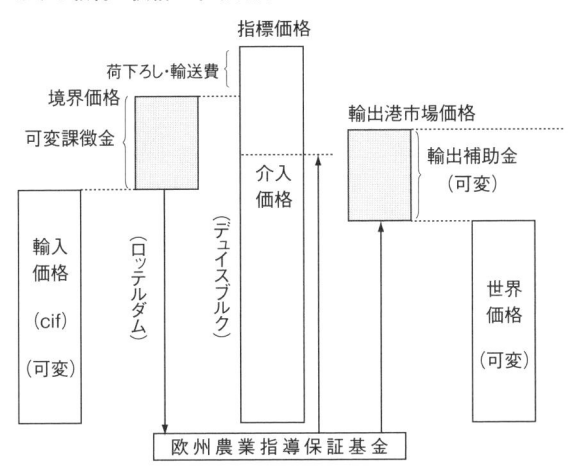

（図中の要素：指標価格、荷下ろし・輸送費、境界価格、可変課徴金、輸入価格(cif)(可変)、（ロッテルダム）、（デュイスブルク）、介入価格、輸出港市場価格、輸出補助金(可変)、世界価格(可変)、欧州農業指導保証基金）

注．磯辺俊彦ほか（編）『日本農業論』新版，有斐閣，1993年，第11章第2節（津守英夫・執筆）による．

いる．②指標価格を基準に**介入価格**が決められ，市場価格が介入価格を下回ると介入機関が介入価格で無制限買い入れをおこなう．すなわち介入価格は農家にとって最低価格保障の水準になる．③同じく指標価格から代表的な輸出港ロッテルダムまでの輸送費等を差し引いた**境界価格**を設定する．この境界価格と輸入（国際）価格の差額は**可変課徴金**としてEC当局が輸入業者から徴収する．したがって輸入農産物は，境界価格以下の価格では域内に流入しない．④プールされた課徴金は輸出補助金に使用される．

この制度の最大の特徴は，境界価格・可変課徴金による国境保護と，介入価格による域内価格支持が，生産費にもとづく指標価格のもとに統合されている点である．アメリカは，可変課徴金は輸入制限でありガット違反だとしたが，ECは，課徴金は関税の一種であり，国際価格が境界価格を上回れば自由に輸入されるので，ガット違反ではないと主張し，対立はURに持ち込まれた．

このような自給率向上政策の成果として，1970年代末にECは輸出地域に転じるが，それとともに矛盾を深めることになる．すなわち課徴金収入が減り，輸出補助金支出が増え，その差額は付加価値税等で補てんせざるをえなくなり，消費者は国際価格との差額の負担と輸出補助金負担の，二重の負担を強いられることになる．

2　食管制度——1990年代なかばまで

日本の農産物価格政策

　日本ではほとんどの作目がなんらかの価格政策の対象となっていたが，金額的に米以外のウェイトは小さく，農業関係予算の価格政策に占める「米麦管理制度の運営等」の割合は，1960～80年には9～8割を占め，1980年代後半も7割台，1990年代に入って6割台になったが，なお過半を占めていた（1999年度66％）．

　米は1960年当時でも日本人のカロリーの48％をまかなっていた．2009年でも23％で単独首位である．おそらく単品から4分の1近いカロリーを摂取する民族は他にいないだろう．また米は，九州から北海道まで，平野部から中山間地域までの普遍的作目になっている．

　前章で指摘したように，日本は具体的な食料安全保障政策をもっていなかった．その代わりを果たしたのが，消費者にとっても生産者にとっても最大の関心事である米を国家管理する，食糧管理制度だったのである．そこで日本の価格政策を米・食管制度に代表させて見ていく．

食管制度の原型

　米は，戦前は地主制下で自由流通だった．そこでの価格変動を抑えるために，1922年米穀法，1933年米穀統制法で一定の措置がとられたが，いずれも財政的な制約のもとで有効ではなかった．そこで太平洋戦争が始まった翌年の1942年に食糧管理法（以下「食管法」）が制定された．食管法は戦後も食糧難が継続するなかで引き継がれ，1995年の食糧法制定に至るまで，50年あまりの長きにわたって存続した(3)．

　食管法の原型は，①農家が生産した米の全量（農家の飯米を除く）の政府売渡義務，その反射としての政府の全量買入，②生産者の再生産を確保するために政府が農協等を通じて高く買い上げ，消費者の家計の安定のために卸売業者に安く売り渡す二重米価制，③農家から消費者に至る全流通ルートを国が特定する，④国家（食糧庁）が米貿易を独占的におこなう独占国家貿易，の4点である．①が基本で，その他は①を保証するための措置である．

食管制度は，国民の主食が不足するもとで，それを最も確実に確保し，公平に分配するシステムだった．しかしそれは，米が社会主義的ともいえる国家統制物資（特殊な商品）として市場経済のただなかに置かれることを意味し，米の過剰化とともに国家統制と自由市場との矛盾を露呈することになる．

生産費・所得補償方式の登場

　第3章3に見たように，戦後の食糧増産政策が打ち切られると米価は据え置きになり，農家経済は折からの高度成長に遅れをとることになった．そこで農工間の所得格差の是正を掲げる基本法農政の事実上の柱として，政府買入米価の算定における生産費・所得補償方式が登場した．

　それは，①生産費にもとづいて政府買入米価を決め，生産費＝米価は〈10aあたり生産費/10aあたり収量〉で求める．② 10aあたり収量としては，農家の努力では変えられない土地条件による低収量に配慮し，〈平均単収－1標準偏差〉を基準とする(4)，③生産費の算定にあたっては，統計では農村臨時雇賃金で評価されている労働費を都市均衡労賃（都市労働者に支払われる賃金）で評価替えする，というものである．①②が生産費方式，③が所得補償方式にあたるわけである．

　①は大陸型価格政策の日本版だが，需給動向にかかわらず価格を決定する方式でもあり，したがって本来であれば別途に需給調整政策をともなう必要があるが，ヨーロッパも日本も戦後の食料不足のもとではその必要を感じなかった．

　②は本章1で見た限界原理をそれなりにふまえた価格決定といえる．しかし限界地そのものが本来的に地域固定的ではなく，かつ実務的にもその把握はむずかしい．その難点を避けるために「標準偏差」という統計的処理をしたために，現実にはそれ以下の低反収地の生産費をカバーしないことになり，そこでは，都市均衡労賃での評価替えによっても，現実には農村日雇賃金並みの所得しか実現しなかったとされる(5)．

　生産費・所得補償方式は，労働者の賃金上昇に連動して米価が引き上げられる方式であり，労働者の春闘と農民の米価運動のもとで，1961～67年には年単純平均で9.4％もの上昇を見た．また図8-3に見るように，1日あたりでは製造業500人以上規模を上回る所得水準を実現できた．兼業農家が多数を占める稲作の実態からすれば「500人以上規模」への均衡は経済法則から外れる

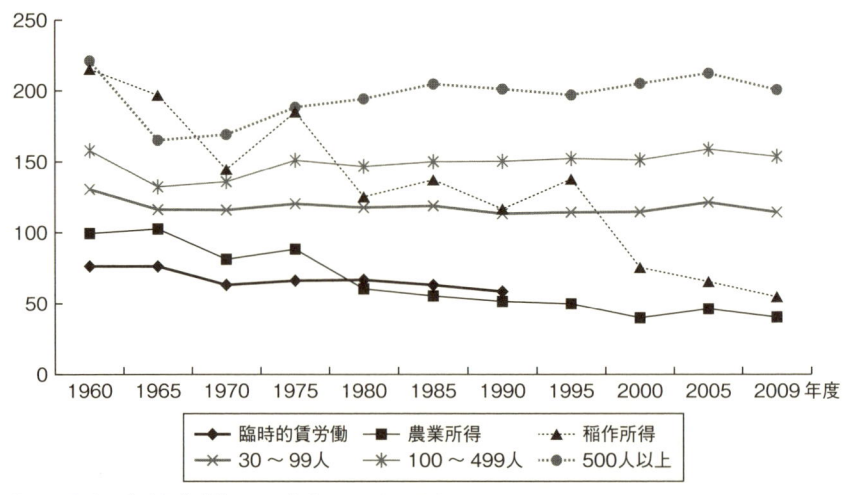

図8-3　1日あたりの賃金・所得格差（製造業5～29人＝100）

凡例：
- ◆ 臨時的賃労働
- ■ 農業所得
- ▲ 稲作所得
- ※ 30～99人
- ＊ 100～499人
- ● 500人以上

注1．農家の臨時的賃労働は1993年までしかわからない．
2．原資料は農水省「農家経済調査」「農業経済統計調査」，厚生労働省「毎月勤労統計調査」．
3．農水省『農業白書　付属統計表』『食料・農業・農村白書　参考統計表』による．

「高」米価だった．

制度そのものが需給関係と切り離され，そのもとで「高」米価が維持されたことが，次の過剰問題を生む一因になった．

米過剰の発生と過剰対策

国民の1人あたり米消費は昭和に入るとともに減りだし，戦中・戦後の攪乱期を経て，戦後は1962年の118kgをピークにふたたび減少傾向をたどることになる（2009年65kg，供給純食料──可食部分──では58.5kg）．それに対して供給のほうは，前述の「高」米価の刺激を受けて，稲作面積が1960年代に差し引き60万haも増大し，さらに多収品種の育種と集団栽培による単収増が追求された．そして10aあたり単収が400kg台から450kg台に飛躍的に上昇した1966年から67年にかけて，ついに米の単年度過剰が発生し，米穀年度（11月～10月）末における持越在庫は，たちまち1969年553万t，1970年720万t（同年需要量の60％相当）と跳ね上がった．それにともなって食管特別会計の赤字がかさみ，政府の一般会計から食管会計への繰入額は，農林水産関係予算の40％前

後にまでふくれあがった.

　米過剰は，現象的には以上の需給のミスマッチだが，その背後には，①前述のように食管法のシステム自体に需給調整機能が内蔵されていない．②水田農業は畑作のようにいろいろな作物を植えられる汎用性に乏しく，かつ兼業農家に支えられていることにより，転作がむずかしい．③規模が小さくコスト高なので，過剰農産物の輸出力に欠ける．④それでも輸出・援助にまわそうとすると，自国の農産物輸出が第一のアメリカの猛反対を受ける，といった制度的構造的要因があった.

　このような八方ふさがりのなかで，過剰米はすべて政府在庫として累積し，食管赤字をふくらまし，政府にとってはその解消が至上命令になる．そこで政府は，①米価抑制，②自主流通米制度の発足，③生産調整，の3つの過剰対策を講じた.

　①は市場メカニズムによる過剰抑制策であり，先の政府米価算定式の分母の単収を1970年からは〈平均単収〉に差し替えた．工業と同じ平均原理の採用である．また後には，需給関係を反映しない生産費・所得補償方式の欠陥を是正する名目で，全販売農家の生産費ではなく，生産費の低いほうの農家の生産量から累積していって需要を満たす必要量までの農家だけの平均生産費をとる工夫もなされた（1978年，83年）.

　ミクロ経済学的には，過剰になれば価格が下がり，これまでの限界地が耕作圏外にはじき出されることにより需給均衡が達成されることになっている．しかし現実には，兼業農家は，米価が下落しても兼業収入で生活できるので生産を続行するし，専業農家も，転作したほうが有利な価格条件等がなければ稲作を継続せざるをえない．また政府米価の引き下げは，自民党が米作農村を選挙地盤にしてきただけに，政治的にもむずかしかった.

　そこで価格政策の代替として登場するのが，③の生産調整政策である．それは市場メカニズム的な処理のむずかしい米過剰を，政策的・物理的に切り捨てる政策である.

　米不足のもとでは誰も米のうまいまずいを言わなかったが，過剰下では「うまい米」でないと売れなくなり，米の品質が問われる．そこで高品質米を生産する農家が政府管理を離れて自由に売るようになったら生産調整は成り立たなくなるので，高品質米までふくめて米の全量を政府管理のもとに置くために，

1969年に②の「自主流通米制度」が発足する(6).

これまで米不足を背景に価格交渉力を発揮してきた農協系統は,過剰の発生によりそれを失う危機に直面した.米の官製共販組織(食管制度の枠内での共同販売)としての農協が最も恐れたのは,政府による米の買入制限だった.それは農協の米の販路を閉ざし,自由米の発生により農協の販売独占を突き崩す.そこで農協系統は「食管制度を堅持する」という名目で,買入制限を回避するために生産調整と自主流通米制度を受け入れた.

にもかかわらず1970年から買入制限が導入され,以降の農協系統は「食管制度の根幹を守る」とスローガンを変えつつ,米価維持政策としての生産調整政策に全面的に協力していくことになる.

自主流通米と自由米

自主流通米とは,政府の建前としては,政府管理下からは外さないが,例外的に政府による直接買い入れを免除し,農協組織等が政府を通さずに直接に卸に販売できる米という位置づけである.自主流通米の価格は,全農(農協系統の全国組織)と卸の相対取引で,通年価格として決められる.

こうして米の流通は,政府米と自主流通米に二元化した.そのもとで,同品質の米が,政府米,自主流通米の両方のかたちで流通することになるが,政府米のほうには「売買逆ざや」(政府が農家から高く買って,卸に安く売る差額分)という実質的な助成がつくので,自主流通米はそれだけハンディキャップをもつことになる.そこで過渡的に,自主流通米助成の措置がとられた.

自主流通米のもう1つの競争相手は,自由米(農協を通じないで,食管制度の枠外で売られる米で,「やみ米」と呼ばれていた.農家が業者や消費者に直接に販売する米だが,農家の手を離れたあとも特定された流通ルートを外れるかたちで発生しうる)である.農家にとっては,政府米の売買逆ざやが大きいと自由米の魅力は乏しい.なぜなら政府には売買逆ざや分だけ高く売れるからである.逆に売買逆ざやが小さくなるほど自由米への誘惑は強まり,売買逆ざやが解消されればそれは決定的になる.

自主流通米も,政府米の売買逆ざやが小さいほど,政府米に対して有利になる.かくして自主流通米は,みずからの有利販売のためには売買逆ざやの縮小,政府買入米価の抑制を必要とするわけで,そのことが同時に自由米の増大をと

図 8-4　米の政府買入数量等と自由米

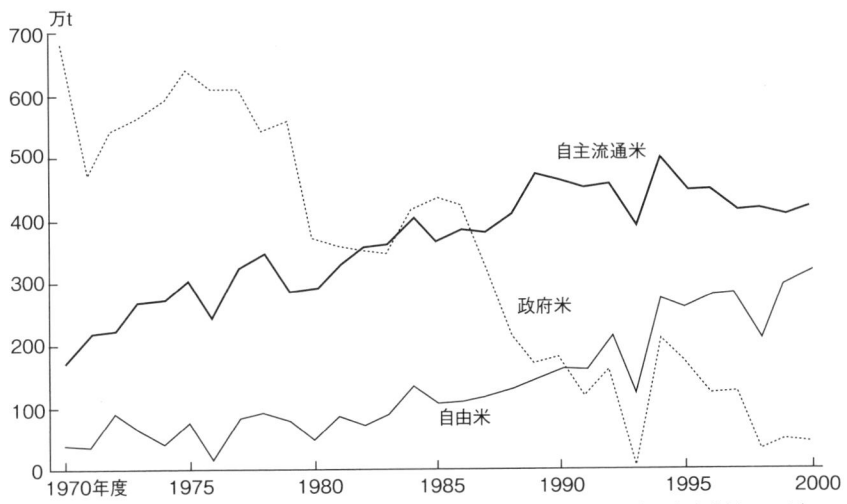

注 1. 1988年までの自由米=〈生産量-政府米-自主流通米-翌米穀年度の生産者の米消費量-53万t〉．
　　53万tは，食糧庁データによる1989～2000年のくず米・減耗の平均値をとった．1989年以降の自由米は食糧庁データによる．
　 2. 政府米と自主流通米は食糧庁『米価に関する資料』の「政府買入数量等」の数値を用いた．

図 8-5　米の農家販売価格（玄米うるち1等程度．60kgあたり．全国）

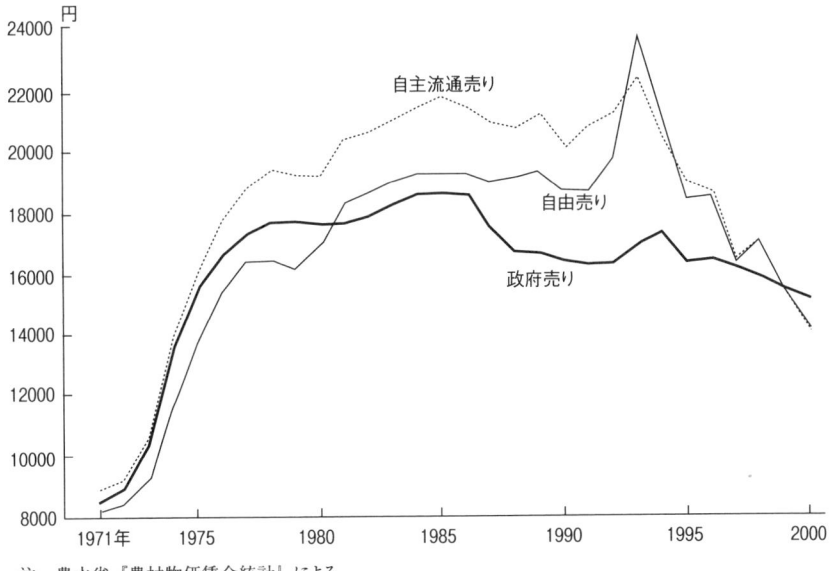

注．農水省『農村物価賃金統計』による．

もなうという矛盾に満ちた存在となり，食管制度を内部から掘り崩していく鬼子となった．

時期別の流通・価格動向

実際の価格，流通，生産調整の状況を見たのが図8-4，8-5，表8-1である．以下，3つの時期に分けて見ていく．

●第Ⅰ期（1970年代前半）

政府米価と自主流通米価格に差はなく，政府米が3分の2を占め，価格規定的だった．流通助成に支えられて自主流通米が伸びていくが，自由米は横ばいだった．生産調整は50万 ha 前後で，まだ相対的に少なく，休耕が半分弱を占めた．

1972・73年に世界的食糧危機が起こり，日本でも「農業見なおし論」が論議され，生産調整政策は出足をくじかれた．オイル・ショックによる狂乱物価，農業資材の高騰を受けて，農協は青年部を中心に，米の農協倉庫からの出庫拒否など激しい米価「闘争」を展開した．しかし，農協系統幹部はそれを行き過ぎとして，以降は大衆動員型の米価「闘争」ではなく，政府と農協幹部の密室交渉に切り替えた．過剰のもとで客観的にも価格交渉力を削がれていた農協は，交渉力の運動的バックアップをみずから放棄したことになる．

図8-3に見るように，稲作所得は，米過剰・米価抑制とともに，製造業500人以上規模から30〜99人規模に急落したが，その後の狂乱物価と米価「闘争」で回復するなど乱高下した．

●第Ⅱ期（1970年代後半〜80年代前半）

1976年に政府自民党は「5年間で売買逆ざや解消」の方針を掲げ，政府米価は抑制に転じ，高品質米のウェイトを増して価格形成力をつけてきた自主流通米との価格差が開きだした．政府米価は，米の価格規定機能から，価格の底支え機能に後退した．それにともない政府米の減少と自主流通米の増大が顕著になり，この期末には両者が伯仲するに至った．自由米も増大し，政府米は少数派になった．

前述のように政府米価は下落に向かったが，自主流通米価格も下落傾向にあ

り，稲作所得は製造業30〜99人規模のそれに落ち，農業所得はついに農村日雇賃金（農家の臨時的賃労働の賃金）を恒常的に下回るに至った（図8-3）．

　1980年には財界シンクタンクが「食管制度の抜本的改正」を発表し，政府米を200万tに限定し，それ以外は自由流通にして東京・大阪に米市場を開設する「部分管理論」を打ち出し，これにより食管論議が本格化した．1981年に政府の第二次臨時行政調査会は，政府米の売買逆ざやの解消や，転作奨励金依存からの脱却を答申した．これらを受けて1981年には，規制緩和による自由米の取り込みをねらった食管法改正がおこなわれたが，以上の流通条件があるかぎり，その効力は限定的だった．

● 第III期（1980年代後半〜90年代前半）

　政府は1987年に31年ぶりに米価引き下げを断行し，売買逆ざやが解消され，順ざや（安く買って高く売る）に転じ，以降，政府米価は下落傾向に向かい，自主流通米等との価格差が開き，量的にも激減していく．

　政府米価の引き下げは「構造政策のための価格政策」の追求としてもなされた．すなわち政府米価の算定に用いられる平均生産費を，1.5ha以上の水稲作付け農家の平均にするとか，各農業地域の平均生産費以下の農家の平均にするとかの「工夫」がなされた．こうして「担い手経営」の採算を基準にとることで育成をはかろうとしたが，米価引き下げで先に参ってしまうのは，零細兼業農家よりも，農業専業で飯を食っている担い手農家のほうだった．

　稲作所得は一時回復したものの，ふたたび製造業30〜99人規模の水準に落ち，農業所得は5〜29人規模の半分の水準まで下がった．

　政府米価の引き下げで，自主流通米と自由米の流通条件が整い，自主流通米は6割を超えるに至った．この時点で，事実上，政府米を軸に米流通を国家管理する食管法システムの命脈は尽きた．しかしその廃止は，社会的統合策としての食管制度をなお必要とする状況下では政治的に困難であり，以降の食管制度は迷走状態に入る．

　政府米価は価格規定的な位置を失い，代わって過半を占める自主流通米の価格を決める独自のシステムが求められ，1990年には入札取引により価格決定する自主流通米価格形成機構が設けられる．折からガットURで米自由化問題が日米の焦点になっており，米自由化に備えるために，まずもって国内市場の自

表8-1 米の生産調整政策の推移

政策の名称	期間	目標面積 (千ha)	実績/ 水田面積 (%)	転作/実績 (%)	奨励・助成 金/10a (円)	左の基準年
①稲作転換対策	1971～75年	547～224	17.2	51.2	32,185	1973年
②水田総合利用対策	76～77	215～215	6.8	90.6	44,317	77
③水田利用再編対策(1期)	78～80	391～535	15.3	87.9	60,477	79
(2期)	81～83	631～600	22.3	88.7	53,737	82
(3期)	84～86	600～600	20.1	80.8	40,260	85
④水田農業確立対策(前期)	87～89	770～770	27.5	75.3	23,257	88
(後期)	90～92	830～700	30.2	68.9	18,703	91
⑤水田営農活性化対策	93～95	676～680	21.3	59.8	11,294	94
⑥新生産調整政策	96～97	787～787	29.5	66.4	19,401	97
⑦緊急生産調整政策	98～99	963	36.1	56.4	12,890	99
⑧水田農業経営確立対策	2000～03	963～1010	36.7	58.1	19,120	2000

注. 農水省資料による.

由化が追求されたわけである.

生産調整政策

生産調整政策については，いろいろな解釈や位置づけがなされているが(7)，価格の需給調整メカニズムが働かないもとでは，米過剰を切り捨て，財政負担を軽減する唯一の切り札であり，農協系統からすれば潜在的過剰下で米価を維持する唯一の手段だった．食管制度下の生産調整政策は法的裏づけを欠くとされたが，そもそも食管制度が，国が米を全量管理することを義務づけている以上，米の生産調整もまた国の制度的・政策的責任に属するわけで，生産調整政策は以降の農政の中核（難問）になった．

冒頭に見た価格論からすれば，米生産調整は，国民需要量を超える限界地を切り捨てれば足りるが，現実にはそうはならない．米は前述のように日本の地域・農家にとって普遍的作物であり，生産の地域分担が困難である．また過剰下では量的な単収よりも品質や売れる米が重視され，米にも青果物並みの価格差が生じているもとでは，うまい米のできる中山間地域のように低収量・高生産費の地域が必ずしも「劣等地」ではなくなる．かくして生産調整は，全国的に地域ぐるみで遂行される必要が生じる．

表8-1に食管法下の生産調整政策の推移を示しておいた．

表の①は前項の第I期にあたり，「減反」（水稲作付反別を減らすこと）とも

称され，過剰は一過性だという認識のもとに，緊急避難的に，休耕を主体とした政策が講じられた．米をつくらなければ 10a あたり 3 万円強の奨励金が支給されるという政策は，それまで増産一途に励んできた日本の稲作農家に冷水をあびせるものであり，その生産意欲を奥深いところでむしばみ，日本農業の根本的な転換点となった．

　生産調整により在庫が減り，折からの世界的な食糧危機を背景に，②で生産調整を緩和すると，今度はたちまち過剰が復活する（図 5-3）．こうして過剰が決して一過的なものではなく，構造的なものであることが判明した．

　③の水田利用再編対策は，前項の第 II 期にあたる．同対策は，休耕に代わって転作を主にし，10 年かけて水田の水稲単作から田畑輪作的な水田利用に転換しようとする政策であり，とくに不足する麦・大豆・ソバ・飼料作を中心に，奨励金も相当額に引き上げられた．時の政府は「自給率向上の主力となる作物を中心に農業生産の再編成をはかる」ことを政策目的に掲げたが，政策の客観的役割が，減反による過剰の切り捨てであることに変わりない．

　とはいえ，休耕から転作への転換は固有の課題をもたらす．個々の農家の耕作田が分散錯綜する日本の水田で転作を定着させるには，他人が耕作する横の田んぼから水が入らないよう転作田を団地化することが不可欠であり，かつ畑作物につきまとう連作障害を避けつつ，全戸が平等に転作するには，転作団地を回していくブロックローテーションが好ましかった．そこで集落ぐるみの集団転作へのとりくみがなされるが，その場合に転作を割り当てられた農家と稲作を継続する農家とのあいだの利害調整として，転作した場合の奨励金込みの収入と稲作した場合の収入との差額を農家どうしで補てんしあう「互助金」「とも補償金」も設けられ，後には制度化された．

　このようななかで，転作を仕切ることができるのは農業集落（むら）しかないことが判明し，農政の「むら」利用が強まり，「むら」に基盤をもつ農協の協力が強く要請された．

　これは一面では「むら」共同体を利用した社会的強制による政策遂行であり，それに対する反発は「むら」に亀裂を生んだが，他方では，水稲連作・単作から田畑輪換農法への転換という歴史的課題を「むら」を通じて追求し，「むら」を維持するという面ももった．

　田畑輪換のためには，水田の排水条件を抜本的に改善しなければならず，畑

作物を水田に定着させるには，それまで放置してきた畑作技術の向上，競合する輸入の制限，畑作物価格の引き上げが不可欠だったが，そのような政策努力はなされなかった．

④以降は前項の第Ⅲ期にあたる．その政策意図について，政府文書は，「米から他作物への転換の奨励措置という考え方から，構造政策を重視した助成という考え方に重点を移し」たとしている．しかし地域ぐるみでとりくまねばならない生産調整政策を通じて選別的な構造政策を追求するのは，木に登って魚を求めるようなもので，むしろこの期の構造政策の目的は前項の米価算定方式の改変にあった．

この期の政策にはもう1つの特徴がある．前述のように1980年代後半には政府米ではなく自主流通米が主体になっていく．それに対応して政府は，生産調整の責任を自主流通米の販売主体である農協に移し，自主流通米（農協）にも過剰在庫を負担させ（自主調整保管），転作「奨励金」も「助成金」と名称変更し，金額も段階的に減らしていく．それにともない転作割合も減っていき，生産調整政策がもっていた水稲単作からの脱却，農法転換という一定の前向きの側面は消えていく．

前述のように，食管制度による米流通管理あるいは価格政策は，生産管理あるいは需給調整としての生産調整政策をともなわざるをえない．政府としては，価格政策からの撤退は，当然ながら生産調整政策からの撤退をともなうものと考えたが，現実にそうできるかがその後の農政の課題である．表8-1は2003年をもって終わっているが，後述するように2004年からは「米政策改革」のもとで，従来の生産調整政策という発想はなくなる．

3　価格政策から直接支払い政策へ —— 1990年代なかば以降

デカップリング型直接支払い政策

図8-1に立ち戻ろう．政策が農家に所得付与するには，2つの方法がある．1つは，価格支持を通じて間接的に所得付与する方法で，それが価格政策である．もう1つは，政府が価格を通じないで財政から農家に直接に所得移転する方法で，これが直接支払い政策である．その意味では，不足払い政策も直接支払い政策の1つといえる．

しかし1980年代末から「直接支払い」と呼ばれている政策は，そういう直接支払い一般ではなく，「デカップリング型直接支払い政策」といわれるものである。以下では，「デカップリング型直接支払い」をたんに「直接支払い」と称することにする。

直接支払い政策については，ガットURの最中の1988年，交渉を前進させるために，世界17ヵ国，29人の専門家による提言がなされた。提言は，世界農産物過剰という現下の「農業危機」の原因は，価格支持政策によって農民の所得支持をおこなったことであり，それを取り除くには「生産・消費・貿易に対する農民支持政策の影響を漸進的に断ち切る（decoupling）べき」で，価格形成は価格政策によってされるべきではなく，「資源配分や貿易の歪曲を最小化する場としての市場」にゆだねるべきとした(8)。

この提言は，第1に，資源配分・貿易・価格は市場にゆだねること（自由競争），第2に，農民支持政策（所得政策）と生産・価格をデカップリングすることを主張している。農民支持政策をおこないたければ，生産量や価格水準と切り離して（デカップリング），政府が農家に所得を直接に付与すべきというわけである。

これは，市場への政策介入を排除し，自由競争にすべてをゆだねるべきという点で，折からの新自由主義の思想に連なるものである。この提言は，輸出大国である米欧に支持され，ガットUR合意のベースに置かれることになった（第6章2）。

EUの直接支払い政策

EUのCAP改革の推移は図8-6のとおりである(9)。各時期の図の左側が改革前，右側が改革後を示す。1992年改革は，URの妥結を見越して，いち早く直接支払い政策への転換を開始する。すなわち前述の介入価格（支持価格）を穀物等では29％，バター5％，牛肉15％引き下げ，耕種農業では15％の生産調整を条件にして，価格引き下げ相当分を面積あたりの直接支払いに切り替えた。そして1995年のWTO農業協定により，国境措置にあたる図8-2の境界価格を廃止し，同図の輸入課徴金を関税に置き換えた。

EUの直接支払いは面積・頭数という生産要素とリンクしているので「緑」の政策（削減対象外）には該当しないが，「青」の政策（生産調整を条件とし

図 8-6　EU の CAP 改革の推移

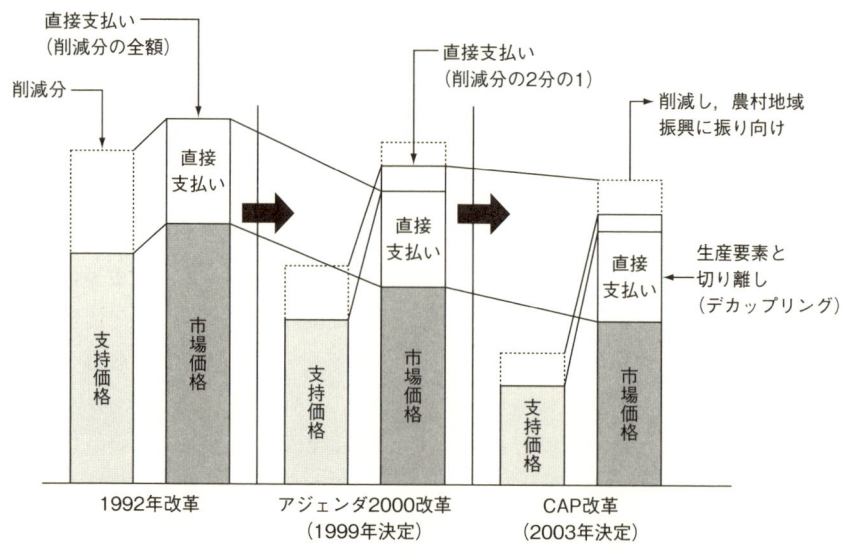

```
直接支払い
（削減分の全額）
削減分
            直接支払い
            （削減分の2分の1）
                        削減し，農村地域
                        振興に振り向け

   直接              直接
   支払い            支払い         直接
                                    支払い    生産要素と
                                              切り離し
                                              （デカップリング）
   支持   市場       支持   市場     支持   市場
   価格   価格       価格   価格     価格   価格

   1992年改革      アジェンダ2000改革    CAP改革
                   （1999年決定）      （2003年決定）
```

注．農水省『平成15年度　食料・農業・農村の動向に関する年次報告』より引用．

て過渡的に削減をまぬがれる政策）に位置づけられた．

　さらに2000年改革では介入価格を15％引き下げ，その半分を単位面積あたりの直接支払いにまわした．1経営あたりの上限額を設け，かつ環境への配慮を義務づけ，残り半分の予算は農村地域振興政策等にまわすこととした（モジュレーション）．

　そして2003年改革では，2005年からいよいよ本格的なデカップリング型の「単一農場支払い制度」に移行することにした．基準期間（2000～02年）に耕種農業，畜産の直接支払い等を受けたことを条件に，その間の年平均支払額を基準期間の農用地面積で除した額を直接支払いの受給権として受け取るしくみであり，かつ受給権は移動が可能である．これは作目等に関わりなく過去面積を基準とする支払いという点で，当該年の価格や生産から完全に切り離されているため，「緑」の政策に該当する．ただし，条件不利地域等の生産振興のために，支払いの一定部分までは（耕種は25％，牛肉はおおむね100％，羊等は50％まで），生産リンク支払い（「青」の政策）も認める．1経営あたりの上限額も引きつづき設けられ，上回る部分は農村地域振興政策にあてる．

受給にあたっては，①環境負荷の軽減（たとえば肥料投入の制限），食品安全性，動植物の健康・福祉等，②適切な農業および環境の維持（たとえば土壌浸食防止），の2つの要件を満たさなければならない（このような異なる政策の組み合わせを「クロス・コンプライアンス」という）．受給額は2005年3％，2006年4％，2007～12年に5％減額され，そのぶんは農村地域振興政策等にまわされる．

以上のような単一農場支払いに踏み切った背景としては，中東欧へのEU拡大にともなう財政負担の回避，WTO農業交渉で強化されるであろう国際規律への対応，環境負荷や過剰生産の回避要請の強まり，政策における市場志向の強まりが指摘されている．

経営所得に占める直接支払いの割合は，EU25ヵ国の2006～08年平均で31％，粗放型畜産で54％，複合経営46％，畑作43％，酪農33％におよんでいる(10)．

なお最近では，受給権を証券化して流通可能にし，離農や規模拡大を促進するべきという提案が，イギリスの研究者からなされている(11)．

EUの直接支払い政策はWTO協定に最も適合的だが，むしろWTO協定のほうが，主権国民国家の地域連合体として国家を超えた普遍的論理を追求するEU的な産物といえる．

アメリカの直接支払い政策

アメリカもまたWTO農業協定を受けて，1996年農業法で，それまでの生産調整政策と不足払い制度を廃止し，過去の生産調整政策等への参加を要件に，「直接固定支払い」に切り替えた（図8-7のBの部分）．1996～2002年度までの固定支払い総額は356億ドルとされ，各農場は，1991～95年の平均作付・減反面積の85％を基準に固定支払いを受ける．この直接固定支払いは，現在の面積，生産量，価格にもとづくものではないから，デカップリング型の「緑」の政策に相当する．なお，前述の価格支持融資制度は継続している（図8-7のAの部分）点に留意する必要がある．

直接支払い額が固定されていることは，価格変動にともない農家所得が変動することを意味し，価格下落時には農家は打撃を受ける．事実，1998年からアメリカの小麦・とうもろこし価格が大幅下落した．そこで政府は価格下落を補償する追加支払いをおこなった．これは価格に結びつけた支払いなので，政府

図8-7　アメリカの価格変動対応型支払い

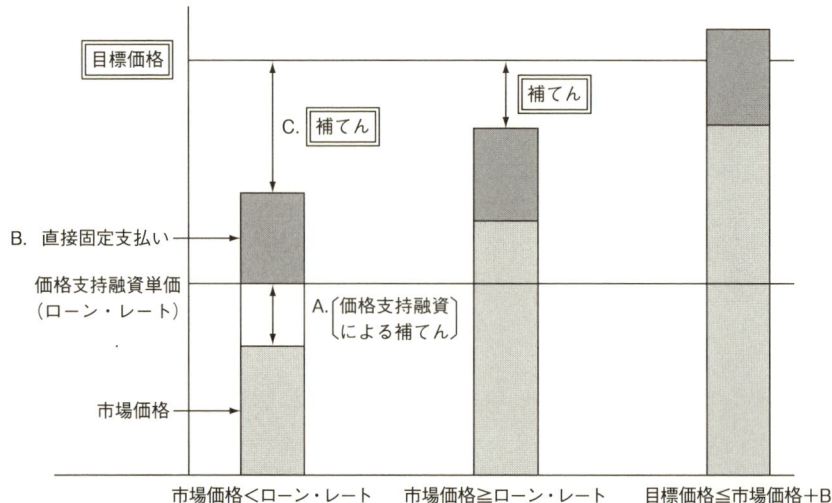

（図省略：目標価格、C.補てん、B.直接固定支払い、価格支持融資単価（ローン・レート）、A.価格支持融資による補てん、市場価格。横軸は「市場価格<ローン・レート」「市場価格≧ローン・レート」「目標価格≦市場価格＋B」の3ケース）

注1．☐☐は，新農業法による措置．
　2．図8-6に同じ．ただし加筆している．

見解でも「黄」の政策にあたるが，議会の反対でWTOへの通報は見送られた．

さらに2002年農業法では，これまでの制度に加えて，「目標価格」と「市場価格＋A＋B」の差額を補てんする「価格変動対応型支払い」（図8-7のCの部分）を開始した．事実上の不足払い制度の復活である．制度をトータルすれば，農家は事実上，〈目標価格−市場価格〉を不足払いされるに等しい．2010年のアメリカ農業は高価格だったため，図8-7のAの部分は5億ドル，Bは50億ドル（固定），Cは9億ドル程度である(12)．

事実上の不足払い制度の復活は，直接支払い政策だけでは農家所得を保障できず，なんらかの価格政策が必要なことを示す点で示唆的だが，同時にそれが国際価格との差額を補てんする輸出補助金として機能することも否定しえない．

新たな不足払い政策は，ストレートに価格に関連づけられるので「黄」の政策として削減対象になるが，それでは困るので，アメリカはWTO農業交渉に，生産調整をともなわなくても固定した面積・単収にもとづく支払いは「青」の政策に位置づける提案を，EUと共同でおこなっている．輸出大国に好都合なWTO協定にしたい点では，米欧の利害は一致している．

なお2002年農業法では農業環境政策を拡充し，土壌浸食の防止，家畜糞尿処理施設補助，環境保全農法等への直接支払いをおこなうこととしている．

アメリカの〈不足払い→固定支払い→事実上の不足払い〉という軌跡は，最大の農業大国アメリカにとっても，直接支払い政策がそのまま受け入れられるものではないことを示唆する．

日本は食管法の廃止から

このような欧米のWTO対応に対して，日本のそれは一周も二周も遅れた．日本がWTOに対応するためには，まず食管制度（米の国家管理），米価支持政策をやめることから始める必要があった．

日本は1993年から94年にかけて260万tもの米不足にみまわれ，そのぶんを輸入せざるをえなかった（「平成米騒動」）．そもそも，米過剰に悩み，生産調整を政策の柱にしてきた日本がなぜ不足におちいったのか．その原因は，財政上の理由から，単年度の需要量分しか米をつくらせないで生産調整してしまう単年度需給均衡論に立った食管制度の運用にある．これでは平年作以下の年が何年か続けば，政府在庫は空になる．ちょうどそのようなときに冷害が襲い，作況指数74（平年作の74％の実単収）の凶作になった．冷害は「銘柄冷害」とも呼ばれた．自主流通米が主流になるなかで，産地は高く売れる銘柄米に生産を集中するが，銘柄米は冷害に弱いからである．また農家も兼業化・高齢化による労力不足で，きめ細かな冷害対策をおこなえなかった．

この米不足は，国内的には，食管制度に対する国民の信頼を一挙に失わせた．また対外的には，米自給のために国境保護が必要だというガットURでの日本の主張の根拠を失わせた．

こうして日本は，URの最終局面で，米の関税化（自由化）を猶予してもらうかわりに，消費量の3～5％と定められたミニマム・アクセス（MA）を4～8％に割り増しする「関税化の特例措置」を受け入れることになった（→第6章2）．

食管制度の根幹とされた全量国家管理，二重米価制，流通ルートの特定は，すでに買入制限，売買逆ざやの解消，自由米の横行，等で内部崩壊していた．MA米は国が管理するが，その量を国がコントロールできないという点では国家貿易管理も崩れた．そこでWTOが発足した1995年，ついに食管法が廃止さ

れ，代わって食糧法が制定された(13)．

同法は，一方での米の流通自由化と，他方での需給調整による価格安定という，そもそも相互に矛盾する2本柱からなる．まず流通自由化は「計画流通制度」と呼ばれるもので，政府米と自主流通米を計画流通米に一本化し，これまでの自由米も届け出をすれば計画外流通米として法認されることになった．集荷・卸・小売業者も認可制から登録制に変えられ，一定の要件を満たせば誰でもなれるようになった．「流通ルートの特定」も大幅に規制緩和され，農家・農協組織は卸・小売・消費者に売れるようになり（農協は集荷業者としては直に消費者に売れないが，小売登録すれば可），相互に競合するようになり，農協共販の崩壊が制度的に促進されるようになった．

次に需給調整は，生産調整，備蓄，農協等の自主調整保管を通じてなされる．ここで生産調整政策が法制度として初めて登場することになるが，政府が直接におこなうのは備蓄（150万t±50万t）用の買い入れのみで，あとは生産者・生産者団体が責任を負うものとされた．そして備蓄米の買い入れも市場価格でおこなうこととされた．

これにより，国は価格支持政策から解放され，価格政策を排除するWTO体制への対応条件を整えることになった．WTO農業協定では，価格支持政策をはじめとする「黄」の政策はUR期間中に20％の削減を義務づけられたが，日本は20％削減どころか，米価政策の廃止により「黄」の政策をほとんどやめてしまった点で，WTOの優等生になった．しかしそれは次なる矛盾を生む．

第1に，以後の米価維持の政策手段は，関税と生産調整しかない．政府としては米流通の国家管理をやめたのだから，米の生産管理としての生産調整にも責任を負わないという論理をとりたいだろう．しかしそうすれば米価は下落し，政権党はその政治責任を問われる．かくして米流通の国家管理はやめても生産調整政策は継続せざるをえないことになる．このようなジレンマのなかで，農政は生産調整の責任を農協に転嫁しようとしたわけだが，自主流通米のウェイトも落ちた現状では，農協にその力を期待しうる客観情勢にはない．

第2に，食糧法の制定と同時に日本の米は連続豊作にみまわれ，4度めの過剰の発生を見た（図5-3）．自主流通米価格は1995～2000年にかけて25％も下落し，図8-3に見たように稲作所得も急落し，ついに製造業5～29人規模の賃金を下回るに至った．

そこには食糧法の根本的矛盾が露呈している．生産調整の目標を100%達成してもなお過剰が発生し，価格が下落するのは，自然を相手とする農業では，事前の需給調整措置としての生産調整だけでは不充分で，事後の（収穫後の）需給調整が不可欠であることを意味するが，食糧法はそれを欠いている．事後の調整措置として欧米が備えているのが，本章1で見た無制限買い入れによる最低価格保障だが，日本にはそれがない．流通自由化しつつ価格変動に対応する措置も，食糧法にはなかった．

日本の初期直接支払い政策

そこで日本もまた，農政の国際標準としての直接支払い政策への転換を模索しだす．しかし日本は2000年になお312万戸もの農家を抱え，かつその圧倒的多数が兼業農家であり，それに対する直接支払いは「バラマキ」だとする批判が根強く，合意形成がむずかしかった．また新基本法は自給率向上を目的に掲げているが，そのためには生産や価格に関連させた生産刺激的な政策が不可欠であり，生産刺激を避ける直接支払い政策とは矛盾していた．

このような状況下で，当初，3つの試みがなされた．第1は個別作目ごとの「経営安定対策」の実施，第2は「経営を単位とした農業経営所得安定対策」の模索，第3は中山間地域（「平場と山間の中間地」と「山間地」との総称）の直接支払い政策である．第3については第11章2であつかい，ここでは米政策についてのみ述べる(14)．

米については1997年から**稲作経営安定対策**（「稲経」）が開始された．生産調整の割当面積をすべて達成することを条件に，国と生産者が拠出した基金から価格補てんするシステムで，補てん額は基準価格とその年の価格の差額の8割である．基準価格は，当初は過去3年平均としたが，価格が連年下落しているなかで，2001年には固定化した．

基準価格が固定されると，この制度は不足払いに接近することになる．そうなると価格政策への逆行になるため，農政の主流はそれを嫌い，基金の破綻等を口実に，過去7年のうち最高・最低を除く5年平均の価格を基準価格とすることとした．なお担い手農家について，拠出金を増やすかわりに9割補てんのコースも設けられた．

この政策は，過去の平均市場価格と現在価格との差額を埋める価格補てん政

策であり，価格が下落傾向にある場合には，平均市場価格も下がっていかざるをえず，その意味では価格や経営の安定を保障するものではなかった．

　麦・大豆・原料乳等についても価格政策から直接支払い政策への転換が模索されたが，品目ごとの政策であり，かつ現在の生産量や価格に関連させる政策だったので，デカップリング型とはいえなかった．

「米政策改革」と経営所得安定対策

　そこでデカップリング型の直接支払い政策への移行が農政の課題になるが，そのためには，なお残る過剰米処理の財政負担，すなわち生産調整政策からの撤退をはからねばならなかった．

　小泉「構造改革」下でその課題にチャレンジしたのが，2002年の「米政策改革大綱」である(15)．すでに第6章4の「構造改革農政の展開」でもふれたが，「大綱」は「過剰米に関連する政策経費の思い切った縮減が可能となるような政策」を目標とする．そもそも生産調整政策自体，食管赤字という「政策経費の縮減」に始まったわけだが，次は生産調整政策そのものの「縮減」・廃止である．そのために「2010年度までに農業構造の展望と米づくりの本来あるべき姿」を実現する，としている．「本来あるべき姿」とは，「効率的かつ安定的経営」に水田面積の6割が集積された姿であり，それは，「国による生産調整の配分を必要としない状態」であり，生産調整は「農業者・農業者団体が主役となる」とされる．

　この「本来の姿」は，6割しか集積していない「担い手」が全水田に関わる生産調整の主役になれるのか，あるいはすでに米の半分しか集荷できなくなった農協が生産調整の主役になれるのか，といった点で，はなはだ現実性を欠いていた．

　そこで「当面」の施策として，①面積調整（農家に減反面積を割り当てる方式）は価格下落の防止効果はなかったとして，よりストレートな数量調整（農家に米の生産数量を割り当てる方式）に移行する．②市町村の地域水田農業推進協議会が「地域水田農業ビジョン」を作成し，担い手とそこへの農地集積目標を明確化した場合には，**産地づくり交付金**（後に**産地確立交付金**）を交付する．③政府買い入れは100万tの備蓄用のみとし，入札方式でおこなう．④過剰米が発生した場合には農協が加工用原料として低価格で買い取り，その資金

を政府が融資する.

そして⑤「担い手経営安定対策」である．これは，一定の条件を満たした，北海道10ha，都府県4ha，集落経営体20ha以上の水田経営規模（これは「効率的かつ安定的経営」の半分の規模とされる）の「担い手」に対して，加入者と国が半分ずつ負担した拠出金から，直近3年平均の稲作収入と当該年の収入の差額の8割を補てんする，というものである．

この「大綱」を受けて，本格的な直接支払い政策が，「品目横断的経営安定対策」（2006年），「水田・畑作経営所得安定対策」（2007年）として実施されることになった．すなわち，関税の引き下げによって顕在化する外国との生産条件格差（価格差）を補てんするための直接支払い（「ゲタ」）と，価格・収入変動に対応するための直接支払い（「ナラシ」）がなされる．前者は当面，麦・大豆・てんさい・さとうきび等の畑作物に限定され，米は関税が引き下げられていないとして対象外とされたが，後者は米もふくむ．

この政策の最大のポイントは，直接支払いの対象を，個別経営は北海道10ha，都府県4ha，集落営農20ha以上に限定し，かつ集落営農は5年以内に法人化の計画をもつこととされた点である（集落営農については第9章2でふれる）．ようするに選別的な直接支払い政策であり，構造政策に従属した直接支払い政策である．

以上の選別的な産業政策に対して，地域政策としては，住民ぐるみでの農地・水・環境保全向上対策や環境保全型農業に関連させた支払いもおこなう．

なお先の「ゲタ」政策は，生産・価格に関連させない部分（WTO協定の削減対象にならない「緑ゲタ」）と，生産量・品質等に連動する部分（削減対象になる「黄ゲタ」）に分け，前者を7割とした．あえて「黄ゲタ」を設けたのは，新基本法の大前提である，食料自給率向上，そのための増産の必要に配慮した，苦肉の策である．

このような本格的な選別政策の結果はどうだったか．水田転作や北海道畑作を主とする麦・大豆については，過去実績の面積がほとんど同政策の対象となった．転作については，すでに地域では転作作業のほとんどが，担い手や集落営農に集積されていたからである．その場合に，地域水田農業推進協議会のもとで，産地確立交付金は転作水田の所有者，その他の経営安定対策等の交付金と転作物収入は実転作者に帰属させるなど，さまざまなかたちと割合で，所有

者と実転作者間の利益配分がなされた.また集落営農は,販売・経理の一元化,5年後の法人化という要件を満たせば交付対象になったので,当面は前者の要件を満たすために,実際の協業をともなわない書類上の集落営農(「ペーパー集落営農」)も,にわかに組織された.

しかし多くの農家は,転作作業は担い手等に任せても,米だけは自分でつくりたい意向だったので,転作物のようなかたちでの集積はすすまず,また同政策の米「ナラシ」への農家の加入は限られた.そのような稲作農家にとって最大の問題は米価下落だった.図8-8に見るように,平均値で見て,米価は1997年あたりから生産費を下回るようになり,とくに「米政策改革」が実施に移された2004年からは生産費の95%以下に落ち込み,それが常態化(定着)してしまった(16).その直接の原因は,生産調整政策の廃止への道筋を描いた「米政策改革」が,生産調整を弛緩させ,過剰作付けを発生させたためである.需給のゆるみに乗じて,量販店等は消費者の低価格志向への対応を強め,産地

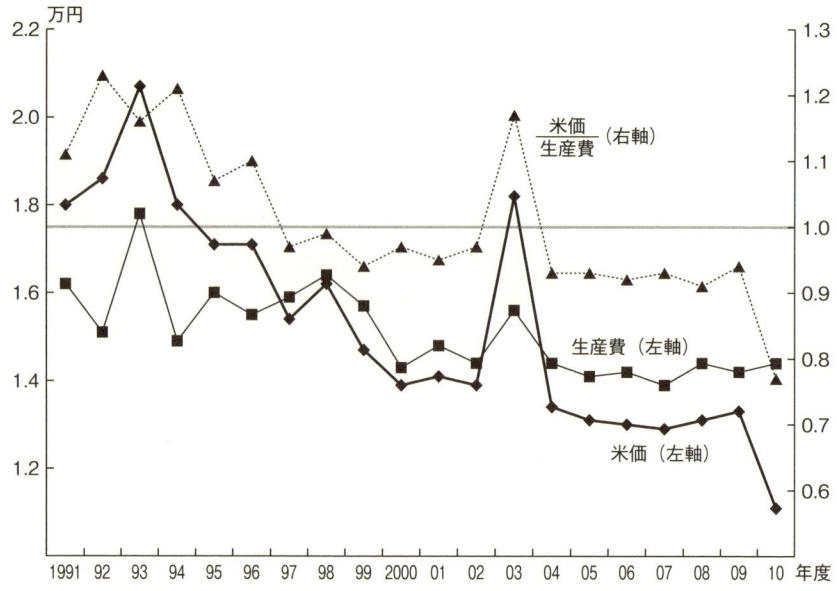

図8-8 米価と生産費(60kg あたり)

注1.生産費は支払地代・小作料込みの生産費.
 2.農水省『米及び小麦の生産費』による.

を買い叩いた.

政権交代と戸別所得補償政策

　経営所得安定対策の選別政策と米価下落の放置に対する農家の反発が強まり,自民党の農村基盤を揺るがした.それに気づいた自民党はあわてて「構造改革農政」を元に戻そうとしたが,時すでに遅く,自民党は2007年の参院選,2009年の衆院選で敗北し,ついに政権交代となった(17).

　民主党は,反自民党農政の柱として戸別所得補償政策を前面に打ち出し,2010年度に,米の生産数量目標の枠内の生産をした全販売農家に対して,標準的な生産費(ただし労働費は8割のみカウント)と当該年の米価との差額を戸別所得補償する政策を始めた.具体的には全国一律に10aあたり1万5000円を「固定支払い」(標準的な生産費－標準的な販売価格)し,〈当年産の販売価格－標準的な販売価格〉を「変動支払い」する(2010年度は10a 1万5100円で,合計10a 3万100円程度)というものである.

　そこで米戸別所得補償の地域・階層別の効果をどう見るかが争点となるが,①全国一律に仕組まれるため,全地域・階層的に米価の底上げとなる.②しかし,条件の良い地域・経営は所得上乗せになるが,不利な地域・経営の大幅赤字の解消には役立たないという点では,地域・階層間格差を強めるという二面性をもつといえる.

　民主党は2011年から**農業者戸別所得補償制度**として,畑作物(水田転作物)等にも戸別所得補償政策を拡大することにした.10aあたりに直すと,平均的な交付単価はたとえば小麦で4万円,大豆2.9万円を想定し,うち2万円を「営農継続支払」として固定支払し,残りを生産数量に応じて支払うものとする.

　民主党の戸別所得補償政策は,自民党の選別政策色を払拭し,全販売農家を対象に価格下落を補てんするものである.当該年の生産量や価格にリンクするのでデカップリング型の直接支払い政策とはいえず,むしろ不足払い制度に近い.そこには2つの問題がある.

　第1は,民主党はこれをもって価格支持政策から直接支払い政策へ移行したと位置づけ,価格支持政策の併用はかたくなに拒否した.価格支持政策がないもとでは,業者は戸別所得補償がなされることを前提に,そのぶんだけ米価を引き下げるよう生産者側に要求し,同政策のもとで,図8-8に見るように米

価は大幅に下落した（2011年は東日本大震災の影響でもち直す）．農業所得は戸別所得補償により前年を上回ったものの，米価下落を放任する点では，階層分解・離農促進的政策といえる．

　米価下落が続くなかで，一時は民主党を支持した農民票も2010年参院選では離れることになった．さらに2011年にはTPPへの参加検討が打ち出され，価格支持政策をとらない理由が，実はTPP等による米価下落を想定したものであり，不足払い制度がその受け皿として用意されたことが判明した．

　しかし関税をゼロにすれば，60kg3000円台の米が輸入されることになり，先の標準的な生産費との差額も60kgあたり1万円，10aあたり9万円前後の補償となり，財政負担は激増する．

　第2に，当初の民主党農政は全販売農家を対象とする点では自民党の選別政策と異なった．しかしTPPの参加協議に踏み切ることにより，TPPと両立する農業再生戦略として，平地で20～30haの中心経営体に5年間で集落農地の8割を集積することとした．これは当初の民主党農政とは180度異なるウルトラ構造政策であり，自民党をはるかに上回る選別政策に行き着かざるをえない．

　こうして事実上の生産調整政策のみが争点として残ることになったが(18)，米関税が撤廃され，米の大量輸入が現実的になれば，生産調整政策の意味もなくなり，日本農業は国際的な自由市場に完全にさらされることになる．

4　価格・所得政策の課題

デカップリング型直接支払い政策の本質

　デカップリング型直接支払い政策は，強制力をともなうWTOの支配下では，抗しがたい国際標準とされている．

　デカップリング型直接支払い政策は，価格政策等と異なり，以下の特徴をもつとされる．第1に，市場や貿易を歪曲しない．第2に，生産に対して中立的で過剰を刺激せず，農業の環境負担を軽減する．第3に，消費者負担ではなく財政負担であり，負担額が透明である．第4に，政策対象を特定でき，環境保全等の交付条件を付すことができる．第5に，以上の性格のゆえに国際的に普遍的な政策たりうる．

　しかしそのことは同時に，デカップリング型直接支払い政策の本質を示して

いる(19)．第1の点は，生産・価格・貿易は自由市場・自由貿易にゆだねるということであり，それをもって良しとするのは新自由主義の立場だといえる．

第2の点については，直接支払い政策は結局のところ，低い国際価格と高い国内（域内）生産費との差額を補てんする不足払い政策の延長上にあり，高い生産費をかけた農産物を安い価格で輸出する輸出補助金の機能を有し，輸出補助金として貿易を大いに歪曲する点で第1の点に反し，余剰農産物を生産して輸出するという点では大いに生産刺激的である．OECDの研究でも，デカップリング型が生産に影響を与えることが明らかにされている．

デカップリング型直接支払い政策は，日本のような低自給率の国が自給率向上のために生産を刺激することを阻止し，あくまで生産中立的たることを要求する．その意味ではきわめて輸出国本意の政策である．しかもその輸出国においても，デカップリング型直接払い政策に純化しえず，アメリカは不足払い政策に回帰し，EUも一定の生産リンク支払いを認めざるをえない点は前述した．

第3の点については，前章で見た今日のフードシステムのもとでは，生産者価格が消費者価格に直結しているわけではなく，直接支払い政策を前提した国際価格水準への価格引き下げの恩恵を直接に享受するのは食品加工業界である．

消費者負担から財政負担へ，といっても，財政負担は最終的には消費者が税金で負担することになる．税が高度に累進的（高所得層ほど高税率）であれば，直接支払いは所得再分配効果をもちうるが，今日の税体系は，高所得層への減税や消費税引き上げに見られるように逆進性（低所得層ほど高税率になる）を強めている．

第4の点については，それを悪用したのが，日本の選別的な，構造政策に従属した直接支払い政策であり，自民党の品目横断的政策がそうだったが，民主党の「TPPの受け皿づくり」としてのウルトラ構造政策はそれを上回る．欧米の直接支払い政策にはこのような選別政策は見られず，むしろ環境との調和等に腐心している．

第5の点は，「直接支払い政策の財政負担ができる限り」という条件が付く．財政負担が困難な途上国等が採用できる政策ではない．途上国等も国際交渉においては自由化や直接支払い政策の熱心な支持者になるが，そういう国際交渉の場にでてくるのは，実は自国農業を熟知することなく，米英等に留学して新自由主義経済学の洗礼をたっぷりと受けたエリート官僚層が多い(20)．

直接支払い政策の過渡性と不安定性

 もう一度,前章の図7-1に戻る.ガットURとそこでの価格政策から直接支払い政策への転換が支配的になるのは,まさに世界の穀物在庫が安全在庫水準を大幅に上回る農産物過剰時代であり,過剰の解消こそが喫緊の課題だった.

 その切り札として持ち出されたのがデカップリング型直接支払い政策であり,それは「資源配分や貿易の歪曲を最小化する場としての市場」すなわち自由化要求とペアだった.資源配分や貿易は完全に市場に任せる,その代わり市場外で国が農家に直接支払いする,というものである.過剰の解消は,農業政策と生産をデカップルすることで供給を刺激しないこともさることながら,貿易自由化で過剰農産物の輸出を促進する需要面の開拓が主だった.

 前節の冒頭でも述べたように,デカップリング型政策は直接支払い政策の1つの形態にすぎない.それは農産物過剰時代に「生産を刺激しない」という目的を建前に掲げた政策であり,21世紀に入り,在庫が安全水準を割り込む農産物不足時代に転じた今日では,再検討を要する.

 農業政策には継続性と安定性が求められるが,直接支払い政策は必ずしもその要件を満たすものではない.その原因は,直接支払い額の水準を客観的に規定する要因に欠けているからである.価格政策なら,生産費や需給均衡価格がある.直接支払いは,まさにそのような要因からデカップルすることを存在根拠にしている.そこで農業の多面的機能や環境負荷の軽減等が支払いの根拠に持ち出されたりするが,それらはそもそも市場評価になじまない(→第1章4).

 結局のところ,直接支払い政策は,その支払いの根拠と水準の客観性に欠ける政策であり,支払い額水準を規定するのは財政になり,財政は時々の政治経済状況に左右されることになる.EUは直接支払い額を削減する方向にあり,アメリカは早々に生産費にもとづく不足払いに回帰した.日本も政権交代とともに,「戸別所得補償」という名の不足払いに転換した.

直接支払いの日本的特殊性

 直接支払いが農政の国際標準とされているが,日本には2つのバイアスがある.

 第1は,自民党時代の経営安定政策に典型的なように,支払対象を特定階層に限定する選別性である.それは,直接支払い政策がそれ自体として純粋に追

求されているのではなく，構造政策に従属し，その手段とされていることでもある．欧米では直接支払いは，支持価格の水準を引き下げたり，不足払い制度をやめたりすることの代償（compensation）として仕組まれた．価格引き下げは，すべての販売農家が被害をこうむる．その補償は，被害を受ける全農家に対してなされるのが筋である．その限りでは，民主党政権の当初の戸別所得補償政策のほうに分がある．

　日本に見られる直接支払い政策と選別政策とのミックスはきわめて特異だが，その原因は，日本農業がなお構造改革の途上にあることによる．いいかえれば直接支払い政策は，構造改革が終了し，粒のそろった農家が主流をなすようになったことを前提として，その所得の安定確保を目的として仕組まれるものである．ようするに直接支払い政策は構造改革を終了した国が次のステップとしてとる政策であり，その点で日本は時期尚早である．

　第2に，欧米のそれは，国家機関による農産物買い上げを通じる最低価格保障とペアで仕組まれている．EUでは，引き下げ傾向にあるとはいえ介入価格がそうだし，アメリカでは，現実的機能はともかくとして，支持融資単価がそれにあたる．最低価格保障で底締めすることにより，価格の暴落，直接支払いを理由とする業者の買い叩き，直接支払いや不足払いの財政負担の膨張に歯止めをかけている．それに対して日本のそれは，最低価格保障なき直接支払いあるいは不足払いの単独出動であり，制度として危うい．戸別所得補償の固定額をもって「岩盤」と称する見解もあるが，それは欧米のような最低価格保障を意味するものではない．

価格・所得政策の課題

　価格政策が，需給バランスを欠いて増産を刺激し，環境負荷を高めることはゆるされない．

　しかし一切の価格政策を排除し，価格を完全に市場メカニズムにゆだね，農家所得は直接支払いでカバーするという純粋デカップリング型直接支払い政策は，現実的ではない．アメリカの政策転換は，身をもってそのことを示した．かつ欧米諸国は前述のように最低価格保障政策を保持しており，すべての価格政策をやめたわけでは決してない．

　価格政策が需給バランスを乱したのは，日本の米のように特定作目だけに集

中したりして総合性・体系性を欠いたからであり，また保障水準を技術進歩とともに引き下げるしくみを欠いていたからである．

今後の価格・所得政策としては，以下が課題となろう．

①技術移転によっては解消しない自然的条件の大きな格差のもとにある農業では，一定の国境保護措置が不可欠である[21]．前章で見た食料主権にもとづいてそのことを国際的に容認させていく必要がある．

②農業では，市場メカニズムだけでは需給調整が困難である．需給調整には，あらかじめ予想される過剰に対処する事前措置（生産調整）だけでなく，それでも天候等により発生する過剰に対処する事後措置を欠かせない．欧米はそれを，無制限買い入れによる最低価格保障として用意した．過剰農産物の輸出が困難な日本は，なんらかの棚上げ備蓄制度（１年備蓄した農産物は備蓄から外して，主食以外の他用途に向ける）を設ける必要がある．

生産調整は，水田の汎用化のための基盤整備をおこない，田畑輪換により水稲単作からの脱却をはかるとともに，解消困難な湿田では，飼料用稲，米粉等の生産により自給率を高める必要がある[22]．

③日本では図8-8に見るように，米の価格が生産費を下回る状態が一定期間にわたり常態化し，それを通じて消費者の低価格志向が定着してしまった．このような事態をふまえれば，生産費と価格の乖離を埋める不足払い政策が必要になる．それは米の輸入国である日本において，輸出国のような輸出補助金の機能をもつことはない．

注

（１） ここでは農産物価格・地代論をごくごく簡略に述べている．くわしくはマルクス『資本論』第３部第６編が古典である．差額地代については，収量差の他にも位置・品質・集約度（追加投資）の差にともなうものがある．またマルクスはどの農地にも発生する絶対地代についても述べているが，その点については田代洋一『農業・協同・公共性』筑波書房，2008年，第８章．

（２） アメリカの農業政策については以下，服部信司『アメリカ農業』輸入食糧協議会事務局，1998年．

（３） 田代洋一『食料主権』日本経済評論社，1998年，第２章．食管制度については，佐伯尚美『米流通システム』（東京大学出版会，1986年），『食管制度』（東京大学出版，1987年）など．

（4） この方式の採用については，東畑四郎ほか『昭和農政談』家の光協会，1980年，第3章．
（5） 『梶井功著作集』第2巻（基本法農政下の農業問題），筑波書房，1987年（原著は1970年），第2章．
（6） 吉田俊幸『米の流通』農山漁村文化協会，1990年，第3章．
（7） 荒幡克己『米生産調整の経済分析』農林統計出版，2010年，が包括的である．
（8） ウィリアム・M．マイナーほか（編），逸見謙三（監訳）『世界農業貿易とデカップリング』日本経済新聞社，1988年．通常，デカップリングの発端はOECDの農業委員会レポート（OECD［編］，農業問題研究グループ［訳］『世界の農業補助政策』日本経済新聞社，1987年）とされるが，その元はM．マイナー等のこの文献である．
（9） ECの農政改革については，是永東彦ほか『ECの農政改革に学ぶ』農山漁村文化協会，1994年，生源寺眞一『現代農業政策の経済分析』東京大学出版会，1998年，第IV部．
（10） 市田知子「EUにおける直接支払いの意義」（『農業と経済』2012年3月号）．同号は直接支払い制度の特集号である．
（11） A．スゥインバンクほか（編），塩飽二郎（訳）『ヨーロッパの直接支払い制度の改革』畜産技術協会，2006年．
（12） 成田喜一「アメリカの農セーフティネット」（『農業と経済』2012年3月号）．
（13） 田代洋一『日本に農業は生き残れるか』大月書店，2001年，第2章．田代洋一『農政「改革」の構図』筑波書房，2003年，第6章．佐伯尚美『米政策改革』I・II，農林統計協会，2005年．同『米政策の終焉』農林統計出版，2009年．食管論議は，つまるところ，市場へのなんらかの政策介入が必要であるとするか，それとも市場メカニズムにすべてをゆだねるべきとするかの対立につきる．
（14） 田代洋一『日本に農業は生き残れるか』大月書店，2001年，第2章．
（15） その政策意図については，生源寺眞一『農業再建』岩波書店，2008年，第4章．
（16） 田代洋一『混迷する農政　協同する地域』筑波書房，2009年，第2章第2節．
（17） 民主党農政については，田代洋一『政権交代と農業政策』筑波書房，2010年，磯田宏・品川優『政権交代と水田農業』筑波書房，2011年．
（18） 生産調整政策の争点をめぐっては，荒幡・前掲書のほか，生源寺眞一『日本農業の真実』筑摩書房，2011年．生産調整政策の廃止論は結局のところ，米自由化論に行き着く．
（19） 田代洋一『反TPPの農業再建論』筑波書房，2011年，第III章，村田武『戦後ドイツとEUの農業政策』筑波書房，2006年，第8章．
（20） ラジ・パテル（著），佐久間智子（訳）『肥満と飢餓』作品社，2010年，第2章．
（21） 鈴木宣弘『現代の食料・農業問題』創森社，2008年．
（22） 梶井功（編）『「農」を論ず』農林統計協会，2011年，第IV章（梶井功・執筆）．

205

第9章　農業構造問題

　高度経済成長期以降の農政のメインテーマは，構造政策である．構造政策は，零細農家が多数を占める農業構造のありかたを「構造問題」と位置づけ，農地の流動化・規模拡大による構造改善をめざす．
　しかし，農業構造はその国の社会経済のありかたに深く根ざすものであり，政策が簡単に左右できるものではない．その一方，期が熟せばおのずと動く．そしてそのような動きが1990年代にようやくあらわれはじめた．その背景をなすのは，高齢化やグローバル化といった，農業にとっては負の事態である．このような農業構造のありかたとその変化を見ていくのが，本章の第1の課題である．
　農業構造の変化，すなわち規模拡大には，「個別経営の規模拡大」と「協業化」の2つの道があり，後者は今日では主として集落営農のかたちをとっている．また，規模拡大がすすむと，投資額も大きくなり，経営における資本の比重が高まり，その企業的な管理が求められるようになる．家族経営でも家計と経営の分離がはかられるようになるが，家族経営・協業経営・集落営農等の法人化，あるいは農外企業による農業進出も見られる．このような経営主体のありかたを見ていくのが第2の課題である．
　しかし依然として，日本とヨーロッパやアメリカ等の新大陸型農業とのあいだには，農地の平均規模において，日本の2.0ha（2010年）と，アメリカ182ha（2007年），オーストラリア3408ha，EU17ha（2005年）といった隔絶的な格差があり，それを構造政策で解消できるとするのは非現実的である．とすれば構造政策は，一定の国境保護政策を前提としたうえで，農業者のための農業経営の安定，消費者のための低コスト化をめざすべきである．
　規模拡大をめぐっては否定的な見解もある．しかし規模の経済（規模拡大すれば効率が高まる）が働く土地利用型農業にあっては，消費者に少しでも安い

農産物を安定的に供給するためにも，規模拡大とそのための構造政策は必要である．問題は，その経路であり，やりかたである．それを明らかにするのが第3の課題である．

農業構造は地域によるちがいが大きいので，本章では地域性を重視する．

1　日本の農家

農業経営体と農家

農業経営は，長らく「農家」を単位として把握されてきた．そして「農家」は，「世帯」（国勢調査上の定義で「居住及び家計を共にしている人の集まり」）として把握されてきた．世帯は，家族を核にした消費生活単位である．それが同時に生産・経営単位になっているのが，農業を生業として営む農家という存在である．

しかるに2005年農林業センサスからは，「農家」よりも「農業経営体」を主たる単位とするようになった(1)．1992年の新政策が，グローバル化のなかで家族ではなく経営体を重視しはじめたこと，実態的にも農家以外の農業事業体が増えて統一的な把握が必要になったこと，の反映である．

「農業経営体」は，①耕地面積30a以上，②一定の栽培面積・飼養頭数以上，③農作業受託，のいずれかをおこなうものとされる．「農業経営」とは，「農産物を生産・販売・収益すること」だとすれば，③は「農作業請負経営」ではあっても，農業経営の一部である農作業しかおこなわないから，「農業経営」にふくめるのは妥当でない．

「農業経営体」は「家族経営体」（世帯単位で事業をおこなう）と「組織経営体」（世帯単位で事業をおこなわない）に分かれる．前者が農家にあたる（1戸1法人をふくむ）．他方，「農家」は「10a以上の農業を営む世帯」等とされ，うち30a以上が「販売農家」（農業経営体としての家族経営体），30a未満が「自給的農家」（非農業経営体）とされる．

「販売農家」は，「主業」・「準主業」の区分や，「専業」・「第1種兼業」（農業所得が農外所得を上回る），「第2種兼業」（逆）の区分がなされる．

さらに，農家ではないが耕地（貸付地）・耕作放棄地を5a以上所有する世帯は「土地持ち非農家」とされる．「土地持ち非農家」は統計上は農家ではない

が，社会通念的には，農地を所有していることをもって「農家」とされることが多い．

統計的には家族経営体と組織経営体は截然と区別されるが，農家と集落営農等との実態的関係は必ずしもそうではない．「農林業経営体」とは，「農林産物の生産を行うか又は委託を受けて農林業経営を行」うと定義されているが，実務的には，販売権をもつこととされている．本章2でふれるように，末期自民党農政が販売・経理の一元化をもって集落営農と判定したために，販売権を集落営農等にゆだねた農家が多く，それをもって農家は集落営農に農地を貸し付けたと見なされることになる．その結果，協業の実をともなわない販売・経理の一元化のみの集落営農を組織した地域を中心に，統計上，農家の減少，土地持ち非農家の増大，賃貸借や農業構造の変化が過大評価されてしまう．かくして2005年と2010年の農林業センサスのあいだは，定義的には比較可能だが，実態面からは比較がむずかしくなる．

以上の留保のうえで，統計がとらえた農家の内実を見たのが**表9-1**である．①は専業的農業経営，②は兼就業者の経営である．③④は推計だが，うち③は高齢専業1世代世帯（年金世帯をふくむ），④は老親が農業専業，その子ども世代が他産業専従の2世代以上世帯が主だと推測される．

全面積を貸してしまえば⑥になるが，集落営農（法人）への利用権設定がどれだけ実質的かの統計的把握は，本章2で見るように困難である．いいかえれば農家と土地持ち非農家のあいだには幅広いグレーゾーンがある．そこで⑥も農家にふくめればトータルで390万戸となり，2009年の農協の正組合員戸数413万戸とほぼ等しい（農協は1戸複数組合員もあるが）．そのうち①②③の計27%

表9-1　農家の構成（2010年）

(単位：千戸)

		農業所得が主		農業所得が従事		計
販売農家	65歳未満の農業従事者がいる	①主業	360	②準主業	389	749
	65歳未満の農業従事者がいない	③高齢専業	316	④高齢兼業	566	883
		専業＋Ⅰ兼	676	Ⅱ兼	955	1631
⑤自給的農家						897
⑥土地持ち非農家						1374
計						3902

注 1．③＝専業＋Ⅰ兼－①，④＝Ⅱ兼－②
　 2．2010年世界農林業センサスによる．

が日本農業を主として支え，④⑤の計37％がそれを補完し，⑥の35％が「隠れ農家」をふくみつつ，農業に最も近いステークホルダーとして位置づけられる．

2005～2010年の変化を見ると，販売農家の減少，組織経営体や土地持ち非農家の増大が見られる．実数で見ると，販売農家の33万戸減に対して自給的農家・土地持ち非農家の増は18.5万戸でしかない．定義的には残り15万戸ほどは農地を売り払って離農したことになるが，むしろ土地持ち非農家が統計的に把握しきれていないのが原因だろう．

家族経営が支配的

世界と日本の農業経営は，家族経営（世帯が営む経営）がなお支配的である．日本の場合，家族経営体が98.2％を占め，組織経営体は2％弱にすぎない．経営面積では88％と12％である（2010年）．

常雇を入れた販売農家は約3万2000戸（1戸平均2.2人），臨時雇いを入れた販売農家は41万2000戸（のべ人日数は平均70.5人日）である．

組織経営体3万1000のうち，雇用経営は50.6％である．その平均のべ人日は1379人日なので，年200日で換算すれば，1経営あたり7人弱を雇用している計算になる（常雇を入れたのは9000で1経営平均9人）（2010年）．常雇経営は合計で約4万，農業経営体の2.4％である．

アメリカの場合，労働力の過半を家族が占める家族経営の割合は，農場ベースで87.4％，販売額ベースでは44.1％である（2007年）[2]．農場数では家族経営が大半だといえるが，販売額では雇用経営が過半を占めるのが特徴である．

EUのなかで最も雇用経営の割合が高いイギリスをとっても，賃金を支払われない家族労働力が年労働単位の50％未満である「非家族経営」は1989年に24％で，1981年から10ポイント下がっている．ここでも農場の4分の3は家族労働を主体とする家族経営である．

旧計画経済国でも，集団農場から家族経営への回帰，あるいは農家による協同組合経営化が生じている（旧東ドイツ）．

ではなぜ農業では家族経営が支配的なのか，いいかえると農民層の両極分解がすすまないのかについては，すでに第2章2で述べたのでくり返さないが，雇用労働力に頼らない家族経営には，家族労働の強みがあるとともに，それが経済的困難をしわよせされる弱みにもなるといえる．

日本の「いえ」農業

　家族経営体の「家族」は，前述のように「世帯」としてとらえられている．「世帯」としての「家族」は，住居・食事・風呂・トイレを共にする，人間の最も基礎的な労働力再生産集団である．住居は同棟同居が主だが，同じ敷地内で世代間で別棟に分かれて住む形態も増えてきた．ここでは敷地内同居（敷地内別居ともいえる）を同一世帯とする（なお農地法は以上のような世帯を前提とした世帯主義に立っていたが，最近の敷地内同居＝別居等の事態をふまえて「2親等内の親族」も世帯員にふくめるようになった）．

　世帯を見るうえで重要なのは，その世代構成である．

　「3世代（以上）世帯」は，世帯主（家族の経済的責任者）夫婦とその父母，祖父母，あとつぎ夫婦や孫といった，3世代以上にまたがる世帯員から構成される．子どもの1人が結婚後も世帯内にとどまり世帯を継いでいくので，「直系家族」とも呼ばれる．しかし「直系」といっても，継ぐのは長男あるいは血縁とは限らない．「家，家にあらず．次ぐをもって家とす」（世阿弥『風姿花伝』）である．

　「2世代世帯」は，典型的には夫婦と未婚の子どもからなる世帯で，「核家族」「夫婦家族」とも呼ばれ，近代家族の典型とされている．

　さらに，老夫婦だけの「1世代世帯」あるいは独り暮らしの「単独世帯」もある．

　日本の農耕世帯と雇用者世帯の世代構成を同一統計（厚生省『国民生活基礎調査』）で比較できるのは1997年が最後だが，その年，農耕世帯は3世代以上世帯が47.9％を占め，核家族は35.6％だったのに対して，雇用者世帯は核家族が63.4％，単独世帯が22.3％を占め，3世代以上世帯は9.6％にすぎなかった（なお2010年には農家をふくむ一般世帯は，単独世帯が31.2％で，3世代以上世帯は5.7％にすぎない）．つまり日本の農家は，雇用者世帯とくらべて3世代以上の直系家族の割合が格段に高いのが特徴だといえる．

　このような直系家族は，アジアでは日本列島から朝鮮半島にかけて分布するが，ヨーロッパではドイツ語圏，スウェーデン・ノルウェー，アイルランド・スコットランド・ウェールズ，フランスの南部からスペイン北部にかけて分布する．それに対して北フランス，イングランド，オランダ，デンマーク，北アメリカは核家族が支配的である[3]．つまり資本主義が早期に開花したヨーロ

ッパ中核部と北米で核家族が多く，それゆえに核家族こそが「近代的家族」とされ，それに対してヨーロッパ外縁部では直系家族が多いといえる．これらの点を明らかにしたトッドは，核家族が支配的な地域では農家労働力や農地の流動性が高く賃貸借がすすみやすいが，直系家族の地域では流動性が低く，自作農が多いといった特徴をもつとしている．直系家族のほうが安定的ということだろう．

日本の農家は，江戸中期（18世紀初め）ごろに，それまでの大家族（合同家族，同族家族）から直系家族への純化がすすんだとされている(4)．藩政期から第2次世界大戦前までは，直系家族は，法的に制度化された「家制度」の土台になっていた．明治の戸籍法や民法にもとづく家制度は，戸主が戸（家）を代表して家族を監督（家督）し，家の財産を所有し，家族の就業・結婚・居住場所等を決め，収入を統括し，一定の年齢になると家のあとつぎ（通常は長男）1人だけに家督相続し，自分は隠居した．このような戸主の全人格的な家族支配を「家父長制」という．

戦後民法は，このような家父長制的な家制度は否定し，民主的な家族制度と子どもの均分相続，生存配偶者の相続権を認めた．しかし農家については戦前からの3世代世帯の形態が引きつづき，分割相続も一般化しなかった．そこには当初は家父長制的な性格が強くつきまとったが，戦後民主主義の浸透と高度成長を通じて世帯員の農外就業が一般化し，稼得源が多様化するなかで，その性格は徐々に薄れていった．そこでこのような家制度という歴史的・法的形態をはぎとった，実態としての直系3世代以上世帯を，家制度下の「家」と区別して「いえ」と呼ぶ．それは「現代直系家族制」とも呼ばれる(5)．

日本農業は，このような「いえ」によって営まれる家族経営であり，「いえ」農業という特質をもってきた．

「いえ」の地域性と変化

世代構成には，かなりの地域差がある(6)．表9-2では，①3世代以上世帯がなお4割を超える地域，②それが3割台に落ちる地域，③1世代世帯が3〜4割に達する地域，の3つに区分した．①は東日本である．②は西日本プラス北海道である．東山（長野・山梨）は，世代構成的には西日本に属する．③は南九州・沖縄という畑作地域である．歴史的には，以前から西日本の世帯員数は

表9-2　家としての世代構成別農家数割合（総農家）

（単位：％）

	2000年の世帯世代構成の割合			1983年の3世代以上世帯割合
	1世代世帯	2世代世帯	3世代等	
全　　国	19.9	43.4	36.7	55.9
東　　北	13.5	42.2	44.3	63.7
北　　陸	14.8	43.0	42.2	64.7
東　　海	14.4	43.9	41.7	62.9
北 関 東	13.9	45.1	41.1	61.8
南 関 東	13.5	46.2	40.3	61.8
山　　陰	21.1	41.3	37.7	57.0
近　　畿	19.0	45.4	35.6	57.4
北 九 州	22.1	44.4	33.5	53.3
四　　国	27.2	40.8	32.1	49.0
北 海 道	27.2	41.6	31.2	49.1
東　　山	21.8	47.9	30.3	49.8
山　　陽	30.5	39.6	29.9	45.8
南 九 州	43.9	39.3	16.9	28.3
沖　　縄	36.5	47.6	13.9	29.1

注1．東山とは山梨・長野県を指す．
　2．『2000年世界農林業センサス　第2巻　農家調査報告書―総括編―』による．
　3．1983年については『昭和58年農業調査報告』．

東日本より少なかった．したがって以上の地域差は歴史的なものだといえる．

　地域性から，直系家族制と農業形態との関連をあるていど推測できる．3世代世帯が少ない南九州等は畑作が多い地域であり，鹿児島県では畑作地帯を中心に均分的相続が支配的である．日本の伝統的な畑作は，木を切り払っただけの裸地の状態での耕作で，土地生産性が低く，土地よりも労働力が決め手であり，手を加えなければすぐに山に戻った．そこで子どもたちは順次，結婚すると農地（畑）を分与されて独立し，単婚家族が支配的になる．

　それに対して水田は，歴史的に高い単位面積あたり収量（土地生産性）を発揮してきたが，水田という精緻な装置は先祖代々の労働の投下が必要であり，水稲作には稠密な管理と，ピークの激しい農繁期を乗りきる多数の家族労働力を必要とした．直系家族制は，このような水田という過去労働の蓄積物を世代を越えて安定的に継承し（後継者の予約），農繁期の多数労働力を確保するシステムとして，ふさわしかったといえる．

　このような「いえ」も，徐々に変化しつつある．表9-2にも併記しておいたように，1983年の「農業調査」では，3世代以上世帯は56％も占めていた．前述の厚生省系統の統計でも，1985年の農耕世帯の3世代以上世帯の割合は54％だ

った．しかるに2000年農林業センサスでは37％に低下しており，低下の度合いがあまりに著しい．この低下が実態の反映なのか，それとも先の敷地内同居＝別居のカウントなど統計把握上の差なのかは定かでないが，傾向的には，農家でも直系家族が減り，核家族化あるいは1世代世帯化がすすんでいるといえる．

しかしながら，3世代世帯が1割を切る雇用者世帯と，それが3分の1を占める農家との差はなお大きく，後者において直系家族制の崩壊をただちに言うことはできない．ヨーロッパの経験では，直系家族制の地域でも，その割合が3割を超えることはないとされている．なぜなら家族は，ライフサイクルの局面によっては3世代世帯が2世代化したりするからである．

かくして，実態や規範（そうあるべきという考えかた）としての「いえ」農業はなお崩壊していないが，農業構造を見るうえでは，「いえ」を支える3世代世帯が低下傾向をたどっている点に留意する必要がある．

農家労働力の農外流出

このような「いえ」の変化の1つの背景には，農家労働力の農外産業への流出，次いでその結果ともいえる農家労働力，農業労働力の高齢化がある．

農外流出には就職転出，在宅通勤の2形態があり，その他に出稼ぎという，一定期間だけ家を離れるかたちもある．流出形態の主流が転出から通勤に転換したのは1963年だった．流出率（勤務以外の15歳以上人口に対する流出者の割合）を見ると，1962年は総数で4.7％，うち転出2.6％，通勤2.1％であり，新卒以外の者も転出のほうが多かった．それが1963年には総数5.2％でピーク，うち通勤が2.7％と転出を上回るようになった．また1965年ごろから新卒者の割合が6割を超えるようになった[7]．

農業が主の者の流出を1963年について地域別に見ると（表9-3），流出率が全国平均を上回るのは北海道，北陸，東山以西（近畿と北九州を除く）だった．うち転出が全国平均を上回るのは北海道，東北，九州であり，通勤が全国平均以上は北陸，東山，東海，中四国だった．出稼ぎ率は東北と北陸がぬきんでていた．

1960年代なかばから兼業においてもII兼が主流を占めるようになった．1960年の兼業農家率は65.7％，I兼とII兼はほぼ半々だったが，1965年には兼業農家率が78.5％で，II兼が全体の53％と過半を占めるようになった．1960年代の

表9-3 地域別に見た流出・出稼ぎ率（農業が主の者）

(単位：%)

	1963年				1970年			
	流出総数	うち転出	うち通勤	出稼ぎ	流出総数	うち転出	うち通勤	出稼ぎ
北 海 道	2.5	1.3	1.2	2.4	1.9	1.1	0.8	2.7
東　　北	2.1	0.7	1.4	6.9	2.7	0.6	2.0	9.8
北 関 東	1.9	0.4	1.5	0.5	1.7	0.1	1.5	0.1
南 関 東	1.9	0.3	1.6	0.3	1.6	0.1	1.5	−
北　　陸	2.6	0.4	2.2	4.2	2.9	0.3	2.6	4.3
東　　山	2.7	0.5	2.3	1.1	2.9	0.1	2.7	0.1
東　　海	2.4	0.1	2.2	0.3	2.4	0.1	2.3	0.2
近　　畿	1.6	0.2	1.4	0.8	1.7	0.1	1.6	1.1
山　　陰	3.0	0.4	2.6	1.8	3.2	0.3	2.9	2.7
山　　陽	2.9	0.4	2.5	0.8	4.5	0.3	4.2	1.0
四　　国	2.7	0.4	2.3	1.0	1.5	0.2	1.3	2.2
北 九 州	2.1	0.7	1.4	0.7	1.6	0.4	1.2	1.0
南 九 州	2.6	1.3	1.3	1.8	2.2	0.9	1.3	4.5
全　　国	2.3	0.5	1.8	2.0	2.3	0.4	1.9	3.3

注1．『農家就業動向調査』による．

2．流出（出稼ぎ）率＝ $\dfrac{農業が主だった流出（出稼ぎ）者数}{年頭初の農業が主の人口}$

3．田代隆ほか（編）『現代日本資本主義における農業問題』御茶の水書房，1976年，第4章（田代洋一・執筆）より引用．

兼業化は専業農家のⅠ兼化（日雇い兼業化）が主流だったが，1970年代にはⅠ兼のⅡ兼化（恒常的勤務化）が主流をなすようになり，また農家女性の兼業化もすすんだ．

　兼業化は，農家にとって，高度経済成長にともなう都市での生活水準の向上に追いつくための手っとり早い手段だった．農家所得に占める農業所得の割合は，1960年には5割だったが，1970年には32％に落ちた．そして1972年には，農家の世帯員1人あたり家計費が非農家のそれを上回るに至った（逆格差）．農村の時間賃金は低いが，3世代世帯を背景とした就業者の多さがそれをカバーして余りあったのである．農家の生活水準が都市を追いこしたあとも，交際費，仕送り，自動車費といった，農村生活に特有の家計費目があいかわらず肥大化し，さらなる兼業深化を農家にせまった．

　このような兼業化対応を可能にした農業内の要因として，3世代世帯の労働力の豊富さ，米価上昇にともなう水稲単作化，その水稲生産における機械化・化学化による省力化があった．農家総数の専兼別がわかるのは1995年センサスまでだが（以降は販売農家のみ分類），その年の兼業農家率は84％，Ⅱ兼農家

率は69％だった．アメリカは経営主単位でのⅡ兼農家率が45％（1992年），旧西ドイツ43％（1994年）である．欧米農業でもⅡ兼農家が半分弱を占めていることがわかるが，日本の兼業所得依存度は零細性ともあいまっていっそう高い．

それに対して同じアジアの水田農業でも，韓国の兼業農家率は42.0％，Ⅱ兼農家率は29.4％である（2009年）．ソウル市とその周辺に人口の半数が集中し，地域労働市場がせまいことが，その背景にある．その点で，日本の，とくに第2次高度成長期における高度成長の地方波及は，総兼業化にとって決定的だった．

かくして日本農業は兼業農業という特質をもつが，兼業農家の総数は1970年にピークに達し，その後は農家総数とともに減少に向かった．農家の専兼間移動を見ると(8)，1975～80年にはⅠ兼，とくにⅡ兼から「男子生産年齢人口のいない専業」（高齢専業農家）への純移行が格段に高まっている．その結果，高齢専業農家が1975～80年には純増に転じている．2005～10年にかけても，65歳未満の農業従事者がいる主業・準主業農家の4分の1が，65歳未満農業者のいない副業的農家に移行し，副業的農家の3割が自給的農家等へ移行している（2011年版農業白書）．

1戸の兼業農家の内部でも，上（親）世代は農業専業（主として管理作業），下（子ども）世代は他産業専従（農業は機械作業のみ分担）という，世代間の就業分離が生じている（**表9-1**の④）．

日本の高度経済成長期は「兼業農業の時代」であり，兼業農家が農業生産の過半を担い，前章で見た農産物価格の主たる規定層になっていたが，1980年代以降は「高齢農業の時代」に移行しはじめたといえる(9)．前章で1979年に時間あたり農業所得が農村日雇い賃金を下回りだしたことを指摘したが（**図8-3**），それは日雇いにも出られない（高齢）層が農業生産を担いだしたことの反映でもある．しかしその高齢世代もリタイア（離農）しはじめた．

農家と農業の高齢化

通常は65歳以上を高齢者と呼び，75歳以上は後期高齢者と呼ばれる．高度成長期以降の激しい農家労働力の流出が農村に残した後遺症が，高齢者が多数を占める高齢社会への農村の移行である．農家人口の高齢化は，一般のそれを15～20年先取りしたかたちで進行しており，しかも徐々に高齢者比率のアップ率の差が開いている．

高齢化には，農家人口の高齢化と農業就業人口の高齢化の2面がある．農家人口の高齢化は，高齢者を抱える農家の増大と，高齢1世代世帯の増大としてあらわれる．これらの状況を見たのが表9-4である．

まず農家人口の高齢化から見ていくと，2000年には東山と山陰・山陽以西の西日本で，65歳以上が30％を占める高率である．また1990年から2000年にかけての変化を見ると，農家人口では総じて西日本の高齢者比率のアップ率が高い．

それに対して農業就業人口の高齢化率は1990年代に20ポイントも上昇し，2000年に5割を超し，2010年には3分の2にせまっている．とくに北陸，東山，東海，近畿，中四国で高くなっている．

農家人口の高齢化と農業就業人口のそれを重ねると，3つの地域パターンがある．

① 農家人口も農業就業人口も高齢化……東山，山陰，山陽，四国
② 農家人口が高齢化……南九州，沖縄
③ 農業就業人口が高齢化……北陸，東海

表9-4 農家人口と農業就業人口に占める65歳以上の割合

(単位：％)

	農家人口に占める割合		農業就業人口に占める割合		
	1990年	2000年	1990年	2000年	2010年
全　　国	21.9	28.6	33.1	52.9	61.6
北 海 道	20.5	29.2	20.8	31.2	34.8
東　　北	18.5	23.9	28.7	51.4	60.0
北　　陸	19.3	27.2	39.8	58.5	69.2
北 関 東	19.1	27.7	30.7	53.3	60.1
南 関 東	19.7	27.8	31.1	50.1	58.5
東　　山	22.1	30.0	39.6	56.8	66.8
東　　海	19.1	26.8	36.1	54.6	64.8
近　　畿	19.7	27.4	36.3	53.9	66.1
山　　陰	21.7	30.4	43.1	64.2	71.4
山　　陽	23.7	33.1	45.4	64.1	75.4
四　　国	22.0	31.9	35.6	55.0	63.8
北 九 州	19.7	28.4	28.2	48.4	57.6
南 九 州	21.7	34.2	29.6	50.5	59.4
沖　　縄	19.6	31.1	31.8	48.7	54.3

注1．農家人口は総農家，農業就業人口は販売農家．
　2．農林業センサスによる．

これらの高齢化の要因としては，農家人口の高齢化は若い世代が就職転出した結果だといえる．それに対して，若い世代が家に残っても，在宅通勤化して農業Uターンしなければ，農業就業人口の高齢化をもたらす．

先に農家労働力の流出率を見たが，兼業化が転出を上回った1963年時点での「あとつぎ」の就職を見ると，在宅通勤率が高いのが北陸，東山，東海，山陰，山陽，転出率が高いのが北海道，山陽，四国，南九州である．これらの流出パターンの積み重ねのなかで，②は就職転出の，③は在宅兼業化の，そして①は両者の結果だといえる．

「いえ」のあとつぎと農業のあとつぎ

あとつぎ問題は，高度成長期以降の日本の「いえ」農業を悩ませてきた問題である．あとつぎについては「いえのあとつぎ」と「いえの農業のあとつぎ」を分けて見る必要がある．なぜなら，両者のあいだにはするどいギャップがあるからである．

表9-5の2000年の数値によると，「同居のいえのあとつぎ」を確保している農家が56％，他出あとつぎ（同居していないあとつぎ予定者）を確保しているのが15％，計71％がいちおうは，あとつぎを確保していることになる．その程度の3世代世帯の再生産は可能だということでもある．

しかし同居あとつぎのうち「自家農業のみ」と「自家農業が主」の者を農業就業あとつぎとすると，その割合は全農家の5.4％にすぎなかった．ここに前述のするどいギャップがある．

ただしそれに「農業が従」も加えれば44.6％になり，同居・他出の「いえの

表9-5　あとつぎ確保の状況（2000年）

（単位：％）

	いえのあとつぎの確保			自家農業従事あとつぎの確保	
	同居あとつぎがいる	他出あとつぎがいる	他出あとつぎがいない	農業のみ・農業が主	農業が従
販売農家	57.3	13.1	29.6	7.2	41.4
自給的農家	52.2	20.1	27.7	—	32.9
合　　計	56.0	14.9	29.1	5.4	39.2

注1．数字は農家総数に対するそれぞれの割合である．
　2．農林業センサスによる．

あとつぎ」の63％は農業従事していることになる（他出あとつぎも休日・休暇等で家の農業を手伝うことがある）．完全に農業しなくなると定年帰農も危うくなるという点では，兼就業のあとつぎがいることと，彼らのその後の就業行動は重要である．

2005年センサスからは，販売農家の「農業後継者」（「次の代に自家農業を継承する者」という定義）の調査のみになってしまった．その数字を見ると，同居農業後継者がいる販売農家は2005年44.2％，2010年41.4％になる（他出後継者がいるのが18.0％，あわせて59.4％）．この数字は先に見た2000年の5.4％（「自家農業のみ」+「自家農業が主」）よりも，44.6％（「農業が従」も加えた数字）にはるかに近い．「農業後継者」といっても，主業として継ぐのか，副業もふくめて継ぐのかは大きなちがいがあり，2005年は統計の改悪の例である．

2000年について，**表9-6**で地域性を見ると，①東北から近畿までの地域では6割以上の農家が「いえのあとつぎ」を確保している，②中四国・北九州は他出あとつぎの割合に支えられて，①の地域並みのあとつぎ確保率になっており，③南九州・沖縄は同居あとつぎ確保率が3割で，他出あとつぎの率が高いにもかかわらず，あとつぎ確保率は5割前後となる．④北海道は同居あとつぎ

表9-6　地域別に見たあとつぎ確保状況（販売農家，2000年）

(単位：％)

	同居あとつぎがいる（「農業のみ」と「農業が主」）	他出あとつぎがいる	他出あとつぎがいない
全　　国	57.3（ 7.2）	13.1	29.6
北 海 道	30.2（16.0）	4.1	65.7
東　　北	61.1（ 6.6）	11.5	27.4
北　　陸	62.9（ 6.0）	11.5	25.6
北 関 東	63.7（ 6.5）	9.4	26.9
南 関 東	65.5（10.0）	8.7	25.8
東　　山	57.6（ 6.9）	13.0	29.4
東　　海	66.9（ 6.9）	10.5	22.6
近　　畿	61.2（ 7.1）	13.2	25.6
山　　陰	57.5（ 4.6）	17.0	25.5
山　　陽	50.2（ 4.7）	24.3	25.5
四　　国	52.0（ 7.2）	18.2	29.7
北 九 州	49.9（ 8.6）	13.8	36.3
南 九 州	32.1（ 7.5）	20.7	47.2
沖　　縄	32.2（ 8.5）	17.7	50.1

注．表9-5に同じ．

確保率が3割，他出あとつぎもおらず，あとつぎ確保率は最低である．

同居あとつぎ確保率の地域差は，当然のことながら表9-2の3世代農家率のそれと近似する．また他出あとつぎの割合は，過去にあとつぎの就職転出率が高かった地域，そして現在の農家人口の高齢化地域で，相対的に高くなっている．

自家農業就業あとつぎの確保率は，北海道，南関東・近畿の都市農業地域と，四国・九州・沖縄で高い．いえのあとつぎ確保率との相関はなく，独自の専業的農業経営が展開している地域でやや高いといえる．

新規就農者の動向

次に，年々の農業への新規就業者の動向を見たのが表9-7である．新規就農者は，自家農業への就農者（若い農業後継者と定年帰農者等），農業法人等への雇用就農者，農外からの参入者に分かれる．

2010年の内訳は，自家農業就業者が82％，雇用就農者が15％，新規参入者は3％である．雇用就農者も農外からの参入と見れば，新規参入者とあわせて1万人程度が農外から参入しているといえる．年齢構成は，60歳以上（定年帰農）が約半分を占め，39歳以下が24％である．雇用就農者と新規就農者の合計の割合は39歳以下では42％であり，全体の18％よりかなり高い．

農業を主とするあとつぎ確保率が5％程度，実際に自家農業に新規就農した者の多くが60歳以上の定年帰農者だとすると，個々の農家が若い農業あとつぎ

表9-7　新規就農者数の推移

(単位：人)

	2006	2007	2008	2009	2010
新規自営農業就農者	72,350	64,420	49,640	57,400	44,800
うち39歳以下	10,310	9,640	8,320	9,310	7,660
新規雇用就農者	6,510	7,290	8,400	7,570	8,040
うち39歳以下	3,730	4,140	5,530	5,100	4,850
新規参入者	2,180	1,750	1,960	1,850	1,730
うち39歳以下	700	560	580	620	640
新規就農者合計	81,030	73,460	60,000	66,820	54,570
うち39歳以下	14,740	14,340	14,430	15,030	13,150

注1．農水省「新規就農者調査」．
2．2010年の新規参入者は，東日本大震災の影響のため，岩手県，宮城県，福島県の全域および青森県の一部地域を除いて集計した数値．
3．農水省『平成23年度食料・農業・農村の動向』による．

を確保するのは見果てぬ夢であり，新規参入者（新たな農業経営者）も今のところ2000人程度に限られるとすると，「いえ」単位ではなく，地域で1人，「むら」で1人の農業あとつぎを農家の内外から確保するという「地域農業のあとつぎ」確保への発想の転換が求められる．集落営農による若い農業者の位置づけは，その有力な手段になる．

2　農地流動化と集落営農

農地流動化

　直系家族による自作農的土地所有・「いえ」農業という構造は，前述のように，農地移動抑止的といえる．しかし，このような3世代世帯の状況が変化することは，農地移動の活発化や協業のとりくみをうながす．

　農地流動化の主流は，当初は所有権移転だったが，しだいに賃貸借にシフトした．所有権移転が減った背景は，第1に，高度経済成長と1973年のオイル・ショック，狂乱物価にともなう地価高騰により，農地価格が採算地価（農業収益から物財費と労働費を差し引いたあとの土地純収益を，当時の定期預金率5％程度で割った値）をはるかに上回るようになったことである．第2に，農家の資金需要も兼業収入，融資や保険によってまかなわれ，農地を売らなくても済むようになったことである．

　農地改革をふまえた農地法の世界では，借地による耕作権を保護するため，賃貸借の解約は厳しく制限されていた．そのため「一度農地を貸したら返してもらえない」という意識が支配し，それが農地法上の賃貸借に対して抑制的に作用し，農地法によらない「やみ小作」を助長した．そこで，1975年の農用地利用増進事業，1980年の農用地利用増進法（1993年から農業経営基盤強化促進法）により，期間満了とともに賃貸借が終了し，農地を返してもらうことのできる，農地法による賃貸借規制を緩和した「利用権」という賃貸借の形態が導入され，賃貸借を促進した．

　利用権は契約された期間がくれば終了するので，その再設定を要するが，再設定率も21世紀には80％以上になった．いま，利用権設定等から解約・終了を差し引いた純増を見ると（表9-8），20世紀には所有権移転を下回っていたが，21世紀には年4万ha台に大きく伸びていることがわかる．今日ではもっぱら

表9-8 農地移動の推移

(単位:百ha)

	1970年	1975	1980	1985	1990	1995	2000	2005	2009
所有権移転	763	501	422	395	356	274	312	314	316
賃借権設定	18	59	370	453	534	625	942	1119	1240
再設定率(%)				71.0	73.3	75.5	81.4	83.4	82.5
賃借権解約・終了				267	348	457	534	704	828
賃借権純増				185	186	168	407	416	412

注1. 賃借権純増=賃借権設定-賃借権解約・終了.
 2. 農水省『農地の移動と転用』による.

 利用権のみが注目され,政策対象になってもいるが,それが主流になったのはようやく21世紀に入ってからのことである.

 利用権は,まったく新たに設定される場合と,それまで作業委託されていたものが,いよいよ水管理や畦畔管理の作業ができなくなって利用権に移行する場合の2つがある.当初は両者が半々ぐらいだったが,後には新設定が上回るようになっている.最近では,規模の大きい農家がまとまった農地を一括して貸し出す傾向も強まっている.

 利用権の設定期間は6年未満が6割で,農業や暮らしの先行き不透明と地代の低下傾向のなかで,長期の利用権は貸し手・借り手の双方から必ずしも好まれていない.しかし現実には,再設定率の高さにも見られるように,1度貸したら貸しつづけるケースが圧倒的である.

 田の賃借料は,2010年の全国平均で10aあたり1万3860円で,低下傾向にある.地域的には北陸・長野の1万6216円から中国の7662円まで倍の差がある(全国農業会議所『賃借料情報に関する調査結果』).

 水田の流動化率を地域別に見ると(表9-9),賃貸借で全国平均の34.3%を上回るのは北陸,東山,東海,近畿,山陰,北九州であり,ここ5年のアップ率が高いのは以上に加えて東北である(前述のように集落営農との関係で賃貸借が過大にカウントされている可能性もある).また近畿,中国のアップ率は平均以下だが,それらは後述する集落営農数が多い地域である.作業受委託のシェアでは東山と山陰が突出し,南九州も高い.

 このような地域性は,①3世代世帯が多いが,農業労働力の高齢化,兼業深化がすすむ北陸,東海の高い流動化,②2世代世帯が多いが,農家・農業の高齢化がすすみ,作業受委託の割合が高く賃貸借への移行もすすむ東山,③1世

表 9-9　地域別に見た水田の流動化率

(単位：%)

	1990年	1995	2000	2005	2010
全　国	10.0	13.2	17.7	23.7	34.3
北海道	6.3	10.2	14.4	19.6	24.2
都府県	10.4	13.6	18.1	24.1	35.5
東　北	6.4	9.2	13.3	18.1	31.0
北　陸	13.8	17.8	24.4	33.1	44.2
北関東	8.7	11.5	15.2	21.4	29.7
南関東	9.6	12.4	16.9	23.5	30.8
東　山	9.9	13.0	17.4	24.5	38.5
東　海	11.9	16.4	21.3	30.6	41.0
近　畿	13.7	17.5	22.7	28.7	36.2
山　陰	11.0	13.5	17.3	25.1	35.0
山　陽	11.3	14.0	18.0	23.4	32.4
四　国	11.3	13.4	16.6	20.4	28.5
北九州	13.4	17.0	21.3	25.9	44.7
南九州	13.7	16.8	21.3	26.6	33.1

注1．各年農林業センサスによる．
　2．流動化率＝借入田面積／経営耕地面積．
　3．2005年までは農家および農家以外の事業体．
　　　2010年は農業経営体に関するもの．
　4．原田純孝（編）『地域農業の再生と農地制度』農山漁村文化
　　　協会，2011年．第3章（橋詰登・執筆），表3-7の一部を引用．

代世帯化と農家・農業の高齢化がすすみ流動化率の高い九州，④集落営農の多い中国，にまとめられる．しかしこれらの地域性は相対的なものであり，全国的に北陸から西日本にかけて流動化がすすみ，東北もあとを追っているといえる．

農業・農村の担い手

　1960年代の基本法農政は，「自立経営の育成」をめざしていた．「自立経営」は，世帯主夫婦とあとつぎが自家農業を自己完結的に営む，単婚家族的な経営像である．他方で，高度経済成長期以降の兼業化や高齢化のもとで，自家農業を自己完結的に営むことの困難性，いいかえれば「農業の外部依存」性が強まっていく．そうなると，集団栽培や生産組織といった組織化により集団で対応したり，あるいは機械作業を他家に委託し，だんだん水管理や畦畔管理の作業にも耐えられなくなると農地を貸し付ける傾向がでてくる．こうして，地域農業の組織化や，作業受委託，売買や賃貸借による農地流動化がすすむようになる．

それとともに，農作業や農業経営の引き受け手が必要になる．総合農政・地域農政期以降，そのような引き受け手を，周辺農家との関わりで「中核的担い手」と呼ぶようになり，さらには「中核的」が取れて「担い手」と呼ばれるようになった．

1992年新政策以降の新自由主義的な農政は，たんに大規模農家，規模拡大農家をもって「担い手」と呼び，それを認定農業者制度（市町村が経営改善計画を認定した農業者に低利融資等の措置を講じる制度）や品目横断的政策で選別的に育成しようとした（→第6章3）．

しかし「担い手」という言葉は，以上の経緯からしても，また「責任をもって引き受け，支える人」という語義からしても，他の農家の，ひいては地域の農業・農家の作業や経営を引き受ける者を指している(10)．そしてグローバル化のなかで地域の食や農村社会の存続がおびやかされてくるなかでは，農作業や農業経営の担い手のみならず，地域資源管理の担い手，直売所向け農業の担い手，地産地消・食育の担い手，「むら」社会の担い手，農村文化の担い手など，実に「多様な担い手」が求められるようになる．このような「多様な担い手」を農村社会に位置づけ，それぞれの持ち味を活かすことが，後述する集落営農や第11章でふれるコミュニティ・ビジネスの課題である．

土地利用型農業の担い手

「多様な担い手」のなかで，農業経営の担い手については，米・麦・大豆等の土地利用型農業の担い手と，あまり大きな面積を使わない園芸作や直売所向け農業等の非土地利用型農業のそれを分けて考える必要がある．土地利用型農業は広い面積を必要とし，規模を拡大すれば効率性（低コスト化）を追求できるが，非土地利用型農業は相対的に広い面積を要さず，新鮮・安全等の高品質を求める．

農業の外部依存や，それができない場合の耕作放棄地化がすすむなかで，とりわけ重要なのは土地利用型農業の担い手であり，その安定的確保である．

日本の農業構造は長らく停滞的とされてきたが，ここにきてようやく規模拡大の機運が生まれてきた．それは兼業化の極としての高齢化がすすみ，加えてグローバル化のなかで多数の農家の農業継続が困難になるなかで，それらを社会的に「担う」とともに，農業情勢の悪化という「逆境」を逆手にとって規模

表9-10 農業経営体の経営耕地規模別の伸び率とシェア（都府県）

(単位：％)

		1ha未満	1〜2ha	2〜3ha	3〜5ha	5〜10ha	10〜30ha	30ha以上	うち10ha以上
経営体数伸び率		△19.3	△17.1	△15.5	△8.1	10.8	44.6	142.1	56.0
シェア (2010)	経営体数	55.5	24.8	8.2	5.4	3.1	2.0	1.0	3.0
	経営耕地	14.4	15.8	9.0	9.4	9.7	15.5	26.2	41.7

注1．伸び率は2005〜10年．
　2．農林業センサスによる．

拡大する動きだといえる．

　2010年農林業センサスにおける農業経営体の規模別状況を見ると表9-10のごとくである．戸数シェアより面積シェアが大きいのは3ha以上，戸数が増えているのは5ha以上（この傾向は1995年から）で，上層に行くほど伸び率は高い．とくに10ha以上層の伸び率が高く，その戸数シェアはたった3％だが，面積シェアは42％にものぼる．また20ha以上の経営体の面積シェアは2005年の26％から2010年には32％に伸びている．21世紀に入り日本の農業構造は動きだしたといえる．

　このような規模拡大の動きはコストの引き下げをともなうが，水稲作ではそのような規模拡大効果は10ha程度で尽きてしまうとされている(11)．

　他方で，地域の農家がみずからの家産としての農地を託し，末永くていねいに保全してほしいと願う「担い手」は，後継者を確保した2世代経営である．ある地域についての筆者の調査結果をまとめると（表9-11），水田の家族経営で2世代就業を確保できるのはおおむね30ha以上である．30〜50haまでは2世代経営，50ha以上になると雇用者を入れた法人経営化する．他方，10〜30haは夫婦経営，10ha以下だとワンマン・ファームになる(12)．

　水田農業の規模拡大効果が10ha程度（転作もふくめて15〜20ha）までであることと，2世代経営として必要な30haとのあいだには，かなりのギャップがある．規模拡大効果が10ha程度で止まるのは借地による耕地分散が強まるためで，地域で連坦化にとりくめばある程度は解消される．また水稲のコスト低下は一定規模までだとしても，付加価値生産性の上昇はそれ以上の層でも引きつづく．これらの大規模経営は，単純に低コスト化ではなく，販売や加工による高付加価値化を主目的にしているわけである．

　また30ha以下でも，販売加工や園芸作と組み合わせるなどして規模の制約を突破して，2世代世帯経営化を果たしている経営もある．10ha以下のワンマ

表9-11 青森県五所川原市における担い手経営の規模別類型

規模階層	50ha 経営（B）	30ha 経営（F）	10ha 経営（I）
経営耕地（うち自作地）(ha)	47.0（24.0）	30.0（20.0）	10.5（4.0）
2001〜2010年の購入（ha）	5.1	6.5	2.2
労働力（家族）	主59，妻57 あ35，嫁32 次男32	主59，妻57， あ32，嫁31	主49
労働力（雇用）	35，35	臨時雇用	臨時雇用
トラクター（馬力）	170，150，120，67，24	95，80，60，18	30，22
田植機	10条	6条	6条
コンバイン（台）	汎用2，自脱型1	汎用2	自脱型1
乾燥機	80石3，70石1 60石3，40石1	80石，50石，50石	50石，47石
経営の特徴	転作作業大規模受託	菊栽培	米・大豆

注1．2010年6，8月の調査による．
　2．労働力の数字は年齢，「あ」はあとつぎ．

ン・ファームも，仲間どうしが協力し，1人が担えなくなった借地等は仲間が引き受ける等の対応が明確化していれば，経営継承的な経営，土地利用型農業の担い手としての認知を得られよう．

いずれにしても，このような規模拡大は，ごく一部の1世代世帯化がすすんだ大平野部に限られ，その他の地域ではなお点的な存在といえよう．

集落営農の実態と目的

そうだとすると，個別経営による規模拡大以外の，協業化による規模拡大の道も探る必要がある．「いえ」農業は「むら」農業でもある．近世の「むら」では，「田植え・稲刈り・脱穀・屋根葺などに際して，村民は結・もやいなどとよばれる共同作業を集中的におこなって，労働や暮しをささえあってきた」(13)．戦後も共同田植え，共同炊事などがおこなわれ，1960年代には集団栽培，1970年代からは生産組織化・地域営農集団化，そして1990年代からは地域・集落ぐるみでの集落営農のとりくみがなされてきた(14)．後述するように，農業基本法も個別経営の規模拡大と協業化の2つの道を追求してきたが，後者については時期により濃淡があった．そのなかで，地域農業の弱体化に直面した自

治体農政が，さまざまな協業化を地道に追求してきた．
　しかるに末期自民党農政が経営所得安定対策（品目横断的政策）で，5年以内に法人化するという要件を満たした20ha以上の集落営農を交付対象にしたことにより，一挙に集落営農化の機運が高まった．本来，集落営農とは集落規模での協業を内容とするはずだが，農政は，販売と経理の一元化のみを要件としたので，協業の内実をともなわない「ペーパー集落営農」も林立することになった（そのことが統計的に農家の戸数減と賃貸借の増大を過大にカウントした可能性については前述した）．また農政は，まず任意組織化し，そのうえで法人化するという2段階方式を提示したが，任意組織だと20ha以上が交付要件になるが，法人であれば個別経営の要件である4haで済むため，集落規模の小さな新潟，広島県等の中山間地域では，はじめから集落営農法人化をめざす動きもあった．
　このように，ひとくちに集落営農といっても，その熟度には差がある．まず農水省『集落営農実態調査』（2011年2・3月調査）で集落営農を概観しよう．同調査は集落営農を，「『集落』を単位として，農業生産過程における一部又は全部についての共同化・統一化に関する合意の下に実施される営農」と定義している．「合意」の指標が先の販売・経理の一元化なのだろうが，ポイントは前半の「共同化・統一化」にある．また「集落」は複数の場合もふくまれる．
　統計が把握した集落営農は，2006年までは1万程度だったが，2007年に経営所得安定対策を受けて1.2万に急増し，2009年は1万4843で，前年に対して3％が解散，11％が新規になっている．農業集落数に対する集落営農の割合を見ると，全国平均9.2％だが，東北，北陸，近畿，四国は20％前後になる．地域類型別には平地地域と中山間地域が各44％を占め，相対的に中山間地域に集中している．
　構成集落数は1集落が76％だが，3集落以上も28％を占め，平均すれば1.9集落になる．構成農家の平均は38戸，平均面積は34haである（法人は2.5集落，43戸，38haとやや大きい）．
　設立年次は，2004年以降が一括表示されているが，それが68％で，東北・関東・九州は70％以上になる．これらの地域は，2007年の経営所得安定対策の加入率が全国平均51％であるのに対して60％前後と高い（北陸も）．
　主たる従事者（中核的に担う者で，市町村の基本構想で定めている農業所得

水準に達している者か，それをめざす人）は，全国的には「いない」21％，「1人」23％，「5人以上」29％に分かれる．地域的には東北，関東，東海，九州では「5人以上」が最も多く，北陸は「1人」，近畿・中国は「いない」が最も多い．認定農業者が参加している集落営農割合は，全国64％に対して，東北，関東，九州が80％前後で高い．

東北・関東・九州で主たる従事者や認定農業者の参加が多いということは，内容の充実した集落営農の印象を与えるが，実態は必ずしもそうではない．販売・経理の一元化にとどまり，作業は個別におこなったり，転作作業のみを中核的メンバーがおこなったり，作業受委託が主だったりする．交付金の受け皿としての政策対応的な集落営農が多いと推測される．それに対して北陸・中国の集落営農は，自生的協業的なものが多い．

集落営農の活動内容を見ると，農産物の生産・販売70％，機械の共同所有・利用78％，作業受託50％，土地利用調整61％，営農の一括管理・運営26％である．実態として協業をともなうのは，最大でも，「農産物の生産・販売」と回答した70％にとどまるだろう．

また「農産物の生産・販売を行っている」集落営農のみについて，その目的を見ると，「地域の農地の維持管理」90％，「生産調整」60％，「所得を上げて地域農業の担い手になる」39％である（重複回答）．とくに「地域の農地の維持管理」は，北陸と東海以西（九州を除く）が90％以上になる．

かくして「集落営農」は「営農」と銘打つものの，何よりもまず「地域の農地の維持・管理」が目的である．それは先に見た農家の状況からもうなずけよう．では何のための「地域の農地の維持管理」なのか．それは「むら」に定住するためである．「むら」のど真ん中の田んぼに雑草が生えて荒れだしたら「むら」に住めなくなる．集落への定住のためには「むらの農地の維持管理」が欠かせない．個々の農家がそれができないなら「むらぐるみ」でおこなおうというのが，集落営農の原点である．

かくして〈定住条件確保→地域資源管理→営農〉というのが集落営農の目的の順序であり，論理である．集落営農は，現代における生産・生活共同体としての「むら」の復活ともいえる．だから集落営農にとりくむにあたっては，農業だけでなく「むら」の生活上の課題を幅広くとりあげ，世帯主だけでなく家族全員が討議に参加する必要がある．

集落営農では，このように「営農」は目的ではなく手段だが，しかし「むら」ぐるみでの営農のとりくみは結果的に農地の団地化・連坦化を果たし，個別の大規模経営に勝るとも劣らない効率性を発揮しており，「地域の農地の維持管理」はまさに地域農業の担い手に求められる機能でもある．

集落営農の段階（階梯）と類型

集落営農とは，統計上は前述のように「……共同化・統一化に関する合意の下に実施される営農」と定義され，「統一化」の下に，実際の営農は個別農家ごとにおこなうもの（ペーパー集落営農）から，協業実態をもった集落営農まで，幅が広い．しかし個別経営と区別された「営農」としての集落営農とは，「なんらかの村落共同体規模での協業組織」だといえる．この場合の「村落共同体」は，農業集落（むら）の有志から，1農業集落，数集落，藩政村，明治合併村などさまざまだが，先の統計でも1農業集落が7割を占めるなど，基本は農業集落だといえる．

「協業」は「単純協業」（多数が同一の作業をおこなう）と「分業にもとづく協業」に分けられるが，後者を集落営農にあてはめれば，機械作業と水・畦畔等の管理作業との分業が基本になる．それぞれを誰が担うかにより集落営農を分けると，次のようになる．

（A）任意組織

機械作業は参加者の一部がオペレーター集団として担うが，水や畦畔の管理作業は地権者がそれぞれの所有農地についておこなう．組織内部で機械作業をオペ集団に委託する関係ともいえる．

オペレーター賃金はむら仕事並みに低く抑えられ，収益は参加面積に応じて配分される．労働よりも所有権優位の段階である．

（B）集落営農法人（第1段階）

集落営農が法人化し，法人として構成員から所有農地の利用権の設定を受ける．そして機械作業はオペ集団がおこなうが，管理作業の多くは構成員に再委託される．実態としては管理作業は，依然として構成員がみずからの所有農地についておこなっているわけである．

この場合は利用権（賃貸借）といっても，実態は機械作業のみの「半利用権」，あるいは構成員も管理作業はおこなうので「半自作農」ともいえる．その場合の管理作業の「再委託」料金は，地代にも匹敵する「高」額におよぶ場合が多い．畦畔率の高い中山間地域等ではとくにそうである．
　ただし構成員の高齢化がすすむにつれて，管理作業できる者も限られてきて，彼らがエリアを分けて分担するケースも出てくる．また徐々に管理作業できなくなる構成員が発生するので，その農地の管理作業は法人としてオペレーター等がおこない，文字どおりの法人への利用権設定に移行する場合もある．
　物財費，オペ賃金，地代，再委託料等を支払った残りの収益は，所有面積に応じてではなく，出役時間に応じた従事分量配当になる．

(C) 集落営農法人（第2段階）
　管理作業を地権者戻し（再委託）することはせず，法人経営者（役員やオペレーター）が担う．構成員は完全に法人に利用権を設定することになり，地代のみを受け取ることになる．かれらが構成員にとどまる場合も，構成員は農地所有者と法人経営者に分かれ，集落営農は「集落」を基盤とし母体としつつも，経営的にはそこから自立することになる．その場合に，集落営農組織の中核的な担い手を，外部から雇用者として採用する場合もある．

　以上において組織経営体と名実ともに言えるのはCレベルであり，A・Bは個別農家による農業経営の実態を濃淡の差はあれ残したままの組織であり，農家と組織経営体を截然と区別できるものではない．
　農政が構造政策の手法として個別経営の規模拡大とともに協業を認めるのは，Cをゴールとして，それをめざしてのことだろう．また2010年からのTPP論議のなかで，農協組織が1集落20〜30ha経営体の育成をめざそうとし，それを民主党農政が引き取ったのも，同様のことだろう．そこでは集落営農が認められるとしても，それは〈A→B→C〉と段階（階梯）的発展をとげていくものとしてである．そしてそれは構成員農家の高齢化の進展による管理作業不能化の広がりとともに展開していくことが想定される．これが集落営農の段階（階梯）論である．
　しかし果たしてそうなるだろうか．機械のオペレーターも高齢化するが，そ

のときには次世代が定年前後となり，帰農者にバトンタッチしていく．地権者の側でも高齢化すれば次世代に引き継がれていく可能性もある．そうなると，集落営農が経営体として地域から自立するのではなく，AあるいはB段階に長らくとどまる場合も出てくる．その場合には，A，B，Cは段階（階梯）差ではなく類型差になる．

　先の統計によると，集落営農のうち法人化しているのは15.5％，任意組織のうち法人化予定は46.5％である．両者あわせて55％程度である．法人化率が高いのは北陸・中国で30％弱である．法人化してもB段階にとどまるものが多いとすれば，簡単に段階論で割り切ることはできない．

　いずれにしても，集落営農にとって決定的なのは，リーダーやオペレーターの確保，そして管理作業の担い手の確保である．そのために，地域としての意識的なとりくみが不可欠であり，定年帰農して集落営農に参画するには，農作業を体が覚えている必要がある．

集落営農連合

　集落営農は，個別の規模拡大と並ぶ，もう1つの「規模の経済」の追求経路である．しかし，北陸や西日本の中山間地域の農業集落はそもそも規模が小さく，規模の経済を追求するうえで限界がある．また組織が小規模・少人数であれば，リーダーやオペレーターの確保にも事欠く事例がでてくる．先の統計で「おおむね5年先を見すえた労働力（オペレーター等）の確保状況」を見ると，全国平均で確保されているのは53％と，半分にすぎない．

　そこで，集落営農が「規模の経済」を追求し，あるいは要員確保するための処方箋として提起されるのが，集落営農の合併・統合論であり，平野部では，農業集落単位から藩政村，明治合併村単位に統合していく事例も見られる．しかし集落営農の本場である中山間地域等では，農業集落が連坦しておらず，谷や山に隔てられて距離的にも離れているケースが多い．そういう地域で集落営農を統合しても，規模の経済が充分に追求できるかは定かでなく，また集落営農の重要な目的である集落の地域資源管理や定住条件確保の点でも難点がある．

　そこで実際に追求されているのが，農業集落ごとの集落営農組織を残しつつ，その機能の一部を統合する連合体の形成である．すなわち，標高差の相違による作業適期のちがいに着目して機械を共同購入・利用したり，あるいは栽培規

準を統一した減農薬や有機栽培の米をまとめて有利販売するなどの試みである．

単純な段階（階梯）論や統合論で割り切るのではなく，地域の条件に応じた多様な集落営農のありかたを見すえ，土地利用型農業の担い手として位置づけていく必要がある．

協業組織の採算性

後述する法人組織もふくめて，協業組織の採算性を見たのが表9-12である．

まず法人組織について見ると，法人全体と集落営農法人では，前者のほうがやや経営状況はよいが，大差はないので，前者について見ていく．ここでは①農業収入（販売収入等）が②農業経営費にほぼ等しい．つまり，農産物販売等では物財費部分しかまかなえない．それに対して，④営業外利益が⑤総所得にほぼ等しくなっている．すなわち，構成員に配分される農業所得は，ほぼ制度

表9-12 水田作経営の組織経営体の収支（2010年）

(1)法人経営　　　　　　　　　　　　　　　　　　　　　　　　　　　　（単位：千円）

	法人平均	集落営農	備考
①農業収入	29,379	24,981	制度受取金ふくまず
②農業経営費	28,844	23,833	構成員帰属分を除く
③営業利益	△11,824	△10,441	農業（関連）部門の利益
④営業外利益	13,912	12,344	制度受取金等が主
⑤総所得	14,388	13,646	
⑥1人あたり農業所得	5,957	5,348	専従者換算
⑦時間あたり農業所得(円)	2,985	2,670	
⑧経営耕地面積（ha）	31	28	
⑨専従換算従事者数（人）	3.8	3.6	
⑩農業従事構成員（人）	13.5	18.9	

(2)任意組織の集落営農　　　（単位：千円）

①農業粗収益	20,000
②農業経営費	27,988
③制度受取金	15,945
④農業所得	7,925
⑤1人あたり農業所得	338
⑥時間あたり農業所得(円)	1,421
⑦経営耕地面積（ha）	34
⑧専従換算従事者数（人）	2.9
⑨農業従事構成員（人）	33.0

注．農水省「平成22年農業経営統計調査　組織経営の営農類型別経営統計」による．

受取金(交付金)等でまかなわれているのである．それが③の農業部門の赤字をかなりの程度まで補てんする関係でもある．

次に任意組織としての集落営農を見ると，①の農産物の販売収入等では②の農業経営費(物財費にあたる)もカバーしきれず，③の制度受取金(交付金)等の半分をあてて補てんしている．③の残り半分が④の農業所得とイコールになり，これが構成員に配分されることになる．その水準は，法人化した場合の2分の1程度である．やはり法人化した組織のほうが経営的にはしっかりしてくるといえる．

なお全国平均の個別の水田作経営の時間あたり農業所得は2009年で439円だから，協業組織の水準はかなり高く，協業化のメリットは大きい．しかし協業組織といえども，農産物販売金額では物財費部分しかカバーできず，農業所得は制度受取金(交付金)，いいかえれば直接支払いに依存しており，その依存度は前章で見たEUの事例を上回るとさえいえる．協業組織にも政策的支援が欠かせない．

3 農業生産法人と企業の農業進出

農業生産法人と株式会社

これまで主として農家とその組織について見てきた．それに対して農林統計は組織経営体をカウントしている．それは2010年で3.1万で，法人が55％(内訳は農事組合法人が20％，会社が51％，農協等が27％)，任意組織が44％である．法人には集落営農法人がふくまれ，任意組織には法人化していない集落営農や特定農業団体(地域の農家の合意にもとづく作業受託組織)がふくまれる．

以下，法人について見ていく．経済取引をおこなえる法的主体としては，農家のような自然人(生身の人間)とともに，法により権利能力を認められた法人(組織)がある．われわれになじみがある法人は，株式会社とか学校法人などである．

農業では，農地を売買・貸借できる権利主体は，農家(自然人)に限定されていた．1952年に制定された農地法は，農地の権利主体(農地を購入・借入できる者)を「自ら耕作する者」(農業に常時従事する者)に限定した．それを「農地耕作者主義」というが，それは農地改革後の当初は自作農主義というか

たちをとり，権利主体は農家に限られた(15)．

しかるに農業基本法が構造政策の経路として個別の規模拡大とともに協業化の道を設定したため，協業組織に法人格を与える必要が生じ，1962年に農業生産法人の制度が発足した(16)．同法人は農地法に則して「自作農が集まり自作農の延長としての法人」「自然人の延長としての法人」を旨とし，その構成員は，法人に農地を提供し，法人の農業に「常時従事」する者とされた．そのため，同法人になれる法人は，主として農事組合法人（農業生産をおこなう小さな農協組織）と有限会社（社員50名以内に限定）に限定され，株式を自由に取得・譲渡できる株式会社は，その株の所有者が農作業に「常時従事」するか否かを確認しえないため，農業生産法人としては認めなかった．

1970年に賃貸借規制が緩和されたことにともない，農業生産法人には業務執行役員が設けられ，その過半が農業常時従事者でなければならないとされた．これにより同法人は，制度的には自作農の組織から農業従事者の協同組織に転じた．

農業生産法人は漸増し，1990年には3816（うち有限会社2167）になったが，そのころまでは同法人の制度が政策に検討されることはなかった．しかるにグローバル化時代に入り，とくに1990年代なかばからの規制緩和路線のなかで，財界から，農業生産法人の要件を緩和して株式会社も同法人になれるようにすべきという要求が熾烈化した．農政も1992年の新政策を経て，1993年には一定の要件を満たす農外者の農業生産法人への出資を，1人で10分の1以下，合計で4分の1以下について認めることにした．そして新基本法の制定を受けて，2001年には，株式の譲渡制限をした株式会社は，要件を満たせば農業生産法人になれるようになった(17)．

財界の次なる要求は，株式会社等が農業生産法人形態をとらずストレートに農地賃借できること，ひいては所有権も取得できることだった．前者は，小泉構造改革時の構造改革特区制度，それを一般化した特定法人貸付制度等を通じて徐々に解禁されていき，2003〜09年にかけて436法人の農業進出を見た．

さらに2009年の農地法改正により，区域等を限定せず全国どこでも，株式会社等の一般法人による農地賃借が可能になった．この制度により，2009年12月から2012年3月までに838社の進出を見ている．

こうして残るのは農地所有権の取得の禁止だけになった．借入農地は通常は

農業的利用しかできないが，所有農地は金融資産としての価値ももつことになり，株式会社の農地取得を認めれば農業への影響は甚大になる．

以上の結果，農業における法人は，従来からの（A）「地域に根ざした農業者の協同体」としての農業生産法人，（B）農業生産法人の形態をとった一般法人，（C）同形態をとらない一般法人，の3者が混在することになった．

2010年センサスにおける農業分野の法人は1万7069，うち農事組合法人3566，会社が8909，その他の団体等が4609となる．

農業生産法人数は21世紀に入り加速化し，2011年の同法人数（A，B）は1万2052，うち農事組合法人が3154，その他が会社であり，会社のうち有限会社6572，株式会社2135である．有限会社の制度は2010年に廃止されたが，特例有限会社として継続している．

農業生産法人は，地域ぐるみで多数が参加する場合は農事組合法人のかたちをとり，家族経営が法人化する1戸1法人（統計上はあくまで家族経営体）や少数メンバーによる法人化は有限会社（今後は株式会社）のかたちをとることが多い．組合法人は和名，会社法人は和製英語名を名乗るものが多い．

家族経営や任意組織が法人をめざすにあたっては，企業としての信用・取引力の強化，社会保障の充実による従業員やそこからの後継者の確保，迅速な意思決定など企業経営ノウハウの導入等が動機としてあげられる．今後は人材確保の点が決定的になろう．

企業の農業参入

株式会社等の一般法人は，今後の農業進出にあたり，農業生産法人の形態（同法人への参加・出資をふくむ）をとるか，一般法人のまま進出するかを選択することになる．農業生産法人の場合は，一定の要件を満たす必要があるが，地域の農業者等との協同をめざすものが多く，所有権取得も可能になる．一般法人の場合は，単独進出をめざすものが多いだろうが，賃借しかできない．いまのところ株式会社による農地所有権取得の要求は，中央財界による規制緩和というイデオロギー的な主張にとどまるが，実態面でも，農地賃借しかできない一般法人の数が増大し，その営農期間が長くなるにつれて，経営上の観点から所有権取得の要求が強まらざるをえないだろう．

一般法人による農業参入の内訳を見ると（2011年8月末），作目別には野菜

49%，米麦等18%，複合15%，果樹10%等で，土地利用型は少ない．業種別では食品関連22%，建設業15%，農業13%，製造業7%，その他43%で多岐にわたる．法人数20社以上の県を見ると，静岡，岐阜，愛知，兵庫，鳥取，熊本で，大都市近郊と遠隔地に分かれる．

　21世紀に入り，にわかに企業の農業参入が注目されている．その多くは農地を用いない野菜工場等への進出だが，同時に，以上に見てきた農地を用いる進出も増大している．その背景には，内需型産業の不況による新たなビジネス・チャンスの模索があろう．とくに建設業は，公共事業減に対する事業・雇用確保の必要性が大きく，もともと兼業農家の雇用が多いこと，所有機械を利用できること等のメリットがある．

　食品関連や野菜作等への進出には，生産者が高齢化して原料の安定確保が困難になったことがあげられる．このような地域では地元事業者の農業進出も多く，法人を立ち上げるとまたたくまに借地が増えたりする．

　スーパーマーケット・チェーン等の大規模流通資本は，食品残渣を利用して堆肥をつくり，それでつくった野菜を店頭に並べる等のストーリーで消費者に自然循環への参加意識をもたせるなど，「わけあり商品」の開発等をおこなっている．

　農村サイドから見ると，企業の農業参入は農業補充型と連携型に分けられる．補充型は，高齢化や後継者難，耕作放棄がすすむなどして地元の農業者だけでは農業維持が困難で，外部からの企業進出に頼るケースである．連携型は，すくなくとも当面は農業者確保が困難なわけではない園芸産地等が，企業を通じた新たな販路の開拓・確保，IT技術を活用した生産・労働管理等のwin winの関係を求めている．企業としても優良産地の「囲い込み」による新鮮野菜・有機野菜等のイメージ戦略，IT技術の農業への応用，肥料農薬等の実地検証等の目的をもっている．

　農商工連携や農村の6次産業化（1次産業，2次産業，3次産業の1，2，3をプラスする，あるいは掛けるというダジャレ的定義）の機運は，このような傾向をますます助長するだろう．これらのケースの多くは，地元の農業者，法人，農協等との協力のもとに，地元の農業者との共同出資による農業生産法人形態をとることが多い．

　いずれにおいても，企業の進出は子会社形態をとることが多く，親会社から，

赤字が何年か続いたら撤退する等の厳しい条件を付けられているケースもある。厳しい農業情勢のなかで，営利企業としては当然であるが，撤退が地元の農業に与える影響は甚大である．また耕作放棄地対策等は土地利用型農業の展開を必要とするが，野菜工場に傾斜した企業ニーズとは必ずしもマッチしない．

　法的に可能となった企業の農業進出をいちがいに拒むのは得策でないが，地域農業が，資金力，視野，ノウハウにすぐれる企業と対等の関係を保持していくには，みずからの確固たる農業振興計画をもち，そのなかにきちんと企業的農業も位置づけ，企業に一本釣りされるのではなく，組織的に対応する必要がある．

4　構造政策の課題

構造政策の変遷

　構造政策は，農林水産省におけるその担当局が農地局→構造改善局（1972年）→経営局（2001年）と名称変更されてきたことに象徴されるように，時代とともにその目的が，農地管理→農地流動化→経営体育成へと変化してきた．

　1961年の農業基本法は，その第4章を「農業構造の改善」にあてているが，家族経営の発展と自立経営の育成という目標設定，協業の助長，農業構造改善事業の他は，めぼしい規定はなかった．肝心の規模拡大は，農地局における農地管理政策（農地の権利移動の管理）のなかに埋没していたといえる．規模拡大をねらっても，所有権移転が権利移動の中心となる時代には，行政が「家産」としての農地の売買を促進するのはむずかしく，せいぜい売りに出された農地の移動を望ましい方向に誘導することぐらいしかできないが，それも1965・66年の農地管理事業団構想（売りに出された農地を事業団が先買いし，望ましい経営に転売する構想）の挫折により潰えた．

　1970年代以降，農政は賃貸借の抑制から促進に転じ「農地流動化政策」を追求するが，これも貸し手に奨励金を出すことぐらいで，決め手を欠いた．しかし高齢化がすすむにつれて農地は「出し手市場」から「受け手市場」にシフトすると見通されるようになり，ガットURの妥結を控えた1992年の新政策は，「マクロとしての農業構造をどうしていくべきかという視点よりも，ミクロとしての農業経営の育成強化」に焦点をあて，「経営感覚に優れた効率的・安定

的な経営体の育成」（従事者の生涯所得が他産業に均衡する経営）を目標に掲げた(18)．つまり，農地流動化の促進から経営体の育成への，政策の力点のシフトである．具体的には稲作経営については，効率的経営の規模を10〜20ha，組織経営体は1〜数集落とし，それぞれ35〜40万，4〜5万を育成し，そこに農地の8割を集積するとした．そのために市町村が，農家の経営改善計画を認定することを通じて「認定農業者」を選定し，低利資金（スーパーL資金），利用権の集積，農業者年金における国庫助成，各種交付金等のすべての政策を彼らに集中し，育成の一環として法人化をうながす，というものである．

選別政策は有効か

しかし効率的かつ安定的経営に向けての農地集積という選別政策は，なお具体性に欠けた．そこで登場したのが末期自民党農政の経営所得安定対策であり（→前章3），一定規模以上に政策対象を限定することで，効率的かつ安定的経営の育成に資そうとする，本格的な選別政策に踏み切った．しかしそれとて，一定規模以上にはこれまでとそう変わらない金額を交付するが，それ以下の層はこれまで交付していたものをやめるだけのことで，「担い手」育成に積極的な財政措置を講じるものではなかった．

これらの選別政策に対する反発が，米価下落対策の欠如とあいまって農村部でも政権交代への動きとなったことはすでに見てきた．民主党農政は当初は選別政策から脱皮しようとしたが，TPP参加に向けてふたたび前述のような20〜30haの中心経営体への集積に舞い戻っている．

長年にわたる構造政策の追求を通じて，農業構造は政策が動かそうとしても動くものではないことが明らかになった．しかし逆に，期が熟せばおのずと動くものだといえる．現実の決め手は高齢化であり，後継者難である．図9-1は，5歳刻みで年齢階層別の農業就業人口の2005年から2010年への推移を見たものである．たとえば2005年の65〜69歳層以上は，2010年には70〜74歳以上層になっていることになるが，5年間にその数が大幅に減っていることがわかる（リタイアや死亡）．農業就業人口の平均年齢も65.8歳に達したが，その層からリタイアが強まっているのである．

構造政策は，選別政策を通じて農地供給を無理にうながすことではなく，高齢化等の結果としておのずと供給される農地をいかに「地域農業の担い手」に

方向づけ，あわせて団地化をはかることにかかっている．その手法として，農政は全市町村に農地利用集積円滑化団体を設立し，貸し手が同団体に農地の貸付先を白紙委任した場合には奨励金を交付することで，農地集積を果たそうとしている．しかし農地の団地化をはかるには，公的機関が供給農地をいったん賃借して，それらを一定期間プールして管理耕作し，まとまったところで担い手に転貸する，中間的農地保有機能が不可欠である．このような農地保有合理化は，県農業公社，市町村農業公社（150あまり），農協が担うのがふさわしく，また管理耕作のために傘下の農業生産法人を設立するケースもあるが，農協出資型法人等もその一翼を担いうる．

また政策は賃貸借（利用権）しか視野に入れていないが，地価の相対的に低い遠隔地域等では現に農地売買がかなりおこなわれており，また個別に見れば利用権とともに農地購入している担い手も多い．農地の所有権移転についてはこれまで県農業公社の農地保有合理化事業が，売り手からの農地の購入，転売予定者に対する一定期間貸付け後の売却，融資，売り手への税控除，あるいは農地の転貸借等をおこなってきたが，このような制度の継続充実が望まれる．

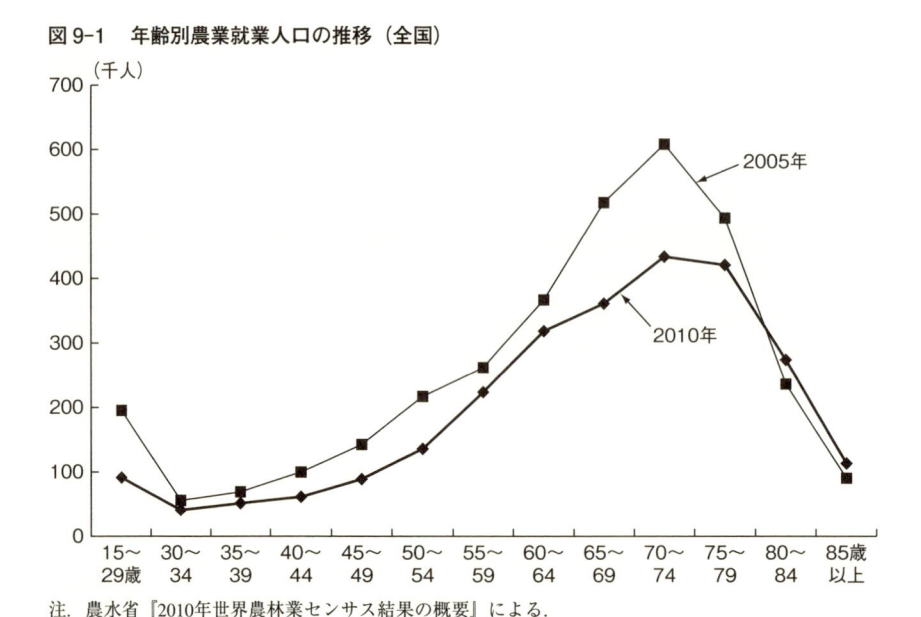

図9-1　年齢別農業就業人口の推移（全国）

注．農水省『2010年世界農林業センサス結果の概要』による．

担い手の育成と新規就農対策

　本章では，「担い手」とは，一定規模以上の農業経営を指すのではなく，高齢化等で継続困難になった地域農家の農作業や農地の受け手になるという，地域ニーズ（社会的課題）を「担う者」とした．家産としての農地を末永くきちんと管理保全してほしいという地域ニーズに応えるには，担い手に経営の安定性・継続性が求められる．それを土地利用型農業の家族経営で果たそうとすれば2世代経営化が理想だが，それがむずかしい現状では，複合化や加工・販売等で補完するとか，あるいは農業1世代限りになるかもしれない個別経営どうしが組織的に対応する（自分が受けてきた農地を他の構成員に継承してもらう）等のとりくみが必要だし，集落営農化も有力な手段である．

　構造政策は本来，農業者年金制度等を充実して，早期リタイアをうながすとともに，離農による過疎化を防ぐために具体的な新規就農者確保対策を講じることである．ここで新規就農は，経営継承と経営新設（青年の農業参入）の両方をふくむ．1992年の新政策はフランスの青年農業者就農助成制度やGAEC（親子間の共同経営農業集団），EARL（夫婦，兄弟等による共同出資等有限責任農業経営）を詳細に紹介しているが，その後の農政はいっこうに手を打ってこなかった．TPPに参加しようとする民主党農政は，新規就農者に最長5年にわたり年平均150万円程度の「青年就農給付金」を支給する制度を打ち出した．日本の「むら」農業が外部から新規就農者を受け入れるにあたっては，このような財政支援だけでなく，「むら」社会に妻や子ども（学校でのつながり）もふくめて溶け込むことができるような社会的支援が欠かせない．

　国の制度を待たず，新規就農者対策にとりくむ自治体や農協も見られるが，その作目は施設園芸等に偏り，担い手確保が喫緊の課題である土地利用型農業はわずかである．このむずかしい課題へのチャレンジが求められている．

家族経営の内部変革

　家族経営が世代的に継承されていくには，後継者世代や女性にとって魅力あるものにならなければならない．その点で，直系家族制にもとづく「いえ」農業は，世代間関係（継承）と夫婦間関係（ジェンダー）という縦横二重の問題を抱えている．

　それらの問題を解決するために，「いえ」を解体して単婚家族化すべき，さ

らに極端には家族の個への解消も主張されているが,「家族」「いえ」「むら」という自然発生的共同体は,それ自体が変わっていくものではあっても,人為的に解体できるものではないとすれば,必要なのはその「内部変革」である.それらの課題は構造政策になじまないように見られるが,農業基本法も構造政策のトップに「家族農業経営を近代化して」という課題を掲げていた.

世代間関係では,「いえ」農業は,直系男子が後継者となり,彼は,将来的に無償で農地の一括相続を受けることを前提に,無償労働を余儀なくされてきた(最近では専従青年には賃金を支払うケースが多くなった).また変動期における異なる世代の同居生活には,「同居のマナー」が充分でないと摩擦が生じる.最近では,異なる世代が同じ敷地内に同居＝別居したり,同じ屋根の下でも玄関,居間,食事,風呂等を別にして,世代間のつきあいやプライバシーを尊重するケースも多い.

男女間では,販売農家の農業就業人口の50％は女性であり,そのほか育児,家事,介護のほとんども女性が担う.しかし経営主の妻は,その無償労働(アンペイド・ワーク,最近では一定の支払いも見られるようになった)が暗黙に前提しているはずの農地相続にもあずからない.農地の権利を有しない者は日本ではなかなか経営者として認められず,1経営の複数経営者によるパートナーシップ経営は認められないが,最近では後述する家族経営協定で実態的に夫婦パートナーシップ経営が認められるようになった.しかし税制は依然として「1経営1事業主」主義に立ち,夫婦パートナーシップ経営を認めていない.

このような状況を打開するため,家族労働に対する労働報酬の支払い,就労条件や農休日の設定等がすすめられ,その手段として,専従者給与の支払いが認められる税の青色申告制度,農業生産法人化や家族経営協定が使われている[19].家族経営協定は,世帯員間で作業や家事の分担,収益配分,労働時間や農休日,扶養・介護・相続(の一部)について,農業委員会等の立ちあいのもとに(文書)協定を結ぶことにより,経営や家族関係の近代化をはかろうとするものだが,制度のありかたそのものに深く切り込むものではなかった.しかし,認定農業者についても経営主1人のみが認定されていたが,2003年から家族経営協定を結んだ場合には妻も共同経営者になれるようになった.農業者年金でも家族経営協定の締結により女性に加入の道を開くなど,徐々に制度面にも効果がおよぶようになった.

第9章　農業構造問題

　最近では規模拡大がすすむなかで，経営における経理面の比重が高まり，また販売・加工面でも女性の活躍の場が増えている．われわれの農家調査にも，夫婦で対応してくれるケースが増えた．兼業農家では女性が農業を支えるケースが多い．直売所向け農業においても「元気なおばあさん」が担い手になっている（その販売収入は彼女の口座に振り込まれる）．これらの動きは「いえ」農業から夫婦のパートナーシップ農業や「かあちゃん」農業への実態的変化を引き起こしているように見える．このような個別経営レベルでの努力に対して，「むら」社会は依然として男性優位である．「むら」役，農協理事，農業委員等への女性の登用などを通じて，共同参画を社会規範化していく必要がある[20]．2011年には，女性委員のいる農業委員会は58％，女性理事のいる農協は55％になった．

　しかし，最終的には，自家農業や介護等に対する女性の寄与分を相続に反映させるなどの制度対応が必要である．このような「いえ」における権利関係の明確化は，これまでの農地の直系男子一括相続の実態にも跳ねかえり，均分相続の要求を高めるだろう．相続における所有権の分割等を前提として，それを経営として再統合していく家族経営の法人化のしくみ（分割相続した者がまとめて経営継承者に農地を貸し付けるなど）等の検討も必要である[21]．

地域農業支援システム

　それぞれの地域の農業の担い手を明らかにし，いかにその育成をはかるかは，国の農政ではなく，地域農政が担うべき課題である．国が認定農業者制度や農地利用集積円滑化団体などを一律に設計するのは，国による農政の画一化をまねくだけだろう．

　他方でこれまでの地域農政の担い手は，自治体や農協の広域合併，県普及組織の統合等により，システム，スタッフともに著しく弱体化してしまった．加えて国の農政は，みずから設計した農政枠組みの実行を地方に押しつけ，地方も農業者も煩雑な書類作成に忙殺されることになった．また小泉構造改革期に交付金等の受け皿として地方に協議会方式を押しつけ，調整コストを加重した．

　このようななかで，地域では，なけなしの政策資源をおたがいに持ち寄り，担い手の育成，とくに集落営農の育成のために協働しようとする機運が生じてきた．それがいわゆる「ワンストップ」化（ワンストップショッピングのよう

に1ヵ所で用を済ませられる），「ワンフロア」化（ワンフロアで仕事をする），さらには「地域農業支援センター」化の動きである．

　この動きは，国の経営所得安定対策が集落営農を交付対象とし，その法人化を義務づけたことも拍車をかけたが，そもそもは地域の自主的な動きとして始まった点が特筆される．

　このような動きの先がけとして，「市町村農業公社」があげられる(22)．市町村公社は主として自治体と農協が共同出資する第3セクターとして，農地のあっせんや作業受委託，地域農業振興（農業者の育成，新規作目の導入，農産物販売）等をおこなってきたが，1992年から農地保有合理化法人として，農地の中間保有や転貸借，1995年からは管理耕作が認められるようになった．

　市町村公社は，出資金，運営費，要員を自治体や農協が担うなど，負担も大きいため，その設立は一部の地域に限られるが（合理化事業にとりくんだ公社は150あまり），ワンフロア化は担当者が協働する意思決定だけで済むため，前述のような厳しい状況に対応しうるものだった．

　ワンフロア化の主たる任務は，当初は集落営農の設立支援が主だったが，集落営農がある程度立ち上がったあとでは，その法人化が主たる任務になっている．他方で，地域では耕作放棄地の発生や新規就農者の支援等の新たな課題に直面するようになり，たんなる支援のための協働ではなく，作り手のいない農地を引き受けたり，農業研修や就農支援の事業が求められるようになり，農協が農業生産法人を設立して対応にあたるようになったりしている．しかしこれらの機関が所有者になり代わって農業経営することには限界があり，担い手の育成を主たる目的にすべきである．

　地域が主体となり，農業関係の諸組織が一体となって，集落営農の育成と担い手への農地の団地的集積にとりくむような組織化あるいは機能統合が求められている．

注
（1）　農林業センサスは2005年に大きな変更があり，その接続には問題があるので，定義や分類をよく読む必要がある．
（2）　内山智裕「農業における『企業経営』と『家族経営』の特質と役割」（日本農業経営学会［編］『次世代土地利用型農業と企業経営』養賢堂，2011年）．

（3） エマニュエル・トッド（著），石崎晴己（訳）『新ヨーロッパ大全』上，藤原書店，1992年.
（4） 平井晶子『日本の家族とライフコース』ミネルヴァ書房，2008年.
（5） 森岡清美（編）『現代家族のライフサイクル』培風館，1977年，第8章（石原邦雄・執筆）.
（6） 熊谷文枝（編）『日本の家族と地域性』上，ミネルヴァ書房，1997年.
（7） 田代隆ほか（編）『現代日本資本主義における農業問題』御茶の水書房，1976年，第4章（田代洋一・執筆）.
（8） 松浦利明ほか（編）『先進国農業の兼業問題』農業総合研究所，1984年，第Ⅰ部4（田代洋一・執筆）.
（9） 磯辺俊彦ほか（編）『1980年世界農林業センサス　日本農業の構造分析』農林統計協会，1982年，第4章（田代洋一・執筆）.
（10）「担い手」をめぐっては，田代洋一『地域農業の担い手群像』農山漁村文化協会，2011年，序章.
（11） 生源寺眞一『日本農業の真実』筑摩書房，2011年，第3章.
（12） 田代洋一『地域農業の担い手群像』（前掲），終章.
（13）『詳説　日本史』改訂版，山川出版社，2010年，167ページ.
（14） 以下，集落営農をめぐっては，田代洋一『集落営農と農業生産法人』筑波書房，2006年，同『地域農業の担い手群像』（前掲）を参照.
（15） 農地制度の本質と変遷については，関谷俊作『日本の農地制度』新版，農政調査会，2002年，田代洋一『農地政策と地域』日本経済評論社，1993年，第8章. 2009年の制度改正については原田純孝（編）『地域農業の再生と農地制度』農山漁村文化協会，2011年，第2章（原田純孝・執筆）.
（16） 農業生産法人については，田代洋一『集落営農と農業生産法人』（前掲），序章.
（17） 新農政推進研究会（編）『新政策　そこが知りたい』大成出版社，1992年.
（18） 株式会社による農業参入の経緯と実態については，田代洋一『集落営農と農業生産法人』（前掲），同『混迷する農政　協同する地域』筑波書房，2009年，第2章第3節，原田，前掲書，第8章（谷脇修・執筆）.
（19） 川手督也『現代の家族経営協定』筑波書房，2006年.
（20） 原田，前掲書，第7章（岩崎由美子・執筆）.
（21） 農村女性問題研究会（編）『むらを動かす女性たち』家の光協会，1992年，第9章（原田純孝・執筆）.
（22） 小池恒男（編）『日本農業の展開と自治体農政の役割』家の光協会，1998年，第5章（小田切徳美・執筆）.

第10章　農業協同組合

　農協は農業協同組合の略称である（1992年からJAを自称）．農協は農業問題の産物として誕生し，農業問題の中核に位置しつづけている．農家は農産物の販売および生産資材の購入をめぐり，農協の組織力によって大独占資本に対抗しようとし，資本の側もまた農協を通じて有利に取引しようとする．農政は，地域ぐるみの農協を農政の下請け機関にしようとし，農家も農協に拠ってそれに対抗して政策要求する．こうして農協は「資本主義と農業」「国家と農家」の対立と妥協の場になってきた．
　今日では農村市場にビジネスチャンスを求める財界は，農協を目に見える対象として攻撃するかたちをとっており，農協も広域合併で地域離れを起こして，攻撃につけいられる弱みをもっている．しかしグローバル化のなかで小経営体としての農家が多国籍企業等の大きな力に対抗していくうえで，「協同」は大きな拠点になるし，地域経済の核になりうる．
　本章ではまず協同組合とは何かを明らかにし，日本の農協が歴史的に身につけてきた特徴を見ていく．そのうえで，農協の組合員組織と事業を概観し，今日の農協の組織再編と，今後の農協のすすむべき方向を模索する．

1　協同組合とは何か

協同組合とは

　協同組合は，産業革命により資本主義が本格的に成立し，その矛盾があらわになるなかで，資本主義に対する消費者や自営業者の対抗手段の1つとして創設された．イギリスでは，19世紀なかばにマンチェスター郊外で労働者たちがロッジデール公正開拓者組合をつくり，粗悪・有害な商品の売りつけに抗して，生活物資の協同購入のための店舗をかまえ，今日の生活協同組合の出発点を築

き，協同組合原則を打ち立てた．

　遅れて資本主義化したドイツでは，高利貸しに悩まされた小商工業者や農家の信用組合が発達し，1871年に制定された「産業および経済組合法」は，日本における協同組合の法制化（1900年）の手本となった．

　世界の協同組合が結集する国際協同組合同盟（ICA）は，1995年に新しい協同組合原則を制定した．そこでは「協同組合 co-operative とは，協同で所有し民主的に管理する事業体（enterprise）を通じて，共通の経済的・社会的・文化的ニーズと願望を満たすために自発的に結びついた人々の自治的な協同組織（association）である」と定義されている．

　市場経済は，自由と平等，個人の自立を建前としている．しかし今日の資本主義経済は，巨大多国籍企業が支配し，そこでは個人や農家は経済的に非力である．そこで人々は「協同」の力で対抗しようとする．そのような「協同」を，事業体の所有とその民主的管理を通じて達成しようとする自発的組織が協同組合である．そこでは事業体への「出資」，その事業の「利用」（協同組合を通じる購買・販売など），組合員組織と事業体への組合員「参加」が，三位一体のものととらえられている．

　協同組合は，組合員組織としては民主主義を追求するが，事業体としては経済効率性を追求する．民主主義は決定に時間がかかるが，それは迅速な決定にもとづく効率性の追求と矛盾しやすい．このような矛盾を克服していくことが，協同組合の展開の原動力になる．そのためには，先の「組合員の運営参加」が決定的に重要である．協同組合はこのような「組織と経営の矛盾的統合体」である．

協同組合と株式会社

　資本主義経済における最も効率的で支配的な企業形態は株式会社である．その株式会社と協同組合はどこが異なり，どこが共通するのか．

　①株式会社と協同組合は，企業経営体として，労働者を雇用して働かせ，そこから一定の収益をあげる点では変わらない．
　②株式会社の目的は，最大限の利益をあげ，株主（株式会社の所有者）に最大限の配当をすることである．それに対して協同組合の目的は「組合員のニー

ズと願望」を満たすことにある.

　③意思決定に際して,株式会社は,資本の集合体として株数(資本量)に応じて票決するが,協同組合は,「ひと」の集合体として組合員1人1票制をとる.

　④収益配分に際して,株式会社は株数(出資額)に応じて配当するが,協同組合は出資に対する配当を一定割合に制限して(農協法では年8％以内),組合員が協同組合の事業を利用した金額に応じて配当する.

　ようするに,「資本」を基準にするか「ひと」を規準にするか,カネが支配するか「ひと」が支配するかの相違である.

　以上は建前だが,実態はどうか.日本の農協について見ると,剰余金のうち組合員に出資配当されるのは6.6％,購販売量等の事業分量配当されるのは4.8％,両者あわせて組合員に配当されるのは11.4％にすぎず,残りは各種の名目で内部留保されている.また組合員資本に対する出資金の割合は29％にすぎず,資本の7割は内部留保が蓄積されたものである(2009年度).内部留保が多いと組合員への還元が減るが,内部留保が少ないと脱退による出資金返還に耐えられない.

　かくして企業経営体としてのありかたは,協同組合と株式会社で大差はないともいえる.すると残るのは,目的,1人1票制,出資・利用・組合員参加の一体性といった,理念・制度上の相違である.つまり協同組合は,人々のきわめて意思的な結集であり,それがゆるめば限りなく株式会社に接近してしまうことになる.

　協同組合は,1人1票制,組合員参加という組織原則のため,前述のように意思決定に時間がかかる.また協同組合の組合員のニーズと願望を満たすという抽象的な目的よりも,株式会社の「稼いでナンボ」のほうがわかりやすい.にもかかわらず,なぜ人々は協同組合を選択するのか.それは「人々の暮らし」の尊重,その主体性の発揮だといえる.そのため,株式会社が価格や売れ行きをバロメーターとして「市場の声」を聴いて経営するのに対して,協同組合は組合員の参加により,「組合員の声」を聴くことにより,組合員のニーズや願望に寄りそって経営する(「市場の内部化」).だから組合員参加が実質的に薄れれば,協同組合はメンバーシップ制の株式会社と変わりなくなる.よう

するにマーケティングのあり方が問われる．

　株式会社は最大限に利益をあげることが「善」であり，それ自体は批判されるべきことではないが，そのために社会的利益を損なうようになると，資本主義の暴走が始まる．日本の株式会社も不祥事が絶えないが，2008年の世界金融経済危機はその世界大のあらわれだった．そのような暴走に歯止めをかけるところに，今日の協同組合の存在意義がある．

2　日本の農協の特徴

戦前の産業組合

　日本の農協は，①地域ぐるみ性，②市町村（単位協同組合）—県（連合会）—国（連合会）の3段階にまたがる系統性，③信用（金融），共済，農産物販売，農業・生活資材の購入，施設利用の兼営性，④行政・政治依存性といった4つの特徴をもっている．とくに②を指して「系統農協」といった言いかたもされる．

　これらの特徴はいずれも戦前来のものである．日本の協同組合は高利貸し資本に対抗して相互金融する信用組合から始まったが，1900年に産業組合法が制定され，産業組合は地区内居住者は職業の別なく加入でき，信用・販売・購買・利用の兼営が認められた[1]．実際には産業組合の多くは農村部で藩政村を基盤に設立された．当時はまだ明治合併村よりも藩政村のほうが経済力や行政力をもっていたためである（藩政村や明治合併村については第11章2）．

　産業組合は1915年には9割の町村に普及した．そして1930年代の昭和恐慌期には，財政の厳しさから，農村の自力更生をねらう農政の「農村経済更生運動」の中心的な担い手として期待され，農産物や生産資材の統制強化をおこない，農林省から補助金が交付された．産業組合は，小作農をふくむ全戸参加により地主・小作の対立を弱める役割を担わされ，そして戦時体制下では国の米麦・繭・肥料等の戦時統制経済の担い手とされ，1943年には国家統制機関としての農業会に統合された（→第3章1）．

戦後の農協

　敗戦後，農業会は解散させられ，戦後の民主的な協同組合が新たに組織されることになった．その際に日本側は，戦前来の農事実行組合を制度化して，生

産工程の協同化をはかり，それを農協に団体加入させるという〈「むら」―町村―県―全国〉の4段階制を構想していた(2)．それに対してGHQは，「むら」が戦争遂行に果たした役割や生産協同がもつ社会主義的色彩を嫌い，流通過程の協同にとどめることにした．その意向のもとで，加入・脱退の自由を建前とする戦後の民主的な農業協同組合が発足することになり，1.3万程度の戦後農協がつくられた．

戦後農協は，実態的には，当時の深刻な食糧難のもとで，米をはじめとする食糧の全量集荷の必要性から，戦前来の統制経済の末端を担うことが求められた．それを手っとり早く遂行するため，成立した農協は，農業会の職員・資産・貯金・事業，そして米集荷にともなう代金概算払い等の国の金融上の優遇措置を引き継ぐことになった．その結果，民主主義の建前とは異なり，統制団体色を強く継承することになった．

こうして成立した農協は，小規模なため戦後の経済変動のもとでたちまち経営困難におちいり，それは県連合会にもおよんだ．そこで政府は1951年に再建整備法で単協を，そして1953年に整備促進法で連合会の再建を助成し，そのカネと引き替えに，農協に対する許認可・検査・指導等の行政権限を強めた(3)．新たな行政下請け色の強まりである．

また同一地域にすでに信用事業をおこなう単協（総合農協）があり，その組合員が地域の過半数を占める場合は，信用事業をおこなう単協を新たに設立することを通達で禁じ，総合農協の地域独占性を裏づけた．さらに事業については，農産物の無条件委託販売，資材の購買における系統全利用，共同計算など，ようするに取引はすべて農協系統を通じさせる，連合会優先の方式がとられた．それは農協みずからが統制団体化を強めるものだった．こうしてつくられた農協系統の，行政依存（官僚支配），事業の連合会優先（統制団体），地域独占の体制は，「整促体制」と呼ばれる．

なお農協には，以上に見たような信用事業をおこなう「**総合農協**」と，信用事業をおこなえない「**専門農協**」がある(4)．専門農協は，青果・畜産・養蚕等の技術指導とマーケティングを主とする農協で，広域にまたがり専業的農家を組織するなど農協らしい活動も見られたが，あつかう農産物も加工原料や商品作物が主体で，かつ信用事業をおこなわないため運転資金に事欠き，外部資本の支配を受けやすかった．

第10章　農業協同組合

農協コーポラティズムとその消長

　先のICAの新原則では，協同組合は，政府等との取り決め，外部資金の調達にあたって，「組合員による民主的管理」「協同組合の自治」を確保すべきとされた．それに対して日本の農協は，現実には政府の奨励，補助，監督を強く受けて成長し，事業的にも食管制度とその金融措置に深く組み込まれた「官製共販」組織として存立してきた．

　このような，行政依存が強く，その支配体制の内部で集票機能等と引き替えに政策要求を実現し補助金を獲得していく組織のありかたは，「圧力団体」と呼ばれる．それに対して政治学では，法認された職能団体が，その内部に強い統制力を発揮しつつ，その団結力を背景に政府と対等に政策協議していくありかたを「コーポラティズム」（団体統治主義）と呼んでいる．日本の農協は，「圧力団体」と「農協コーポラティズム」(5)の二面性をもつ．

　農協は一面では保守政権の最大の政治基盤であり，「票と米価の取引」を追求する点では日本の圧力団体の代表格になり，政府米価は「政治米価」とも呼ばれた．

　しかしその「政治米価」はたんなる政権との取引ではなく，大衆的な米価闘争を背景として米価審議会にのぞむことで政府から引き出したものであり（第8章2），その点では「農協コーポラティズム」の発揮ともいえる．

　農協は高度経済成長期には，経営的には農産物の販売代金が貯金され，生産資材の購入や共済の掛け金にまわるという「総合農協」の強みを発揮した．基本法農政に対しては，農家の階層分化を促進し農協の組合員平等を侵すものとして批判的であり，農家を地域ぐるみで作目ごとに広域団地化していく「営農団地」構想を打ち出した．政府米価算定における生産費・所得補償方式の登場や，加工原料乳の不足払い制度の登場は，農協に，労働者の賃上げ春闘に連動した「価格闘争」という運動の機会を与え，農協は一定の価格交渉力を発揮した．

　他方で1950年代なかばの市町村合併は，行政下請け性の強い農協にも合併をせまることになり，1961年には農協合併助成法が制定されて，合併がすすんだ．1960年に1.2万あった総合農協は，1965年には4割減った．合併は，農協が基本法農政の農業構造改善事業の受け皿になり，その選択的拡大路線にそって新規部門に進出していくうえでも必要とされた．そこまではコーポラティズムの

発揮といえる.

　しかし第8章2で見たように，1960年代末からの米過剰は，農協の価格交渉力を決定的に弱めることになり，農協は「食管堅持」のスローガンのもとに政府の生産調整政策に協力していくようになった．狂乱物価後の1970年代なかばに農協の米価運動は最後の高揚をむかえるが，それを「行き過ぎ」とした農協官僚は，以後，大衆動員的な運動スタイルをやめて，政府との密室での幹部交渉に切り替え，農政への従属を深めて「農政の下請け機関」「第二農水省」と呼ばれるようになった．さらにガットURにおける米自由化反対運動の挫折により，農協は政府・自民党との3者協議の枠内に押さえ込まれるようになり，「農協コーポラティズム」は崩壊した.

　しかしその後のグローバル化のなかで，農協は財界の激しい攻撃をあびるとともに，みずからの組織再編の必要にせまられた．さらには政権交代により，自民党の支持基盤だった農協組織はむずかしい対応をせまられるようになり，政治的にも各党に開かれた公開性を追求せざるをえなくなり，2010年からのTPP問題にあたっては国民的な反対運動の中心になっている．農協はみずからのアイデンティティを明確にする必要にせまられている.

3　農協の組織と事業

農協組合員

　農協の正組合員は，当初は「農民」に限られていたが，「農業者」に改められて，農業（その付帯事業をふくむ）のみをおこなう法人もふくまれるようになり，さらに農業を営む一定規模以下の法人であれば農業のみを営んでいなくても組合員になれるようになった．これにより，多少とも農業を営む会社（たとえば畜産を1部門として営む株式会社）等も組合員に，そしてその法人の役員も農協の役員になれるようになった.

　また農協には，非農家の**准組合員**の制度がある．これも産業組合以来の伝統をふまえたものであり，非農家も出資金を払って加入すれば農協の事業を利用できる制度だが（金融や共済の利用が多い），地主等の影響を排除するため，准組合員は議決権や選挙権をもたないこととされた．准組合員は，当初は地域の中小商工業者が多かったが，都市化とともに地域住民による農協の信用・共

済事業等の利用が増え，2009年には，正組合員477.5万人に対して准組合員480.4万人と正准逆転し，今後とも正組合員の減少と，それを上回る率での准組合員の増加が引きつづくものと思われる．農協に出資し，その事業を利用するが，運営参加権はもたない准組合員が過半を占める状態は，1人1票制という協同組合原則の根幹に抵触することになる．

正組合員413万戸は，前章で見た農家253万戸よりはるかに多く，土地持ち非農家137万戸を加えた数字にほぼ近い．正組合員の戸数と人数の差は，1戸複数組合員制による，世帯主の妻や後継者の加入である．

農協は歴史的に「むら」を農家組合，農事実行組合等に組織し，農協の下部組織あつかいしてきている．混住化等により「むら」の結集が弱まるようになり，他方で選択的拡大路線に乗って農家の作目分化が強まるなかで，集落組織のほかに水稲，野菜，果樹，畜産，花などの作目別組織（部会）を設立するようになり，部会が広域的に組織されるようになった．

さらに農協は，「いえ」＝世帯上の地位別組織をもつ．すなわち，世帯主が正組合員になるのに対して，世帯主の妻（姑）は女性部，後継者は青年部，後継者の妻（嫁）は若妻会（フレッシュ・ミズ）である．2010年には，青年部は532組織，6.5万人，女性部は72万人で，それぞれ2001年の8.7万人，127万人から大きく減少している．とくに女性部の減少率が43％と高い．

青年部は農政運動の中心部隊として活躍し，多くの農協幹部を育ててきた．40歳以下が中心で，農政活動やスポーツにとりくんでいる．女性部は食，健康，文化を中心に活動し，若妻会はスポーツ等を活動の中心にすえている．いずれも兼業者を組織し，関心も農業以外に拡散しているが，それぞれ単協－県－全国というピラミッド型の「重い」組織のゆえに役員等の負担が重く，制度疲労を起こしている．

また農協によっては准組合員や女性部OB，介護等のボランティア・グループ，年金受給者や高齢者，趣味のサークル等の組織化をはかっている．地域ぐるみ組織から目的別組織への脱皮が課題になっている．

農協組織

農協組織は，図10-1に見るように，単協（JA）－県連合会－全国連合会の3段階制をとり，単協が県連の構成員，県連が全国連の構成員（単協も構成

員になれる）になるという意味で「系統」組織になっている（以下では「系統農協」という言いかたをする）．協同組合はあくまで「ひと」（自然人）と「ひと」との結合体である．法人としての単協が会員となる県連や，県連が会員となる全国連は，あくまで単協から派生した「2次組織」にすぎないが，実態は連合会が単協の上に立つ上意下達型のピラミッド組織になっており，後述する農協の「JAバンク」化により，それが極まっている．

最高意思決定機関として，総会あるいは代議制の総代会があり，その決定にもとづいて理事会が構成される（総会・総代会の構成と決定は正組合員に限定される）．理事は，農民のほか，前述のように農業を営む法人の役員もなれる．理事の3分の2は正組合員でなければならないが，3分の1までは准組合員や員外者もなれる．

従来の農協の常勤役員は農業者がなることが多く，農業者は農業のプロであっても必ずしも企業経営のプロではないため，トップマネジメントの確立には難があるとされた．農協経営が厳しくなるなかで，1999年の農協法改正で，これまでの理事会を，組合員が4分の3以上を占める**経営管理委員会**（組合員組織）と経営プロからなる理事会に分離した．農協経営の実質を理事会に任せ，経営管理委員会はそれを監視する立場に後退させたわけで，協同組合の「経営者支配」（組合員ではなく経営者による支配）をまねきやすい措置である．連合会は経営管理委員会を必ず置かなければならないが，単協は任意である．そこで大規模化した単協等では経営委員会方式を取り入れるところも出てきたが，概して組合員，経営管理委員と経営者との意思疎通がスムーズではなく，取り入れた単協でも元の理事会方式に戻す例も見られる．

総合農協の事業

日本の農協は，産業組合の時代から信用・販売・購買・施設利用の4種を兼営しており，今日では，図10-1に見るように，全国組織をもつ部門として，加えて共済（協同組合保険），厚生（医療，福祉），旅行，新聞出版などを営んでいる．また単協には，収益を生まないが諸事業の土台となる営農・生活指導の部門や組合員の資産管理の部門がある．

これらの多彩な事業展開にあたっては，以下の観点が必要である．

第1は，それらの業種がどれだけ組合員・地域のニーズに即しているかであ

図10-1　JAグループの組織図

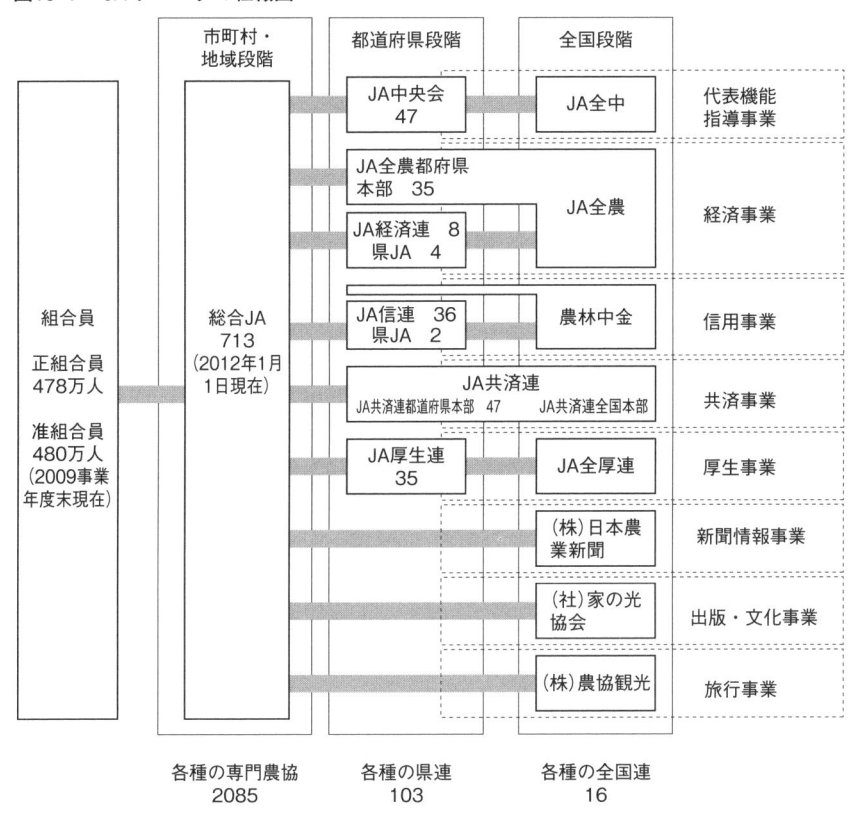

市町村・地域段階	都道府県段階	全国段階	
	JA中央会　47	JA全中	代表機能指導事業
	JA全農都府県本部　35	JA全農	経済事業
	JA経済連　8　県JA　4		
総合JA　713（2012年1月1日現在）	JA信連　36　県JA　2	農林中金	信用事業
	JA共済連都道府県本部　47　　JA共済連全国本部		共済事業
	JA厚生連　35	JA全厚連	厚生事業
		（株）日本農業新聞	新聞情報事業
		（社）家の光協会	出版・文化事業
		（株）農協観光	旅行事業

組合員
正組合員　478万人
准組合員　480万人
（2009事業年度末現在）

各種の専門農協　2085　　各種の県連　103　　各種の全国連　16

注1．農水省「農業協同組合等現在数統計」（平成22年度），「総合農協統計表」（平成21事業年度）．
　2．総合JA数は，JA全中調べ．（○○現在）の表示以外は2012年1月末現在．
　3．全国農業協同組合中央会『JAファクトブック2012』による．

る．全国農業協同組合中央会（全中）が2006年におこなった，経済事業の各部門の必要性と満足度に関する調査では，①必要性・満足度ともに高い事業として，直売所，営農関連施設，農作業受託，農機，②必要性が高いが満足度の低い事業として，営農指導，生産資材，市場販売，③必要度は中位だが，満足度は高い事業として，飼料，ガソリンスタンド，Aコープ，プロパンガスがあげられている．①②に営農関係と直売所，③に生活関連の施設型事業があげられているのが注目される．

　第2は，総合性である．信用事業とその他の事業を兼営する農協は「総合農

協」と呼ばれているが，たんなる「兼業農協」ではなく「総合農協」たるためには，第1に，前述のように事業が農業・農村のニーズに総合的に応えるものであること，第2に，各事業部門の内的関連性にもとづく経済的相乗効果を期待しうるものである必要がある．高度経済成長期までは，〈営農指導→農産物販売→販売代金の農協貯金→貯金からの購入代金や共済掛け金支払い〉といった内部資金循環があり，それにもとづく相乗効果があった．しかし**表10-1**に見るように，販売，購買ともに1980年代なかばをピークに減少に向かい，農業を起点とする資金循環が弱まり，営農と切れた土地の販売代金や兼業収入を起点とする資金循環が主となりつつあるなかで，あらためて「総合農協」としての総合性が問われている．

　以下では主な部門をとりあげて，その状況と問題点を概観する．

信用（金融）事業

　農協貯金が預貯金残高の全体に占めるシェアは，2000年の8.1％から2009年の9.2％へと微増し，日本の金融システムの不可欠な部分をなしている．農協貯金は1975年ごろまで急増し，その後も1975～90年は年平均10％以上の伸び率だったが，2005年以降は1.5％増程度に落ちている．農協貯金は個人が9割，定期貯金が7割と他の金融機関より多く，個人の金融資産に占める農協の割合は2009年で5.6％と高い．その原資は，1970年当時は農業収入が41％，土地代金27％だったが，2005年には農業収入はたったの0.9％，土地代金も11％に減り，農外収入が66％を占めるようになった．

　農協の信用事業は，組合員から集めた貯金を組合員に融資するという，組合

表10-1　農協の購販売額

(単位：10億円，％)

	購買受入額 (A)		販売取扱高 (B)		農業産出額 (C)		B/C
1980	4,273	(100.0)	5,501	(100.0)	10,263	(100.0)	54.5
85	4,682	(109.6)	6,696	(121.7)	11,630	(113.6)	57.6
90	4,640	(108.6)	6,411	(116.5)	11,493	(112.3)	55.8
95	4,333	(101.4)	5,905	(107.3)	10,450	(102.1)	56.5
2000	3,640	(85.2)	4,951	(89.9)	9,130	(89.2)	54.2
05	3,041	(71.1)	4,515	(82.1)	8,489	(82.9)	53.2
09	2,613	(61.2)	4,231	(76.9)	8,049	(78.4)	52.6

注．農水省『ポケット農林統計協会』（農林統計協会）による．

員の相互金融を本旨としているが，現実には，単協は集めた貯金の一部をみずから貸し付け，残りの「余裕金」を有価証券投資や県信連への預け金にする．県信連は，この預かり金を貸付けや有価証券等の購入にあて，残りを農林中金への預け金とする．農林中金はそれを原資として，国の内外で有価証券や国債等の各種の運用をおこなうシステムになっている．

図10-2によると，単協が集めた貯金の3分の2は県信連に，県信連の貯金の57％が中金に預けられている．2001年当時とくらべれば，単協の県信連預け金，県信連・中金の有価証券等の運用が増えている．中金の運用は2011年には，4分の3が有価証券・金銭信託になっている．

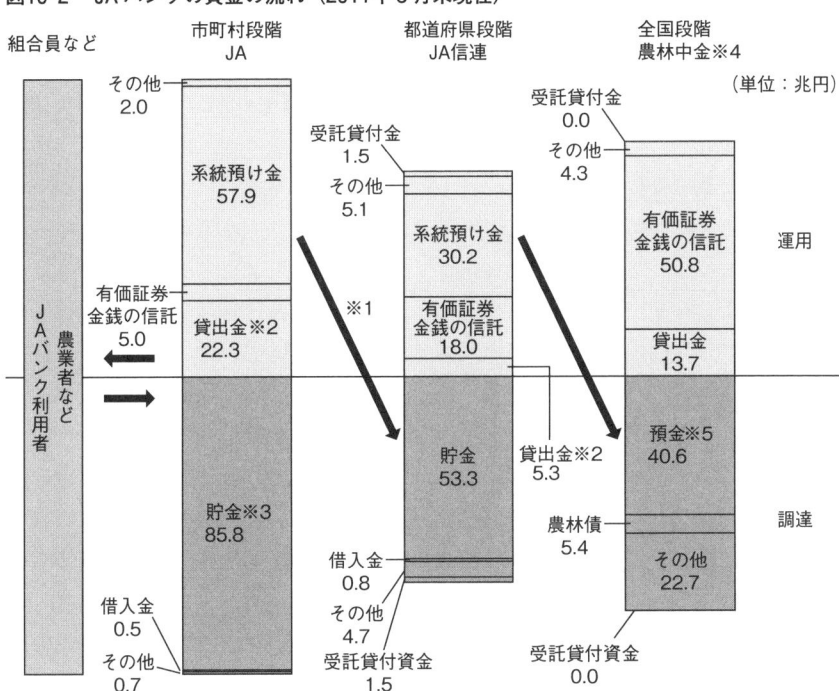

図10-2 JAバンクの資金の流れ（2011年3月末現在）

組合員など	市町村段階 JA	都道府県段階 JA信連	全国段階 農林中金※4
	その他 2.0	受託貸付金 1.5	受託貸付金 0.0
	系統預け金 57.9	その他 5.1	その他 4.3
JAバンク利用者 農業者など	有価証券 金銭の信託 5.0	系統預け金 30.2	有価証券 金銭の信託 50.8（運用）
	貸出金※2 22.3	有価証券 金銭の信託 18.0	貸出金 13.7
	貯金※3 85.8	貯金 53.3	預金※5 40.6
		貸出金※2 5.3	農林債 5.4
	借入金 0.5	借入金 0.8	その他 22.7（調達）
	その他 0.7	その他 4.7	受託貸付資金 0.0
		受託貸付資金 1.5	

注1．農林中金資料による．
 2．JAおよびJA信連の貸出金には金融機関向け貸出金は含んでいない．
 3．農林中金の残高は，海外勘定を除いている．
 4．農林中金の預金は，JA系統以外にも，JF(漁協)・森組系統および金融機関などからの預金もふくむ．
 5．出所は図10-1に同じ．

単協の貸出金は21世紀には横ばいで，貯貸率（貸出金／貯金）は，1970年代は5割，1980年代は3割だったが，21世紀には26％程度に落ちている．つまり単協レベルでは資金過剰におちいっており，県信連や農林中金の運用に依存することになる．

　農協の貯金や貸出金の利用者は，正組合員が1980年代には3分の2を占めていたが，1990年代なかばには5割台に落ちている．貸出金の使途は，1970年には農業資金が47％を占めていたが，2005年には8.2％に落ち，代わって自宅や賃貸住宅関係が3分の2を占めるようになっている(6)．農協信用事業の農業離れと地域金融化が顕著である．

　また貯貸率が低く，農林中金の国内外での資金運用益に依存している点では，農協信用事業は，農村資金の都市等への吸い上げルートであり，農林中金が都市や海外で稼いだ運用益の農村還元ルートでもある．

　これらの背景には，農業の衰退，農家経済における農業の比重の低下，地域における優良貸付先の欠如，農業・農村の資金過剰化，そしてグローバル化による金融自由化，その一環としての金利の自由化・低下（国内での利ざや稼ぎの困難化）といった事態がある．

　そのなかで住専問題が農協信用事業を襲った．住専（住宅専門金融会社）は，預金の受け入れをおこなわず，親銀行（母体行）から融資を受けて，住宅信用を営む会社である．高度経済成長期には，企業は設備投資等の資金を銀行融資に依存し，都市銀行は，事務が専門的で煩雑な個人住宅金融については，住宅ローン貸付け専門の子会社（住専）に任せていた．しかし貿易黒字の累積や景気対策を通じて低利な過剰資金が出回るようになった結果，企業は銀行に頼らずに資金を自己調達できるようになった．そこで従来の融資先を失った母体行は，みずからの子会社の個人金融の領域にまで融資領域を拡大するようになった．こうして融資先を狭められた住専は，1980年代後半のバブル経済下で不動産融資に走ることになった．

　景気の過熱を防ぐため，大蔵省は1990年に不動産業・建設業・住専等への融資の抑制措置をとったが，その際に農水省監督下の農協系統には情報を流さなかったこともあり，県信連をはじめ大量の焦げつきを抱え込むことになった．「リスクは無邪気な信連に押しつけるというのが金融当局の戦略」(7)だった．こうして1995年には住専が6兆円を超える不良債権を抱え込んでいることが発

覚し，住専に多額の資金を貸していた農協系統は渦中に巻き込まれることになった．

問題の直接的原因は母体行や金融当局にあるが，単協や県信連の貯貸率の低さ，優良貸出先の少なさ，与信管理能力の低さが問題の素因となっている．結局，農協系統は政治力を背景に5300億円の負担で政治決着したが，それによって農政への従属は決定的となった．

この住専問題は，グローバリゼーション時代の農協のありかたを大きく方向づけた．第1に，住専問題をきっかけに「農水省による農協改革」の時代が始まった．第2に，その農協「改革」は，後述する「JAバンク化」を基本とした．第3に，単協の信用事業は地域金融化をいっそう強め，農林中金は海外での資金運用にいっそう傾斜することになり，後に世界金融危機に巻き込まれることになった．

いまや農協信用事業は，農家の相互金融の原点に立ち返りつつ，地域経済の活性化に貢献する地域金融の拡大と，その与信（貸付）管理能力の向上に努める必要がある．2007年度からは，JAバンクアグリサポート事業で119億円の基金を積んで，農業関連融資に利子補給したりしている．

共済事業

協同組合がおこなう保険事業は，組合員の相互扶助を目的とした非営利事業として「共済」と呼ばれる．共済事業は，とりわけ厳しい自然条件下に置かれた北海道で1948年に連合会が設立されたことから始まった．大蔵省や保険業界は，それを保険事業と認めず，つぶしにかかったが，それに対抗して全共連（全国共済農業協同組合連合会）が設立され，1958年までに46都道府県で県連合会が設立された（1972年に沖縄県も）．このような経緯から共済は保険と見なされず，信用事業等との兼営実施が可能になった（2010年に保険法が施行され，保険も共済も同一ルールの下に置かれた）．

事業の方式は，当初は単協が農家組合員等と契約を結び，掛け金を授受し，単協は県連に再共済（保険）し，県連は全共連に再共済することにより，実質的な危険負担は全共連が担うことになっていた．しかし共済商品は全国一律であることから，農協事業の3段階制の見なおしにあたっては，いち早く県連と全国連が統合することになり（2000年），その後は，単協と全共連が共同で加

入者と契約し，単協は窓口業務を担い，全共連が共済金支払い，積立責任をもち，すべての契約が全国一本でプールされ，大数法則による保障を強固にし，かつ単協には共済責任がおよばないようにしている(8)．

　共済は長期（期間5年以上の契約）と短期に分かれ，前者には終身・養老生命・こども・年金・がん・建物更新（建更）等があり，後者には自動車・自賠償・火災等がある．とくに生命，建更，自動車の共済は国内トップクラスの契約件数に達している．なかでも建更は農協が独自に開発した保険であり，また地震保険は，保険会社がその被害負担に耐えられないとして国に再保険しているのに対して，農協は独自におこなっている．

　集められた資金の運用は全共連がおこなうが，国債・地方債等が84％，貸付金6％，外国証券4％と，公社債中心に手堅くおこなわれている．

　農協共済は，新契約費と維持費の一部が，新契約高と保有契約高に比例して単協に配分されるしくみになっているため（取扱手数料），単協としては契約高を増やすほど付加収入が多くなる．また新規契約の目標は単協経営者の意思で設定できるため，単協は共済事業に傾斜しがちになる．

　農協共済の掛け金は相対的に安いことで知られているが，その一端は農協職員が総出で地縁血縁も利用しつつ一斉推進等をしていることにより，人件費が節約されているからである．そのため農協職員はノルマを課せられ，その消化にたいへん苦労してきたが，コンプライアンス（法令遵守）が高まるなかで，共済事業にも高度の専門知識が求められるようになり，1990年代なかばからLA（ライフアドバイザー）と呼ばれる専任職員が置かれるようになった．今日では約2万人のLAが長期共済の7割の契約を取っているが，依然として職員の一斉推進も続けられており，行き過ぎない範囲で農協らしさを追求する必要がある．

　共済事業は順調に伸びてきたものの，1990年代なかば以降は，長期共済の新契約額は30兆円前後に停滞し，2010年には22.7兆円に落ちている．その保有高も2000年の390兆円をピークに，2010年は311兆円に減少している．一般生命保険への加入世帯率も，1991年のピークには23％に達したが，2009年には12％まで低下した（農家の農協生命共済への加入世帯率は84％で，最近は微減）．そのため単協の共済事業からの収入も，2000年の6200億円から2009年の5900億円程度に減っている．単協としては総職員数を減らすなかで共済の職員数を増や

してきたが，かつては圧倒的に高かったその労働生産性（職員1人あたり事業総利益）も低下傾向にあり，2009年には金融事業と変わらなくなった．

かくして農協共済は，農家経済の悪化，保険業界との競争激化のなかで，総合農協の強みを発揮して，いかに地域・農家に密着した無理のない事業展開ができるかが課題になっており，2007年からは農家を訪問して加入内容の説明と保障点検について3つの質問をする3Q活動にとりくんでいる．

なお共済金の支払いは毎年3.5～4億円に達しているが，東日本大震災に際しては，建更8035億円，生命307億円を支払い，その力を発揮した．

経済事業

農協は，農家の委託を受けて，農産物の販売と，生産・生活資材の購買をおこない，その額に応じた手数料収入を得ている．販売と購買に分けて述べる．

●販売事業

農家が農協を通じて加工メーカーや卸売業者等に共同販売すること（農協共販）は，ロット確保による価格交渉力や販路の開拓・確保の点で農協の原点的な機能だが，前述のように農家の販売額のうち農協を通じるのは半分程度に落ちている．単協の系統（全農・経済連）利用率は83％である（2009年度）．また単協の販売手数料は2.9％である．経済連の手数料率は1.6％と低い．

2009年度の販売品目構成を見ると，野菜29％，畜産・酪農23％，米22％，果実10％であり，米の比重が落ちているのが注目される．

後述するように，現在，8県経済連が全農統合せずに残っているが，その全農利用率は19.0％と低い（2008年度）．米は69％，鶏卵は49％だが，その他は軒並み低い．ようするに，全農を通じないで県単位で自力販売できる経済連が，統合せずに残っているといえる．

最近では農家が直売する直売所（ファーマーズマーケット）が増えているが，うち農協が開設・運営するものは2010年度で1389件に達し，その他に農協が開設して女性部等に運営を任せるのが548件に達している．直売所は，農協が委託販売を受ける農協共販とは異なり，農家が値決めをおこない，自分の責任で販売し，売れ残りは引き取る．開設者は15％程度の手数料を徴収している．地域的には関東・甲信31％，北陸・東海22％と，都市近郊が多い．直売所はあく

まで「農家の直売」であり，農協共販ではないが，農協は開設・管理者として決定的な役割を果たしており，農協事業の新業態といえる．従来の，農協が農家の委託を受けて販売する農協共販に対して，農協が設けた場で農家が直接に販売する直売所をどう位置づけるかが農協の課題になっている．

また最近では農業の6次産業化ということで，加工事業も注目されているが，農協のそれは2000年の1900億円をピークに2009年度には410単協，1317億円に減少している．6次産業化は本来なら，組合員の新たな事業協同として農協系統が率先してとりくむべき分野である．

● 購買事業

生産資材と生活資材に分かれる．2009年度の単協について見ると，生産資材は1.8兆円，多いほうから飼料，肥料，農薬，機械，自動車，燃料の順で，ほとんどの品目で減少している．生活資材は1.3兆円で，家庭燃料，食料品でほとんどを占めている．LPガスは農村需要の44％を占めている．

事業方式としては，予約注文による共同購買を主とし，単協の手数料率は12.2％である．また単協の系統利用率は64％と，販売事業より低い．それだけ独自仕入れが多いことになる．

前述のように購買事業も減少している．その原因として，①農業生産そのものの縮小が考えられるが，購買事業の減少率は農業産出額，販売事業よりも大きく，とくに21世紀に入ってそうである．②農村でもコンビニやコメリ等の大規模資材小売店が伸張しており，競争が強まっている．それに対して農協も広域合併等で統廃合した店舗を「JAグリーン」に改装し土日営業するなどして，家庭菜園等の需要にも応えるようにし，2011年度で108店におよんでいるが，対抗力を発揮するにはほど遠い．③大規模経営や法人経営は，価格や販路・技術等の情報提供面で，農協よりもメーカーや商社等との取引を選好するようになっている．その背景には，農協が共同購入によるロット形成にもかかわらず対メーカー等の価格交渉力を充分に発揮できていないこと，2段階制によるマージン率が高いこと，組合員平等から思いきった大口割引ができないこと，広域合併により地域から遠くなったこと等がある．これらの経営は異業種との交流や情報を切に求めているが，農協は応えきれていない．

それに対して農協は，2006年度から「担い手対応責任者（TAC）」を286単協，

1500名ほど配置して（2010年度），「出向く経済事業」を展開し，大口割引を実施するなど工夫しているが，そのシェア低下は結果的になお価格対抗力を発揮できていないことを示す．

営農生活指導サービス

2001年の改正農協法では，それまでの信用事業に代えて営農指導事業を農協事業のトップに掲げ，農業に配慮するポーズを示しつつ，農政の下請け機能を強めさせようとしている．しかし営農指導事業は，それに見あう指導料を徴収できないかぎりは非収益部門であり，事業を営む経済団体としての位置づけは微妙である．

戦後，GHQは国と地方の協同によるアメリカ流の普及事業の導入をはかり，農業改良普及員，生活改良普及員の制度ができた．それに対して農協陣営も営農指導員，生活指導員を置いて自主的にとりくんできたのが同事業である．

農協系統は営農指導事業を，それ自体は収益を生み出さないが，「JAの土台になる事業」，「組合員に対するサービス事業」と位置づけ，「営農指導員はJAの顔」だとしている．「サービス事業」という位置づけは，農協の収益部門である信用・共済事業のための「サービス事業」とも受け取れる．しかし組合員に対する「JAの顔」としての営農生活指導部門は，組合員組織と農協事業の結節点に位置し，組合員農家の営農と生活上の諸要求をとりあげ，組織化・事業化していくインキュベーター（孵卵器）機能を担う部門だといえる．

しかしながら営農指導員は，1985年の1万9000人をピークに，2009年には1万4457人に減っている．また広域合併にともない，営農指導部門は4〜5程度の営農（経済）センターに集約され，地域から遠ざかる傾向にあり，それを補うために「出向く指導」が強調されている．

営農指導員は，野菜29％，耕種24％，畜産19％，果樹11％等に従事しており，経営指導は11％と少ない．最近では，集落営農の育成や法人化など経営面に関わるニーズも多く，農協によっては，行政と職員を出しあって協働する「ワンフロア化」や「地域農業支援センター」により対応してきた（前章4）．しかし集落営農の育成が一段落し，他方で耕作放棄地等がめだつようになるなかで，前章で見たように，農協が農地利用集積円滑化団体として農地流動化にたずさわったり，農協本体あるいは子会社としての農業生産法人を通じて農業経営を

引き受け（現在は単協の32%がとりくむ），担い手経営につないでいく役割が求められるようになっている．

その他の事業

以上，主な事業部門について見てきたが，農協は本来，組合員農家の生産協同とともに生活協同の組織化を担う事業体であり，生活面では前述の直売所のほか，医療・介護福祉事業，地場産品を使った食材供給事業，生協方式で安全な食べもの等を共同購入する新予約共同購入運動等にとりくんでいる．とくに介護福祉事業はニーズが高く，42%の農協がとりくんでいる．医療面では115の厚生連病院があるが，医師，看護師不足等から3割が赤字になっている．

また都市部を中心に，宅地や住宅供給など資産管理事業，観光旅行の日本人スタイルを象徴する農協観光の事業，家の光協会や日本農業新聞の株式会社形態での広報事業も展開している．

これらの事業の多くは，すでに農協以外の事業体がとりくんでいる分野に農協が後発的に参入した競争事業である．農協の事業一般がそうだが，とりわけこのような分野では，その事業が農村・農家生活のニーズに深く根ざしつつ，同時に一般企業等との厳しい競争に耐えうるためには，農協独自の業態開発が必要である．それは「地域密着型」ともいうべき業態であろう．今日においては，たんなる地縁血縁を越えた地域密着のありかたが問われる．

農協の部門別損益

総合農協は，その職員や施設を総合的に活用して各事業を営んでいる．したがって「事業利益」（純損益）を各事業部門ごとに算出する部門分割は，あくまで計算上のことであり，単協が経営管理するうえでの便宜にすぎない．しかし後述する農協攻撃のなかで，総合農協の総合性が「どんぶり勘定」と批判されるようになり，1996年の法改正では，部門損益の開示義務が定められた．しかしながら全部門に共通する人件費等の事業管理費の部門別賦課の計算法は理論的に確定できず，結局は単協ごとの判断にゆだねられた．

このような限定つきで表10-2を見ると，事業利益は，営農指導事業，農業関連事業，生活その他事業の赤字を信用事業と共済事業がカバーして，かろうじてトータルで黒字になっているといえる．しかも全体の事業利益＝100とし

た場合，営農指導・農業関連・生活事業のトータルは△99％，信用・共済事業のトータルは199％という，極端なアンバランスを呈している．統計が異なるが，信用・共済事業は1990年＝170％，1999年＝321％であり，1990年代にアンバランスが極端になったが，事業利益全体が減少するなかで，1990年代初めごろまでの水準に戻ったといえる．

また信用事業と共済事業を見ると，1990年ごろまでは信用事業の事業利益のほうが大きかったが，その後は逆転して共済事業が抜いた．それが最近は，前述した共済事業の事業減から，信用事業がふたたび稼ぎ頭になっている．

このようなことから，農協経営の信用・共済事業依存が指摘され，その果ては本章4で見るように，事業部門ごとの区分経理の徹底と独立採算制，農協事業からの信用・共済事業の分離が主張されるようになる．

しかし，前述のように営農指導部門はそもそも営利事業ではなく，経済事業も手数料主義であり，一般企業のマージンがすくなくとも10数％であるのに対して，単協のそれは2～3％にすぎない．手数料を引き上げれば事業利益は改善されるかもしれないが，それを価格転嫁すれば競争に負け，組合員にしわ寄せすれば農家手取りを減らすことになる．このようななかで信用・共済事業を分離したら農協事業は採算が成り立たなくなるから，分離論は総合農協の解体論だといえる．

部門別の損益計算は，農協が経営改善をはかっていくうえでは有効なひとつの内部指標だが，それを利用して外部から農協事業のありかたや各事業の存否を断じるのは適切とはいえない．

表10-2　総合農協の事業利益の部門別構成（計＝100）

	信用事業	共済事業	農業関連	生活その他	営農指導
2005	97.8	123.3	△26.6	△23.1	△76.4
2009	116.8	82.3	△22.6	△16.9	△59.6

注．農水省『総合農協統計表』による．

4　広域合併と組織再編

広域合併と2段階制へ

図10-3によると，農協の「事業総利益」は1995年から低下傾向をたどり，2005年以降は微減である．それに対して，「事業利益」（純損益）は1990年代に減少傾向をたどったが（減収減益），21世紀には2007・08年に金融危機のあおりを受けたものの，増大に転じた．事業総利益の減少以上に事業管理費を減少させたからだが（減収増益），2006年からは横ばいで推移している．

このような単協の事業総利益の低迷・減少という事態に対して，農協系統が1980年代末から追求してきたのが，単協の広域合併と，農協事業の3段階制（単協－県連－全国連）から中抜き2段階制（単協－全国連）への移行である．

農協系統は建前的には，県連・全国連を「単協を補完する組織」として位置づけてきた．零細な単協では事業の自己完結性が見込めないことがその理由である．そうであれば，単協が合併して大型化し，自己完結性を強めれば，県連

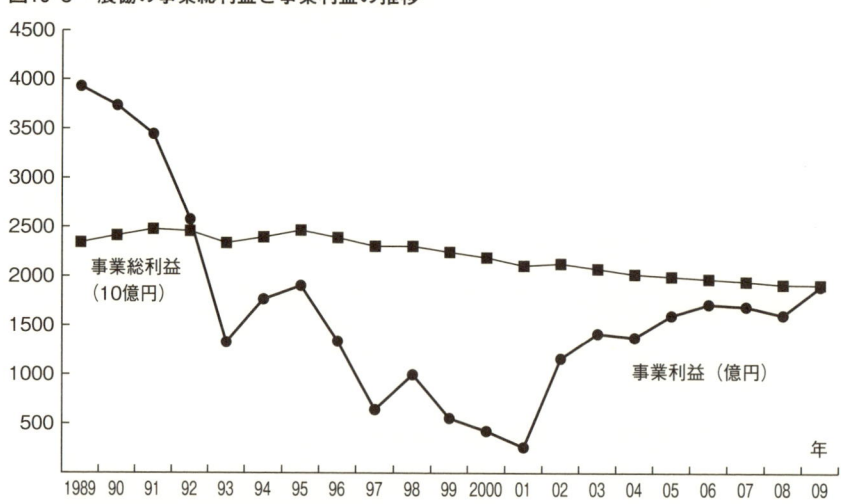

図10-3　農協の事業総利益と事業利益の推移

注1．事業利益は億円，事業総利益は10億円．
　2．事業利益＝事業総利益－事業管理費（人件費等）．
　3．農水省『総合農協統計表』による．

組織等は不要になるという広域合併・2段階制の再編論理が出てくる．こうして2000年までに1000農協への合併，1995年で35万人の農協職員の30万人への削減，県連と全国連の統合という組織再編が提起され，その後も合併目標は引き上げられ，旧郡単位農協が標準とされるようになった．

広域合併の結果，1992年にはついに単協数が市町村数を割り込むに至り，2012年1月には713単協に減った．2010年3月の基礎自治体数は1727なので，単純平均で1単協に2.4市町村がふくまれることになる．

県連合会と全国連合会の統合は，共済事業では2000年に全都道府県の連合会が全共連に統合され，経済事業で35県域が全農に，信用事業では10県域が農林中金に統合されている（1県は一部事業譲渡）（図10-1）．経済事業で県連が残るのは園芸等の産地県であり，信用事業の中金統合がすすんだのは同事業の脆弱県である．

先に21世紀には農協は「減収増益」路線に転じたとしたが，それはこのような組織再編による事業管理費減によるものだった．しかしその効果は組織再編が一段落すれば消えてしまい，前述のように2006年からは事業利益は横ばいになった．そこで「もう一段の合併」が求められることになり，その行き着く先が1県1農協化だといえる．現状ではおおむね1県1農協化は奈良，香川，佐賀，沖縄にとどまるが，複数の県が検討中である．

なお，2012年のJA全国大会は，従来の「リストラ型」経営から支店（合併前の農協が多い）拠点化の「事業伸長型」経営への転換を提起したが，その前途は多難である．

農協のJAバンク化

以上は，「広域合併することで単協が自己完結的に経営できる」という路線が破綻したことを物語る．そこで次なる農協改革が打ち出されるが，そのイニシアティブをとったのは前述のように農水省だった．住専問題と2002年のペイオフ（破綻した場合1000万円を超える預金については保障しない）の解禁をふまえて，2001年に農協改革2法が制定され，農協系統全体が「ひとつの金融機関」すなわち「JAバンク」として機能することにより信用事業の破綻を防止し，日本の金融システム全体の動揺を避けることがもくろまれた．

そのため農林中金の経営管理委員会の下に「JAバンク中央本部」をつくり，

自己資本比率8％以上（海外事業展開する場合の国際標準）をクリアする等の「自主ルール」を定めた（自己資本比率とは，貸出残高・有価証券保有高等に対する資本金・引当金等の割合）．それが守れない単協等はJAバンクグループから排除し，また単協等の信用事業の破綻が見込まれる場合には，県信連等に事業譲渡させ，単協はその代理店となって窓口業務のみをおこなうようにする．信用事業をおこなう単協は常勤理事3名以上を必置とし，うち1名は信用事業専任たることを義務づけた．自主ルールや常勤理事3名以上の法定化は，それに耐えられない小規模な非合併農協に合併を強制するテコとして用いられた(9)．

以上の措置は，単協等を全国連の事実上・機能上の支所・支店化し，単協レベルではなく，JAグループ全体（全国レベル）としての自己完結性を追求しようとするものだった．このような「JAバンク化」すなわち「1つのJA化」方式は，信用事業に限らず，共済事業や経済事業においても，2段階移行というかたちで並行的にすすめられている．

「JAバンク化」は，単協のありかたにも浸透する．すなわち，第1に，単協規模を信用事業の安定確保が可能な貯金規模500億円以上にするというかたちで，単協合併を金融面から強制する．第2に，合併農協においても，支所・支店の統廃合の規準を信用事業の採算・安定性に置くかたちですすめ，支店等の形も金融店舗化し，単協の「サイズと型」を信用事業面から決めることになる．前述のように農協が地域密着型の事業展開をはかるうえでは支所の統廃合は望ましくないのだが，すべての事業のありかたが信用事業に即して方向づけられ，単協の地域離れを引き起こすことになる．

このようなJAバンク化の頂点に立つのが農林中金である．農林中金はとくに住専問題以降は海外での資金運用に傾斜し，2007・08年の世界金融危機の影響を日本の金融機関のなかでは最も強く受け，2008年の証券化商品等の含み損は1.9兆円にも達した．そのため農林中金からの還元金に依存した単協経営も大きな影響を受けた．それまでの農林中金の内部には株式会社として自立する案がくすぶっていたようだが，一転して，単協や県信連等に1.9兆円の出資をあおぎつつ，「経営安定計画」を立てて，あくまで農協系統金融機関（林漁業をふくむ）としての立て直しをはかる建前に戻った．

その結果，農林中金の経常利益は，金融危機前の3000億円にはおよばないものの，有価証券評価差額の改善等で2010年には，目標の500〜1000億円に対し

て1173億円まで回復した（2011年は684億円）．しかし海外での資金運用の姿勢は変わらず，ヨーロッパに始まった新たな金融危機のなかでその行く末が問われる(10)．

農協攻撃の展開

　信用事業を中心とする農協「改革」の次には，経済事業の「改革」が俎上にのせられた．そこにはいくつかの背景がある．第1に，経済事業は前述のように赤字だが，その赤字が信用事業の安定性を揺るがすことのないように，経済事業に「改革」をせまることである．第2に，農産物価格の低迷や輸入農産物の増大により農業所得は低下の一途をたどっており，農政にそれを打開する手がないなかで，経済事業を「改革」して農業資材の価格を引き下げさせることで農業所得の改善をはかることである．

　しかしさらに大きな背景は，過剰資本が国内に有利な投資先を見いだせないなかで，財界が農業・農村に新たなビジネス・チャンスを求めだしたことである．そのためには農協の経済事業が邪魔になる．2000年代前半には小泉構造改革が吹き荒れ，規制の緩和・撤廃が強行されたが，農協「改革」もその一環にはめ込まれた．

　こうして財界・官界・学界の新自由主義者が一体となった農協攻撃が強まり，それは政権交代後も引きつづいている．その主な論点は，農協事業からの信用・共済事業の分離，協同組合の独占禁止法適用除外の廃止である(11)．

　信用・共済事業の分離論は，「農協経営が信用・共済事業に依存しているから本来の農業面がおろそかになる」，「農業を中心とした農業者の職能組合に徹するには信用・共済事業を分離すべきだ」という主張である．これは農業を主体とした農協の追求という一見まともな主張に見えるが，その実態は前述のように総合農協の解体論であり，農協経営が信用・共済事業に依存していることからすれば，農協そのものの解体論であり，その後の農村市場を営利企業のビジネス・チャンスの場にしようとするものである．協同組合主義者の多くも，農協の信用・共済事業への傾斜を批判しつつ，農業主体の職能組合純化を主張するが，それは結果において新自由主義の主張と同じになる．なお職能組合純化論からは前述の准組合員制度も問題視されている．

　次に独占禁止法関係の問題についてみると，小生産者や農家といった経済的

弱者が独占資本に対抗して共同販売や共同購入等をおこなうことについては，自由競争の立場からも公正かつ自由な競争の条件を確保するものとして，アメリカをはじめ各国の独占禁止法でも独占禁止の適用を除外することとされてきた．それに対して農協攻撃は，日本の県連や全国連は巨大な規模に達し大きな経済力を有しているので，独禁法の適用除外から外すべき，すなわち独禁法を適用して，共同行為を禁じるべきというものである．

これは究極には経済事業の頂点に立つ全国農業協同組合連合会（全農）をターゲットにしており，その縮小，分割，あるいはたんなる価格交渉団体化をねらうものである．しかしながら，農家の共同購入・共同販売は単協だけで完結して力を発揮できるものではなく，広域の連合会，全国連合会の力を必要とする．それを「独占」と見なして排除することは，農協共販，共同購入という農協の原点的な事業のありかたの否定であり，協同組合の否定に行き着く．もちろん農協といえども不当廉売や，他の農協事業の利用を条件づけた取引等をおこなうことは独禁法違反として厳正に警告・排除されているが，前述の共同行為はそれとは別のものである．

5　これからの農協像――農的地域協同組合化の道

協同組合の意義

このように農協は非常に厳しい状況下に置かれている．その多くはグローバリゼーション時代の資本主義経済における農業と協同組合の困難に由来するといえる．そのなかで協同組合という企業形態そのものへの懐疑，自信喪失も生まれ，協同組合を限りなく株式会社に近づけていこうとする動きもヨーロッパ等に見られ，日本にも影響を与えている．しかし株式会社化は，協同組合が資本主義に飲み込まれ，その独自性を失うことを意味する．むしろ協同組合は，資本主義の矛盾がするどく露呈し世界金融危機等に直面している今日，市場経済のもう1つのありかた，人々が自発的に結びついた経済のありかた（アソシエーション）としての今日的意義を有しているといえる．

そこでの課題は，いかに協同組合としての本質を保持しつつ，当面する難問に立ち向かっていくかである．以下では，当面する課題をいくつかとりあげて検討する．

農協の適正規模

　農協の広域合併について見てきたが，1県1農協化など合併に歯止めがかかっていない．しかし農協の組織・事業のそれぞれには，おのずと適正規模があるはずである．組織としては「人々が自発的に結びついた自律的組織」の規模が問われ，事業では経済的に効率的な規模が求められる．しかし，組合員組織の規模，営農指導の適正規模，その他の信用・共済・経済事業などそれぞれの事業の適正規模が一致する保証はない．

　そのなかで今日の組織再編は，基本的に金融事業の適正規模を規準にしたものといえる．それを体現したのが「全国ひとつのJAバンク化」である．たしかに全国単一の商品を販売する信用・共済事業は，全国展開が可能である．しかし競合（競争相手）に対する農協の強みは，前述の「地域密着型業態」すなわち単協レベルにおける組合員農家との結びつきにあり，大きくなりすぎて農協が地域から遊離したのでは元も子もない．

　経済事業を見ると，経済連の全農利用は生産資材ではそれなりに高かったが，生活資材では低かった．経済連の全農統合に必然性があるとすれば生産資材部門のみであり，販売事業や生活物資についてはさほど大きくない．

　問題は単協の適正規模だが，組織・事業各部門の適正規模の相違をふまえると，単協がみずからの核部門とする分野（たとえば経済事業）の適正規模にもとづいて単協エリアを設定し，より小さな規模が適正である分野は思いきって支所・支店等への分権化をはかり，より大きな規模が適正である分野については事業連合化や広域農協連としての対応を追求し，このような各分野の適正規模をネットワーク的に組織していくことが必要である．たとえば経済事業が黒字の産地農協では，販売・生産資材事業を核部門とし，より狭域的に営農指導部門や生活部門を配置し（支所・支店への分権化），その他の事業については広域的な連合会との連携を強めるといった工夫である．

　2012年の全国農協大会は「支店拠点化」を打ちだした．支店のエリアは平均して中学校区・合併前農協のそれに相当する．中学校区は昭和合併町村のエリアでもあり，歴史的な実態をもった生活コミュニティといえる．大会は，それが農協にとっても営農・経済・生活事業等の適正規模であることを認めたものといえよう．広域合併から今さら後戻りできないとすれば，「広域合併農協のなかに小さな農協を取り戻す」ことが現実的課題である．

株式会社化

　前述のように，今後の協同組合のありかたをめぐっては，資本調達の観点から，「出資のみの組合員」を認めるとか，出資額に応じる票数を認めるといったかたちでの，実質的な株式会社化の道も提起されている．たとえばヨーロッパでは，競合が国境を越えてグローバル化するなかで，それに対抗するために協同組合も国際化し，それに応じた資金調達が必要になったとされている(12)．しかし日本では，農協の貯貸率の低さにも見られるように資本過剰状況であり，その面から株式会社化の必要性はない．

　しかしながら組織再編においては，不採算部門や一般企業と競合する施設型事業（Aコープ，ガソリンスタンド等）の子会社化・株式会社化が追求されている．一般企業と競争するうえでの労働時間帯等の労務管理，意思決定の迅速性等がその理由である．さらには農協の各事業を株式会社化し，農協本体はその持株組合（事実上の持株会社化）する「オーナーズ・ソサエティ」化の案も出されている．

　地域ニーズに即した事業は農協にとどめるべきだし，それが困難な場合にも「農協の事業」であることを前面に出すべきである．また事実上の持株会社化した協同組合の組合員の経営参加は，きわめて間接的となり形骸化する．安易に株式会社に接近するのではなく，協同組合の原点に立った検討が求められる．

准組合員問題

　本章3の「農協組合員」の項で指摘したように，准組合員が農協組合員の過半を占めるに至っている．その准組合員の組織・経営への参加を制度的に排除するのは，協同組合としての根幹に関わる問題である．現実の准組合員は農協の信用事業（住宅・教育ローン等）や共済事業（自動車保険等）を単発的に利用するのみで，農協の組織・経営全体への継続的な関心は乏しく，参加意思も弱いかもしれない．しかし多少とも農協に関わりをもつ准組合員は，農協にとってもっとも身近なステークホルダー（関係者）であり，農業や農協がその理解も得られないようでは，国民の理解からもほど遠くなる．また，いちがいに農家といっても，主業的な農家から土地持ち非農家にいたるまでその幅は広く，実態的に非農家と連続した存在である．

　そのような問題を自覚した都市化地域等の農協では，准組合員に総（代）会

への出席を認めたり，支所運営委員会の委員を委嘱したり，准組合員の集いを設けて意見を聴いたりしている．当面そのような努力が欠かせないが，組合員制度に関わる問題であり，法改正して，准組合員に農協の組織・経営への参加の道を開く正組合員化以外に根本的解決の道はない．

なお協同組合には員外利用規制が課せられ，組合員以外の利用は事業量の20％以内に制限されている（ただし医療・介護についてはその公共性に鑑みて組合員利用と同額までの員外利用が認められている）．このような員外利用規制を逃れるために准組合員制度を利用する向きもあるが，員外利用規制の問題はそれ自体として別途に論じられるべきである．その際に，員外利用規制が残るのは国際的に見て日本と韓国にほぼ限られる点も考慮されるべきだろう．

農的地域協同組合化の道

准組合員問題に対して農政はどう対処してきたか．農政は，実態（事業）面では非農家が准組合員なり，あるいは員外利用者として農協の事業を利用することは容認しつつ，制度面ではあくまで農業者の職能組織として農協を組織してきた．もし非農家を組合員として認めることになれば，農協を地域協同組合として厚生労働省と共同管理（共管）することになり，これまでのように農政の意のままに農協をコントロールすることはできなくなる．農水省の二面的対応はそういう省益確保からきている．

しかし，そもそも戦前の産業組合は非農家もふくめた組織だった．そして戦後の総合農協も，広く非農家に共通する事業を総合的に営んできた．そもそも生業としての農業は，生産と生活の場が一体化しており，そのうえに立つ農協は，生産と生活の両方の要求に応える必要がある．加えて日本の農家は零細な兼業農家が多数を占め，生活面の比重が大きかった．前述のように，〈主業農家－副業農家－土地持ち非農家－非農家〉のあいだは実態的には連続的である．このような農村居住者の生産・生活要求に応える農協のありかたとして「総合農協」が編み出されたとすれば，総合農協ははじめから，職能組合ではなく地域協同組合である．戦後農協の出発点では農村の実態に即して農業という職能色が強かったが，その後の兼業化・混住化のなかで，このような本来的性格が前面に出てくるようになったといえる．

いまや農協は，組合員の実態からしても，事業基盤からしても，地域協同組

合化している．では生活協同組合（生協）と同じになるのかといえば，そうではない．非農家や生活事業面にも軸足を置きつつも，主軸はあくまで農業・食料に置いた「食農協同組合」である．現実の地域生協の多くは，すでに県域生協に統合され，首都圏等では県域を越える広域合併の道が検討の俎上にのせられている．それはもはや地域協同組合といえないほどの広域的な会員制スーパーマーケット・チェーン化している．

このようななかで農協がすすむべき現実的な道は，「農」「食」のアイデンティティを軸にした農的地域協同組合（食農協同組合）化の道だろう．それは，食料自給率の向上，農業の多面的機能の充実，地産地消，食育等のアイデンティティに賛成する地域住民を正組合員として組織する，職能に関わりなく農村住民の誰にも開かれた，その意味で「公共的」な協同組合であり，農林水産省の省益確保へのこだわりさえなければ，総合農協が必然的に歩んだはずの道である．

農・食のアイデンティティを確保するためには，非農家組合員の議決権を一般的あるいはテーマ別にある程度制限する措置はあってもよい．ヨーロッパではそのような工夫がいろいろと凝らされている[13]．それは1人1票制という協同組合原則に反するかもしれないが，現在の准組合員制度よりはましである．そもそも協同組合原則そのものが，時代の状況にあわせて創造的に発展させられるべきものである．

非農家を協同組合の運営に参画させた場合，たとえば農協の農業投資や特定地域への投資について彼らがその階層利害から反対する可能性は否定できず，議論すれば農家よりも彼らのほうが弁が立つ可能性は強く，このような階層利害の対立から農協が身動きできなくなる可能性も否定できない．しかしこれからの農協が国民の理解なしには存続しえないとすれば，その対立の克服が前提になる．農業者もまた，問題が起こるたびに被害者意識丸だしの発言に終止するのではなく，市民社会の一員として，討議民主主義，参加型民主主義の能力をきたえる必要がある[14]．

注

（1） 産業組合については『協同組合の名著』第7巻（東畑精一『協同組合と農業問題』），家の光協会，1970年．
（2） 小倉武一ほか（監修），協同組合経営研究所（編）『農協法の成立過程』協同組合経営研究所，1961年．
（3） 東畑四郎ほか『昭和農政談』家の光協会，1980年，第4章．
（4） 農政調査委員会（編）『総合農協と専門農協』不二出版，1964年．
（5） T・J. ペンペル，恒川恵一「労働なきコーポラティズムか」（Ph.C. シュミッターほか（編），高橋進ほか（訳）『現代コーポラティズム』I，木鐸社，1984年）．
（6） 田代洋一（編）『協同組合としての農協』筑波書房，2009年，第6章（木原久・執筆）．
（7） 佐伯尚美『住専と農協』農林統計協会，1997年．
（8） 田代洋一（編）『協同組合としての農協』（前掲），第7章（泉田富雄・執筆）．
（9） 同上，第6章（木原久・執筆）．
（10） 田代洋一『混迷する農政　協同する地域』筑波書房，2009年，第1章．
（11） 田代洋一『反TPPの農業再建論』筑波書房，2011年，第V章．
（12） オンノフランク・ファン・ベックムほか（著），小楠湊（監訳），農林中金総合研究所海外農協研究会（訳）『EUの農協』家の光協会，2000年．
（13） 斉藤由理子ほか『欧州の協同組合銀行』日本経済評論社，2010年．
（14） 以上のほか，農協に関する主な参考文献として次のようなものがある．クリストファー・D. メレットほか（編），村田武ほか（監訳）『アメリカ新世代農協の挑戦』家の光協会，2003年，増田佳昭『規制改革時代のJA戦略』家の光協会，2006年，生源寺眞一ほか（編）『これからの農協』農林統計協会，2007年，小池恒男（編）『農協の存在意義と新しい展開方向』昭和堂，2008年，増田佳昭『大転換期の総合JA』家の光協会，2011年．また毎年の『JAファクトブック』全国農業協同組合中央会（全中），は農協の状況を知ることのできる手ごろな資料であり，本章でも活用している．

第11章　都市と農村

　これまでの章では主として，国レベルでの問題や政策を考察してきた．しかし，そもそも農耕は人類の地域定住とともに開始され，農業は，地域に固着した土地を主要な生産手段とする地域固着産業である．資本や労働のように利益を求めて立地や就業場所を変えることができない．農業は，地域資源を活用し地域個性を発揮する産業であると同時に，資本主義の国土利用構造に強く規定される．これらの理由から，地域レベルの考察が欠かせない．

　そもそも資本主義は都市と農村の対立をもたらすが，とくに高度経済成長，バブル経済，グローバル化は，地域間格差を強め，地域経済や地域農業の崩壊をもたらし，農村と都市を引き裂き，自然と人間の物質循環を破壊し，農村のみならず都市生活をもゆがめる．

　今日の農業・食料問題にとりくむには，かつての労働者と農民の同盟，あるいはその後の生産者と消費者の連携を超える，「みんな」のための公共性の追求が不可欠であり，そのためには都市と農村の関係の再構築を土台にすえる必要がある．

1　高度経済成長と都市農業問題

国土利用の資本主義的再編

　日本には，縄文・弥生の時代から，西日本と東日本の差があった．高校の歴史教科書でもふれられているように，縄文式土器も東日本と西日本では相違があった．広葉樹林の東日本は，でん粉質や動物が豊富で，当時は東日本のほうが人口密度が高かった．その後，稲作と鉄器が渡来人により西日本にもたらされ，東日本におよんでいく．しかし現在に至るまで，言葉や食べもの，味の好みには西日本と東日本のちがいがあり，東西の境は富山・岐阜・愛知あるいは

関ヶ原のあたりに引かれる．農業においても，西と東の相違は長らく残った．

また1880年の県別人口の1位は石川県（今日の富山県・福井県をふくむ）で183万人，2位は新潟県155万人，次いで愛媛県144万人，兵庫県139万人，愛知県130万人と続き，東京は96万人，17位だった．日本海，米（稲作），北前船が，経済とその回路の主軸をなしていたといえる．

しかし米の全国流通は年貢米のそれにすぎず，農民の生活は「むら」内でかなりの程度まで完結し，伝統工芸品等の工業生産も藩により分断されていた．

そのような地域構造を資本主義的に再編していったのが，繊維工業を中心とする産業革命であり，1930年代からの軍需を背景とした重化学工業化だった．それにより4大工業地帯が形成され，太平洋側と日本海側の人口は逆転し，「表日本」と「裏日本」の差別的あつかいが生じた．

第4章で見た第1次高度経済成長は，本土における既成4大工業地帯を中心としたものだった．この時期，1人あたり県民所得格差をジニ係数で見ると[1]，1955年の0.16からピークの1961年の0.35に向けて格差は急拡大し，この格差の傾斜にそって遠隔地農村から3大都市圏への人口流出が急増し，一挙に過疎過密問題をもたらした．

それに対して，第2次高度成長期の全国総合開発計画（1962年）や新全総（1969年）は，「国土の均衡ある発展」をめざし，「拠点開発」方式で内陸部等に新産業都市を建設し，その開発効果を周辺部に「トリクルダウン」（したたり落ち）させたり，苫小牧東部，むつ小川原，志布志湾の遠隔地における大工業地帯の一挙創出と，日本列島を1日経済圏化する「日本列島改造」を試みた．しかし結局は既成4大工業地帯をつなぎつつその外延部に膨張させ，鹿島から周防灘にかけての「太平洋ベルト地帯」の形成に帰着し，日本列島は太平洋ベルト地帯とその他の地帯に二分された[2]．

これらの資本による国土再編は，第1に，過疎過密の地域不均衡と地域問題を生んだ．工業集積と地域開発にともなう公害・環境問題が顕在化した．巨大都市圏への人口集中にともなう都市問題が「地域経済学」を生み[3]，また土地利用の混乱を防ぐという理由で欧米流の土地利用計画論の導入をもたらした．過疎問題に対して1965年に山村振興法，1970年に過疎法が議員立法されたが，稼得機会をもたらす産業振興をともなわず，道路と生活基盤の整備に重点を置いたため，整備された道路がストローになって人が都市に吸収されてしまう

「ストロー効果」をもたらした．

　第2に，高度経済成長は石炭から石油へのエネルギー革命をともなったが，核武装の潜在能力を保持するため，「原子力の平和利用」の名で原子力発電所の建設が1970年代に始まった．それは浜岡原発（静岡県）を除きことごとく太平洋ベルト地帯を避け，電源三法（1974年）のカネでつる形で，高度成長に取り残された東北，裏日本，九州等の「僻地」に集中立地し，40年後の2011年3月11日，東日本大震災による福島第一原発の事故となって，その矛盾を爆発した．

　第3に，農業を3つの地域に再編した．すなわち①太平洋ベルト地帯を中心に，第1次高度成長は都市近郊農業地域（都市に近接した農業地域）を拡大し，第2次高度成長は後述する都市計画とともに都市農業地域（市街地に包摂された農業地域）を生んだ．②工業開発のおよばない北海道，南九州等を遠隔地専業畑作農業地域にした．③太平洋ベルト地帯から外れた平場水田地域（一部，太平洋ベルト地帯をふくむ）を，兼業稲作地域化した．なお「中山間地域」が登場するのはグローバリゼーション期以降である．

農地の転用統制

　都市化にともない，人口や工場の集中する平坦部は，都市的土地利用と農業的土地利用のせめぎあいの場となった．それまで土地利用調整の機能を担ってきたのは，農地法にもとづく，国による農地の他用途への転用統制だった．第3章2で指摘したように，耕作する者のみが農地を購入・借入できるという戦後の農地耕作者主義は，農地はあくまで農地として利用すべきという社会的土地利用規制をともない，国の許可なしには転用できないという転用統制を制度化した．その背後には，戦後も引きつづく食糧難に対処するための，農地確保の要請があった．

　市町村の農業委員会（農家が選挙を通じて構成する）は，転用申請を受けて，近隣の土地利用に配慮しつつ（土地利用調整），転用の可否を県・国に進達することとされた．国は，高度成長にさしかかる1954年に農地転用基準に関する通達を出して，農地転用を「ある程度やむをえない」ものとしたうえで，都市環境が整った農地，優良農地，その中間にくる農地の3種に分け，優良農地以外に転用を誘導することで「国民経済その他一般公共の利益に合致する」ようにした．つまり農地の総量確保から，優良農地のみの確保へ転じた[4]．

転用面積は1955年にはまだ年5000ha台だったが，1960年代から急増しはじめ，1973年のオイル・ショックにともなう狂乱物価と土地投機のなかで，年7万ha弱のピークに達した．その後は，高度成長の終焉とともに減少に向かい，バブル経済期に3.5万haに盛り返したが，2001年に2万haを割り，2009年には1.4万ha強になっている．転用面積は，経済成長や景気変動にするどく左右されるといえる．

転用の内容も時代により変化した．1960年代までは宅地転用が4割を占めたが，1973年以降は，国や自治体による公共転用と，後述する市街化区域内農地の転用（許可制から届け出制へ規制緩和）があわせて半分強を占めるようになり，グローバル化期には，2009年をとると，商業サービス・駐車場・資材置場等が29％，住宅27％，他方で植林11％となっている．

農地法による転用統制については，その末端を担う農業委員が，地権者として自分も転用して転用差益を得る可能性があるために転用許可の審査を甘くしているからだといった批判が一部から絶えない．ヨーロッパでは，自治体の土地利用計画に位置づけられないかぎりは農地等の都市開発ができない「建築不自由の原則」が確立しているのに対して[5]，日本は，戦前の地主制下での「土地所有の自由」が戦後にも引きつづき，土地所有権が土地利用権に優先する「建築自由の原則」が支配した．そのなかで農地についてのみ農地法が転用統制をつらぬこうとすることには限界があり，先の通達にも見るように高度成長に妥協せざるをえなかったのが現実であり，前述の農業委員批判は一面的である．耕地面積は1965年までの600万ha台から2009年には461万haに減少したが，農地法の転用統制がなければ，その減少はさらに激しかったといえる．

都市計画法と農振法

第2次高度成長期の過疎過密問題の激化は，都市・住宅・交通問題を生じ，無秩序な開発による土地利用の混乱が高度成長を阻害することが懸念されるようになった．そこで都市計画法（1919年制定）が1968年に改正され，土地利用計画制度が導入された[6]．

新都市計画法は，まず都市計画区域を定め，その内部を市街化区域と市街化調整区域の2つに区域区分（線引き，ゾーニング）する．市街化区域は，既成市街地と，おおむね10年以内に市街化をはかるべき区域とされた．市街化調整

区域は，将来の計画的市街化のための予備地として，小規模な開発を規制する区域とされた．

都市計画法が都市計画区域という「都市の領土宣言」をおこなったのに対して，農政は，翌1969年に「農業の領土宣言」を自称する農業振興地域整備法（農振法）を制定し，農業振興地域と，その内部に原則として農地の転用ができず開発規制をともなう農用地区域の設定をおこない，そこに政策投資を集中することとした．

こうして2つの土地利用計画制度が並立することになったが，農振地域は市街化区域内には設定できないのに対して，都市計画区域は農振地域内，農用地区域内にも設定できるので，全体として都市計画が優越した制度になっている．

少し古いが1999年の総農地面積486.7万 ha について見ると（10年後の2009年のそれは461万 ha），市街化区域内に11万 ha（2008年には9万 ha），市街化調整区域に115万 ha，あわせて26％が都市計画区域に編入されている．原則転用不可の農用地区域は総農地の80％であり，うち20％は市街化調整区域にふくまれている（全国農業会議所調査）．結果として，都市計画区域外の純農村の農用地区域面積は71％にとどまる．

土地利用計画手法の問題点

導入された土地利用計画手法は，あたかもその後の土地利用調整の切り札であるかのように位置づけられているが，そこには次のような問題点がある．

第1に，開発規制力の限界である．都市計画法の規制対象は「土地の区画形質の変更」なので，建築行為をともなわない青空駐車場，資材置場，廃車野積み場等は規制対象にならない．市街化調整区域では公共施設，農家住宅，分家住宅，農業・農村関連施設の建設は可能なので（2009年改正で一部の公共施設は転用許可制に），それに便乗して一般住宅も入りかねない．農振法は，農用地区域を原則転用禁止としたが，そのことが運用面ではかえって，農用地区域以外の農地（農振白地）は転用許可することに傾く．

また農用地区域はその内部に用途区分がなく一本の指定なので，自家農業の継続が困難になった場合にも都市的土地利用への転換ができない．ようするに，きめ細かな規制や対応が困難である．

農地法の農地転用許可は農地1筆（土地所有の単位）ごとになされるのに対

して，農振法による土地利用計画手法は農地の面的確保ができるものとされ，農振法によって転用統制がなされているかの理解も多い．しかし農振法は，農用地区域については農地法の転用許可をおこなわないという，農地法の運用方法を定めたものにすぎず，転用統制の根拠はあいかわらず農地法とその農地耕作者主義にある．

第2に，面的な土地利用規制には地権者のみならず地域住民の参加が欠かせないが，日本の土地利用計画は行政が定める「行政庁主義」の色彩が強く，「お上に押しつけられた計画」という受けとめになり，住民合意がむずかしい．

第3に，たんなる物理的な土地利用の区分・規制にすぎず，地価規制をともなわない．ヨーロッパの場合は，自治体が策定する都市計画にもとづいて農地転用する場合は，農地価格で自治体が買い取り，転用・開発差益は自治体が吸収してまちづくり等に投入することにしている．それに対して日本の場合は，高い転用価格を地権者が自分のポケットに入れることができる．このように地価の高騰が野放しにされるので，線引き自体が高地価を発生させることになる．その結果，各区域ごとに膨大な地価格差が発生するとともに，高地価が，農地転用や転用にともなう代替地取得を通じて農村地域の奥深くまで波及することになる．

農用地区域内水田の10aあたり平均農地価格を比較すると（2009年），純農村は139万円だが，市街化調整区域はその3.4倍，市街化区域は23.7倍になる．水田の住宅用転用価格は純農村で坪5万円（農地価格の11倍）だが，調整区域はその1.5倍，市街化区域は4.0倍になる．

第4に，そもそも欧米の近代的土地利用計画は，まっすぐの道路と矩形の区画により土地利用を截然と区分するものであり，一見合理的に見えるが，それは資本活動にとって効率的な市街形成をめざしたものといえる．それを歴史的にも土地利用が混在してきたアジアや日本に直輸入しても，住民に住みよいまちができるとは限らない．曲がりくねった道路で区画され，適度に土地利用が混在し，まちのなかに農地が計画的に保全された，欧米とは異なる新たな土地利用計画が求められる．

自治体条例と住民参加の里づくり計画

土地利用計画の開発規制漏れによる乱開発の進行，住民参加の地域づくり計

画の遅れといった事態に対して，乱開発に悩まされる自治体が，折からの地方分権の気運を背景に，自治体のまちづくり条例とそれにもとづく住民協定により，よりきめ細かな開発規制と主体的な開発を可能にする方法を模索する動きがあった(7)．神戸市の「人と自然の共生条例」にもとづく「里づくり計画」，長野県旧穂高町(ほたかまち)（現安曇野市(あづみの)）の「まちづくり条例」にもとづく「まちづくり計画」などがそれである．

　条例で農用地区域等によりきめ細かな用途区分を導入し，用途区分ごとに立地（転用）できる建物とできない建物を明らかにし，また開発の要件（首長や協議会の同意，まちづくり計画での位置づけなど）を定める．そして集落・学校区・旧村等ごとに地域住民の協議会をつくって里づくり計画（住民協定）を策定し，先の用途区分や向こう5年程度の開発の位置づけをおこない，首長が計画を承認した場合に実効性をもたせるというものである．こうして住民の参加と納得のうえに開発規制をおこなうとともに，場合によっては住宅団地等への転用も計画に位置づける．あわせて市民農園，直売所等の農業振興，都市住民交流等も計画する．

　これらは国の制度を前提としつつ，そのよりきめ細かな運用をねらったものだが，地域住民のまちづくりへの主体的関与という前提的条件を持続的に確保するには困難な面もある．

都市農業の発生と役割

　高度経済成長は「都市農業」という新たな農業のかたちをつくりだした．都市に近接した「都市近郊農業」というそれまでの概念に対して，「都市農業」とは，都市・市街地が急速にスプロール（虫食い）的に膨張するなかで，それに取り込まれつつ都市のなかに島状に包摂された農業を指すといえる．都市農業は，ベタ一面の市街化指定をおこなった東京都などでは市街化区域内農業を指すことが多いが，市街化区域に囲まれるかたちで市街化調整区域・農振地域が指定されている横浜市などの事例をふまえれば，市街化区域に限ることなく，一般に都市・市街地に囲まれた農業といえよう．

　新基本法は「都市及びその周辺における農業」という表現を用い，新たな農業地域類型区分では，可住地に占める宅地率が60％以上，人口密度500人以上等の条件を満たす新旧市町村を「都市的農業地域」と規定しているが，この規

定は都市近郊農業と都市農業の両方をふくむものだろう．2010年農林業センサスでは，都市的農業地域は農家の25％，農地の14％を占めている．農産物販売額は17％である（2005年）．

　都市農業は，第1に，農業生産上も無視しえない比重をもち，食料自給率への貢献度も高い．とくに庭先販売・直売所等を通じる新鮮な地場野菜の供給は，「地産地消」の実践例である．第2に，農業の多面的機能が都市生活に果たす役割は大きい．①農業体験学習等の自然教育・食育，②過密都市における防災空間，③緑被率（地面が緑で覆われている率）が3割を切ると心身に悪影響があらわれるなかで，公園等の人工緑地が決定的に不足する日本の都市における自然緑地としての機能，④ヒートアイランド（都市高温）現象の緩和効果，⑤雨水吸収機能等，都市環境を保全し都市に緑を取り戻すうえで，決定的な役割を果たしている．その点に関する農林水産省の自治体担当者へのアンケートでは，「地域の人びとへの潤い，やすらぎ」「洪水の防止に貢献」「ヒートアイランド現象の緩和」「地域の景観形成」「食育等子どもの教育」が各20％台を占めている（2012年版農業白書）．

　①については，ヨーロッパの都市でも，NPO等が公有地等を借りて「シティ・ファーム」を開設し，教育や福祉に貢献している．

　都市農業は園芸作や施設園芸など集約的な農業が多いので，主業農家の割合や後継者の確保率も相対的に高いが，他方では高齢化がすすんでいる．そこで耕作不能になった農地を自治体等を通じて「市民農園」として貸し付ける制度対応がなされ，さらに2009年農地法改正では，一般市民が直接に農地賃借できるようになった．このような市民農園はイギリスのアロットメントやドイツのクラインガルテンのような先行例があるが，都市のなかに農業経営が存在する日本ならではのものとして，「農業体験農園」の展開があげられる[8]．市民農園は市民がアパート方式で個々に農地を借りるわけだが，体験農園の場合は，農家の農業経営の一部に市民の作業参加を取り込んだもので，農業者と市民の交流・学習が可能な形態として注目される．

　前述の欧米流の土地利用計画の発想からすれば，都市のなかに農地が存在することは土地利用の混乱以外の何物でもないが，20世紀末から先進国が都市縮小の時代に突入するなかで，都市農業は都市生活に欠かせないものという認識が強まり，先進国でも途上国でも都市農業運動が起こっている．

都市農業政策

　長らく政策上の争点になったのは，3大都市圏の特定市の市街化区域内農地に対する，宅地並み課税問題だった．市街化区域はおおむね10年以内に市街化をはかるべき区域として，その農地は前述の転用統制を外され，届け出すれば転用自由になった．その農地に対して宅地並みの課税をすること（農地課税は10aあたり1000円程度に対して，宅地並み課税は何十万円にもなる）はある意味で当然だが，当時の建設大臣が宅地並み課税はしないと国会答弁したために，東京をはじめ多くの都市農家が市街化区域に入ることを選択し，また都市計画サイドも市街化区域の拡大を歓迎し，30万haもの農地が編入された．2008年にはまだ9万haの農地が残っていることを見ても，それは明らかに過大きわまる編入だった．

　その後，地価問題の沈静化の観点から宅地並み課税がなされることになったので，反対運動が燃えあがり，藤沢市を先頭に宅地並み課税の部分を猶予・免除する自治体が続出するようになり，政府も1982年に長期営農継続農地の制度により，10年以上営農継続意思のある農地について宅地並み課税部分を徴税猶予することとした．同時に，都市農家の営農継続意思の強さという現実に妥協して，当面の営農を認めつつ宅地化も促進する政策が，生産緑地制度，特定土地区画整理事業，農住組合法等により追求された．また農家には相続税が重くのしかかっていたが，1975年から，20年以上営農継続した場合には農業投資価格を超える評価額の納税を免除する相続税納税猶予制度が設けられた．

　しかし1992年には，生産緑地の指定を受ければ徴税猶予するが，指定を受けない農地は宅地並み課税されることになった．生産緑地は30年営農継続を義務づけられるなど条件が厳しく，また市街化区域内農地は生産緑地に限って先の相続税の納税猶予制度も適用されるが，その条件は20年営農継続ではなく，終生営農に改められた．その結果，生産緑地の指定を受けている農地は2011年には44％と，市街化区域内農地の半分以下にとどまる．

　このままでは市街化区域内農地は，高齢化や相続を理由にジリ貧化していくだろう．しかし同農地は前述のように都市の中に農業・緑を確保するうえで決定的に重要であり，都市計画のなかに恒久的な土地利用形態として制度的に位置づけ，転用を許可制に復したうえで，農地保全が可能な税制に改め，市民的利用もふくめて都市生活に活かしていくべきである(9)．

うち続く不況下で開発圧力は減じたものの，最近では福祉系の施設や墓地等の需要が，地価が相対的に安い市街化調整区域に向かっている．市街化調整区域は前述のように小規模開発が規制されているが，現実には虫食い市街化がすすんだ地域もあり，2009年の農地転用面積の21％が市街化調整区域であり，24％の市街化区域と並んでいる．とくに「その他の業務用地」（駐車場・資材置き場等）に転用された面積のうち30％は市街化調整区域である．農地確保の観点からは，市街化調整区域の農地保全がより重要な課題である．

加えて，2000年都市計画法改正は，開発審議会の議を経ないで都道府県条例によって市街化調整区域の開発を可能にし，また2003年の農地法・農振法関係の改正は市町村条例によって農振農用地の除外・転用を可能にした．これらは地方分権による自治体条例を利用した規制緩和策だが，いずれも政策が意図したようには開発の促進にはつながっていない．

それに対して地権者農家の高齢化・離農等の実態をふまえ，一定の区域において一定の開発を認めつつ，その開発利益を，その開発土地の地権者だけでなく，区域の地権者全体におよぼすしくみをつくり，残る農地の保全を恒久化するような，区域区分制度の柔軟化が求められている．

2　グローバル化と中山間地域問題

中山間地域問題の発生

1970年代後半から3大都市圏への人口集中と過疎化の傾向が鈍化したが，1980年代後半から過疎地域の人口減がふたたび強まりだした．それは高度経済成長期の人口の社会減（転出＞転入）に加えて，あるいはその結果として，人口の自然減（死亡が出生を超過する）が始まったことにより，「第2の過疎化」時代といわれ，その極には「限界集落」（65歳以上の高齢者が人口の過半を占める集落）の発生を見た．他方で1990年代から3大都市圏への人口集中，とくに東京一極集中が強まりだした．1人あたり県民所得で見た地域格差は1970〜75年にかけて縮小したが，1985〜90年にはふたたび拡大した．その後は縮小したものの，21世紀にはまた拡大している．

農業については，1986年からガットURが開始されて米の自由化が俎上にのせられ，1987年には政府米価が31年ぶりに引き下げられ，1988年には牛肉とオ

レンジ・同果汁等の自由化が決定された．稲作は平野から山間部まで日本の普遍的作目であり，牛やみかんは傾斜地への特化係数が高い作目である．そのような作目の価格引き下げや自由化圧力は，とくに農業生産条件が不利な地域の高コスト性・不採算性と将来不安を際だたせることになる．これが過疎化一般とは区別された「中山間地域」問題の発生である．

中山間地域とは，農業地域類型分類による，中間地域と山間地域の総称である．山間地域は「林野率80％以上かつ耕地率10％未満」であり，中間地域は平場地域と山間地域の中間にくる地域である．従来の過疎地域が人口現象に着目したものだとすれば，中山間地域は標高や傾斜度等の農業生産条件の不利に着目した地域規定だといえる．

傾斜度1/100以上の傾斜水田の割合は，全国平均が31％に対して，中間地域47％，山間地域57％であり，水田の基盤整備率はそれぞれ51％，48％，40％である（農林水産省「第3次土地利用基盤整備基本調査」1993年）．これらによる機械化の困難に加えて，日本の峡谷型地形ではとくに気温や日照等の気象条件による生育の悪さが問題であり，また農道・水路等の地域資源管理の問題や，鳥獣害等があげられる．

シカ，イノシシ，サル，カラス等による鳥獣害（2010年度のそれは239億円だが，そもそも把握がむずかしい）は，開発や針葉樹植林による餌の枯渇や過疎化による人間活動の希薄化が生態系バランスを崩したもので，今日の中山間地域を最も悩ます問題になっている．これらの鳥獣は繁殖力が旺盛なので捕獲には限りがあり，とりあえず防止柵が有効だが，日本が人口減少社会に向かうなかで自然領域と人間領域の共生（棲み分け）ラインをどこに引くかという国土利用の問題につながる．

このような厳しい条件下の中山間地域に，日本の農地の42％，農家の43％，農業産出額の37％が属する（2004年版農業白書）．つまり中山間地域は，日本農業の4割を担っている．それだけでなく，日本の国土面積の68％が中山間地域に属する（中間32％，山間36％）．そしてそこには人口の14％（同じく10％と4％）が住む．つまり中山間地域は，14％の人口で国土の3分の2を保全するとともに，その森林や農地が発揮する国土保全等の多面的機能は「下流域の住民の生活基盤を守るいわば防波堤としての役割」（2000年版農業白書）を果たしている．

耕作放棄地問題

しかるに耕作放棄地（1年以上耕作しておらず，今後数年間に耕作する意思のない土地）は，山間地域16％，中間地域39％，平地地域25％，都市的地域に20％と，中山間地域に過半が集中する（2010年）．

耕作放棄の発生原因としては，高齢化と，前述のような農業の生産条件の不利性があげられる．耕作放棄の発生率（経営耕地＋耕作放棄地の合計に対する割合）が中山間地域と都市的地域で高いのは，そのあらわれだといえる(10)．

しかし高齢化や条件不利性は今に始まったことではない．そこで図11-1を見ると，耕作放棄地の増加は明らかに時期的に異なる．すなわち1985～90年と1995～2000年の増加がとくに著しく，21世紀に入り鈍化している．

このことからは，耕作放棄の発生は農業の政策的位置づけと強く関連していることが推測される．すなわち1985～90年は前述のように中山間地域問題が発生した時期であり，1995～2000年はWTO体制下で米価が急落したにもかかわらず有効な政策が講じられず，とくに中山間地域の条件不利性が顕著になった時期である．

図11-1　耕作放棄地面積の推移

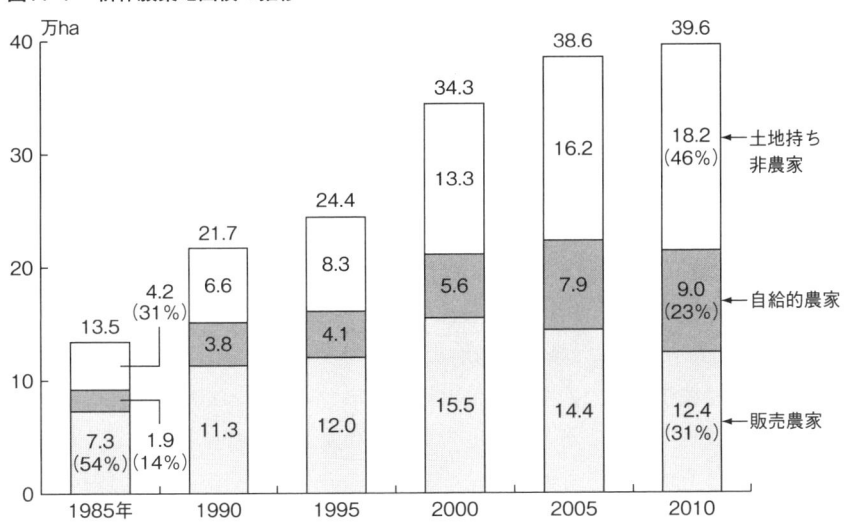

年	販売農家	自給的農家	土地持ち非農家	合計
1985年	7.3 (54%)	—	—	13.5
（内訳）	1.9 (14%)	3.8	4.2 (31%) / 6.6	—
1990	11.3	3.8	6.6	21.7
1995	12.0	4.1	8.3	24.4
2000	15.5	5.6	13.3	34.3
2005	14.4	7.9	16.2	38.6
2010	12.4 (31%)	9.0 (23%)	18.2 (46%)	39.6

注1．農水省「農林業センサス」．
　2．農水省『平成22年度　食料・農業・農村の動向』による．

第8章1で見たように，限界地（耕境）は価格との関係で変動する．米価が下がればペイしない地域が耕作限界外に放逐されることは経済法則である．しかし食料自給率が40％と著しく低いわが国で耕作放棄地が大量発生するのは，いかにも矛盾した現象である．

　耕作放棄地の発生はなぜ問題なのか．第1に，自給率向上に反する．第2に，病害虫の巣になり，前述のように鳥獣害の発生要因になり，周辺農地に被害をおよぼし，先の自給率向上を阻害する．第3に，野火や犯罪など居住環境を損ない，農業・農地が果たしている多面的機能が損なわれる．後背地が耕作放棄されると洪水がふもとの街を襲うのは，毎年のように梅雨明けの豪雨で確認されることである．第4に，農家が耕作放棄することは，農家だけでは農地を守れないことを意味し，農外資本による農業進出のまたとない口実になる．

　それに対して農政は，第1に，みずから耕作できなくなった農地は貸せばよいという構造政策で対応しようとした．しかし都市化地域は高地価で農地の流動化はすすまず，中山間地域は農地の集積効果が乏しく，そもそも借りて農業する担い手が少ない．第2に，2009年農地法改正で，農業委員会が遊休農地を調査・指導・通知し，土地利用計画を立てさせ，従わなければ勧告，強制的賃借権の設定をおこなうといった行政措置を講じることにしている．しかし個別法がそれを定めても，強制的賃借権の設定などは私有財産権を侵す憲法違反の可能性があるので，自治体等はうかつには手を出せない．

　そこで耕作放棄地対策としては，前述の都市農業政策とともに，固有の中山間地域政策が求められることになる．

EUの条件不利地域政策

　このように中山間地域の保全は，当該地域のみならず，とくに森林率が67％と高い日本では国民生活上の問題ともいえるが，その政策上の対応は遅れた．それに対してヨーロッパは「条件不利地域対策」として早くからとりくんできた[11]．その始まりは戦中戦後のイギリスに求められる．イギリスでは平場は畑作や集約畜産，丘陵地は耕作に適さず草地のままで粗放な放牧畜産と分化し，後者が，集約度が劣り土地生産性が低い条件不利地域にあたる．そのような地域の増産が，戦時の食糧難から求められるようになり，丘陵地家畜補償支給金（HLCA）が始まった．イギリスは第8章で見た不足払い制度の発祥の地でも

あるが，高コストの条件不利地域への支払いは，不足払い制度のバリエーションともいえる．

1970年代なかばにイギリスがECに加入したことにともない，イギリスの制度がECの条件不利地域（Less Favoured Area）政策として一般化した．地域設定にあたって，標高，傾斜，農業の低生産性などの農業生産条件不利と，低密度人口，人口減少等の要素が加味される（たとえばイギリスでは農地の53％が条件不利地域に属する）．3 ha以上の条件不利地を5年間耕作することを条件に，家畜1頭あたりの支払いがなされ，haあたりの頭数制限（過放牧の制限），haあたりの支払い限度額が設定された．

しかるに1980年前後にECが自給を達成し，農産物過剰に悩まされるようになったころから，状況が変わった．それまでは，とくにイギリス等では，カントリーサイド（田園）は「国民の庭園」に，それを守る農業者は「庭師」に見たてられてきたが，過剰の発生とともに，農業保護政策による農業近代化・集約化がカントリーサイドの景観や環境を破壊するものと見なされるようになり，それへの反発が強まった．

そこで1985年から，ESA（Environmentally Sensitive Area）政策など，環境保全への配慮を強めた政策への転換がなされるようになる．支払い方法も増頭をともないやすい頭数あたり支払いから，面積あたり支払いに切り替えられた．

ヨーロッパの直接支払いの特徴は，条件不利の物理的改善はむしろ環境を破壊するものとして避けられ，もっぱら条件不利の補償支払い（直接支払い政策）が求められる点である．

1992年のCAP改革で，ECの全地域に直接支払い政策が導入されるにおよんで，条件不利地域直接支払いも相対化され，またWTO体制下での農産物価格の低下を農業所得補償のみでカバーできない状況が強まるなかで，農村地域振興政策への傾斜が強まっている(12)．地域振興にあたっては，行政，専門家（コーディネーター），コミュニティ代表がローカル・アクション・グループを組んで景観修復，雇用創出等にとりくむ方式がとられている（LEADER「農村経済発展の行動連携」事業）．

ヨーロッパの政策は，①対象地域を条件不利地域と明確に規定したうえで，②その条件不利を所得補償でカバーすることにより環境保全に配慮し，③所得補償から農村地域振興政策へシフトする，という特徴をもつ．

日本の中山間地域農業政策

日本で中山間地域に対する直接支払い政策の導入が遅れた背景には，第1に，零細農業を温存することで，農政の主流としての構造政策の展開の支障になること，第2に，中山間地域でも稲作が他地域と同じ比重をもつなかで，米生産調整の支障になること，の2つの懸念があった．

第1の点については，前述のように，そもそも中山間地域での構造政策の展開には限界がある(13)．また中山間地域を生産調整政策の対象外とするのでないかぎり，第2の懸念は当たらない．

こうしてようやく日本でも，食料・農業・農村基本法で「地勢等の地理的条件が悪く，農業の生産条件が不利な地域」の「不利を補正するための支援」をおこない，「多面的機能の確保を図るための施策を講じる」こととして，2000年から中山間地域直接支払い政策が開始された(14)．それに踏み切るにあたっては，1995年のWTO農業協定が，条件不利地域のすべての生産者を対象としておこなう直接支払いを，国内助成の削減対象から外した点が大きかったといえる．

具体的には，中山間地域の急傾斜の農地について，耕作放棄の防止，水路・農道等の管理，国土保全機能を高める等の「集落協定」にもとづいて，5年以上継続される農業生産に対して支払う．その額は，平場との生産費の差にもとづいて，水田で10aあたり年間2万1000円，畑で1万1500円，草地1万500円，採草放牧地1000円（緩傾斜地は減額）とされた．実施にあたって国は，「直接支払いの額の概ね2分の1以上が集落の共同取組活動に使用されるよう集落を指導」することとした．5年ぶんの交付金をまとめて使うことや，集落を単位としつつも集落を越えて広域的にとりくむこともできるため，一定額の交付金をプールし条件不利の改善に投資することも可能である．

同政策は5年を1期とし，2010年から3期目に入った．3期目は民主党農政の農業者戸別所得補償政策に組み込まれたが，結果的に制度の根幹は変わらず，2011年度は対象農用地80万haのうち68万ha，85％においてとりくまれている．対象地目は北海道では草地が88％，都府県では水田が78％を占める．2期目からは担い手の育成等にとりくむ場合は10割，その他は8割の交付になったが，前述のように中山間地域は構造政策の限界面に位置するとすれば，そのような構造政策効果を求めるのは妥当とはいえない．

集落協定によるとりくみでは，機械・農作業の共同化，畦畔管理，鳥獣害対策，景観作物の作付け等，多彩な活動がなされている．中山間地域直接支払いは，①集落機能の維持活性化の役割，②農家への直接所得支払い，③条件不利の改善など，複数の役割を担っているが，②は1戸あたりで見れば金額的に限られ，③の投資は一部にとどまるとすると，①の機能が大きく，現地でもその点が高く評価されている．

中山間地域は高齢化が著しく，3期対策では，高齢化等で農業継続が困難になった場合の受け手を決めておくこと，小規模・高齢集落を近隣集落が取り込んで協定することなどの措置がとられた．

中山間地域政策の課題

中山間地域農業政策は，高齢化した集落の重視など実態に即した政策として，新基本法農政のなかでも評判はよい．**図11-1**に見るように2005年から2010年にかけて耕作放棄地の増加は鈍化しており，政策は一定の功を奏しているといえる．しかし高齢化は期を追って確実に進行しており，自家農業継続を危ぶむ声は強い．

そのなかで第1に，個別に耕作不能になった農地を集団的にカバーする集落営農等のとりくみが欠かせない．しかし前述のように，中山間地域では農地集積そのものが困難なうえに，規模拡大効果も乏しい．

そこで第2に，中山間地域政策は，対象も農用地区域に限定するなど農業政策色が強いが，ヨーロッパのような地域政策への転換が欠かせず，過疎地域と重複する地域にあっては両政策の連携を強めるなど，定住政策と農業政策の統合が欠かせない．その場合に，ともすれば集落協定等は男性が担いがちなのに対して，女性の主体的参加が必要である．

第3に，集落協定等にあたって決定的な役割を果たすのは，リーダーの存在である．地域リーダーなくして，同政策にはとりくめない．そしてリーダーには農家もさることながら，公務員，農協，他産業勤務の経験者が多い．そうであれば，定年前から地域貢献をめざした研修や対応策があってもよかろう．また都市から地域支援の人材を派遣する制度が功を奏しているが，青年層だけでなく，ODA（途上国等に対する政府開発援助）のシニア隊員のようなとりくみもありうる[15]．

第4に，中山間地域対策は集落を基盤とした地域ぐるみのとりくみが不可欠だが，実際に耕作放棄地の解消活動の事例を見ると，地域や農業委員会の努力とともに，地域・都市住民，NPO，地場の土建・食品産業等の協力や参加の事例が圧倒的に多い．その点では次に見るコミュニティ・ビジネスのとりくみに通じるものがある．

3　村落共同体とコミュニティ・ビジネス

日本の村落共同体

　日本の村落共同体は重層的である．もっとも基礎的な共同体は農林業センサスがとらえた「農業集落」で(16)，2005年センサスでは「もともと自然発生的な地域社会であって，家と家とが地縁的，血縁的に結び付き，各種の集団や社会関係を形成してきた社会生活の基礎的な単位」「生産及び生活の共同体」と規定している．1955年には15.6万を数えたが，2010年には13.4万になっている．その減少は，集落そのものの消滅もあるが，集落活動が確認されなくなったことによるものが多い．

　自然発生的な農業集落を「むら」と呼べば，「むら」の起源は中世までさかのぼりうるものもあるが，第8章2で見た生産調整の地域単位や第9章2で見た多くの集落営農の範域となっている．そして集落営農の大きな目的が定住条件の確保にあるとすれば，それは今日でも生活・生産共同体としての命脈を保っているといえる．水田集落の場合は「むら」の領土をもち，その多くは正月にむら人が参る神社をもっていることから，外見的にも識別しうる．

　「むら」より大きな共同体として「藩政村」がある．それは行政単位としての共同体・村（そん）である．近世の「村切り政策」により，それまでの惣村・郷村等が，生産力の発展をふまえてより小さな統治・徴税単位に分割されたもので，近世を通じて6～7万を数える．「むら」＝「村」の場合もあるが，多くの場合は「村」のなかにいくつかの「むら」をふくむ．藩政村は名主・組頭（くみがしら）・百姓代の村役人を擁し，村法をもち，徴税等の責任をもつ村請制（むらうけ）と引き替えに封建権力により一定の自治権を付与された．

　この藩政村をもって「自治村落」と呼び，日本の最も基礎的な村落共同体とする「自治村落論」も主張されている(17)．それは，戦前戦後にかけて影響力

をもった，村落共同体を封建支配の末端と規定しその封建的性格を強調する学派に対する反発から，藩政村の自治的な側面を一面的に強調したものといえる．

　藩政村は明治20年代に「明治合併村」1.6万弱に合併され，それまでの藩政村は「大字（おおあざ）」等と呼ばれるようになった．明治村は昭和30年代の「昭和合併」により1956年で4800弱に合併され，明治村は「旧村」と呼ばれることが多い．そして21世紀の「平成合併」で，今日の自治体数は1773に減少した．明治合併はおおむね小学生が歩いてかよえる範囲である小学校区程度，昭和合併はおおむね中学生が徒歩・自転車で通学できる中学校区程度で，それなりに住民生活と結びついていたが，平成合併はそれをも失っている．

　自然発生的な「生産及び生活の共同体」としての農業集落を「むら」，行政単位としての藩政村を「村（そん）」と呼べば，「むら」が高度経済成長の荒波をくぐり抜けつつ今日も健在であるのに対して，行政上の「村」は合併をくり返してきたといえる．しかし村人たちは時々の必要に応じて，以上のような重層性をもった村落共同体のいずれかを活動範囲に選び，息を吹き返させてきた．その例を次に見たい．

コミュニティ・ビジネスのとりくみ

　第9章2で見た集落営農は，その4分の3は1農業集落を単位としているが，複数集落を単位とするものが増えてきている．集落営農が農業集落を単位とするのは，とくに水田集落が水利共同体の面をもち，「むらの領土」としての農地をもち，「むらの土地は集落で守る」という意識が強いことによる．

　しかし今日の農村がその定住条件を確保するためには，集落営農のような農業生産だけではなく，農産加工や直売所，農協支所が合併で統合廃止されたあとの商業活動の維持，グリーン・ツーリズム等さまざまなコミュニティ・ビジネス（コミュニティが設立・所有・運営する，地域密着型・地域資源活用型の小企業．以下「C・B」）にとりくむ必要が出てくるし[18]，コミュニティとしてそれを営むには自治組織が必要になる．このようなとりくみの単位としては，農業集落は小さすぎ，明治・昭和合併村単位でのとりくみになることが多い[19]．

　筆者が調査した一例をあげると[20]，三重県多気町（たき）のなかの勢和村（せいわ）（1955年合併の昭和村）と，そのなかの丹生村（にゅう）がある．

　丹生村は古代からの水銀の一大産地であり，「むら」であるとともに，中世

の「荘」，近世「村」，明治村でもあった．丹生は勢和村の委託を受けて「ふれあいの館」（交流施設・直売所）を運営してきたが，村の「花づくり運動」を受け継いで，主として勢和村を管内とする立梅(たちばい)用水（土地改良区）の協力のもと，その水路沿いに「あじさいいっぱい運動」を展開し，あじさい祭りを開いている．

そのなかで女性の元村職員が，花づくり運動の仲間とともに勢和村一帯をにらんだ農業生産法人とその食事処「まめや」を丹生内に立ち上げた．他方で丹生では，中山間地域直接支払いも活用しながら，水稲と大豆転作を協業する「丹生営農組合」が組織され，「まめや」に豆腐料理の大豆原料を供給している．

土地改良区は農地・水・環境保全向上対策の受け皿である協議会の核になり，地域通貨を発行し，農協支所・まめや・ふれあいの館等で利用できるようにしている．そのほか合併前の役場や小学校の建物を引き継いだ公民館等の活動も盛んである．

丹生は「むら」＝藩政村＝明治村という歴史的特性をもつが，昭和村・勢和村とともに，まめや，ふれあいの館等のC・Bの母体となり，農協支所や営農組合も地域通貨や原料供給を通じてそのなかに埋め込まれ，みずからC・B化しているといえる．多気町は「高校生レストラン」でも有名である．

4　都市・農村関係の再構築

定住から交流へ

封建社会の中心が農村であるのに対して，近代・資本主義社会の中心は都市であり，都市は周辺農村から税金や労働力や地力を収奪して農村を疲弊させ，そのことによってまた都市の集住生活の健康をむしばんできた．資本主義と農業・農家の対立を平面上に投影したのが「都市と農村の対立」である．そのような対立は日本では高度経済成長期以降に極端化し，過疎過密問題を生み出した．その行き着いた果てが，大都市に電力を供給するための僻地農漁村への原発立地であり，その事故問題である．

地域不均衡を是正し，産業と定住人口の分散配置を促進するために，過疎対策は過疎地の人口定住とその増加を，中山間地域対策は中山間地域の農業振興を目標に掲げてきたが，現実はその逆に東京一極集中と「第2の過疎化」をも

たらした．そこで過疎農山村の定住人口の増加を不可能と見て打ち出されたのが，1987年からの第4次全国総合開発計画（四全総）における「交流人口」の重視である．交流人口が定住人口に取って代われるものではないとすれば，それ自体は問題のすり替えだといえる．しかし，都市と農村の交流を促進することは，住民レベルでの都市と農村の対立を解くきっかけにもなりうる．年々の農業白書も「都市と農村の交流」の節を設けて，グリーン・ツーリズム，ワーキング・ホリデイ，食と地域の絆等を強調している．

農村ツーリズム

そのような多彩な交流・協働活動のなかで[21]，その代表例の1つとして農村ツーリズムをとりあげてみる[22]．ツーリズム（観光）自体が，戦後をとっても高度経済成長期の「マス・ツーリズム」（大量消費的旅行，団体旅行，日本では職場の慰安旅行）から1970年代以降の個人旅行や「オールタナティブ・ツーリズム」（環境に優しい持続可能なツーリズム）へと変化してきた．ヨーロッパではその一環として1970年代あたりから「ルーラル・ツーリズム」（イギリス）がさかんになり，EUの委員会は「農村空間あるいは田園空間そのもの，そこに住む人々，歴史遺産，文化，生活様式を体験する」（1987年）と定義した．

日本にそれが取り入れられたのは，グローバル化による農村疲弊がめだつようになってからであり，「都市住民の緑豊かな農山漁村においてその自然，文化，人びととの交流を楽しむ滞在型活動」（1992年）を「グリーン・ツーリズム」と定義した．

農村ツーリズムは日欧いずれをとっても，都市住民のライフスタイルの変化と農村における追加所得の必要性を背景としたものだといえるが，そこには名称自体に象徴されるような差異がある．

ヨーロッパでは，美しい2次的自然としてのカントリーサイドそのものが観光対象になっている．農村コミュニティがその美しい農村を維持し，それを前提として農村で余暇を楽しむ人々のための民宿が用意される．民宿は貸部屋タイプと貸別荘タイプがあるが，前者もB&Bが主流で，夕食は村のレストランを利用する．民宿は乗馬，プール，スキーをはじめとするアトラクション付きが多く，あくまでも余暇を楽しむのが目的である．

それに対して日本では，これまで紹介されてきた先行事例の多くは，ワーキング・ホリデイ，体験学習，農業技術を学ぶ，農作業ボランティアといった，純粋に余暇を楽しむより「学習」「勤勉」型が多い．2012年版農業白書では，同年のグリーン・ツーリズム施設への宿泊者数848万人に対して農林家民宿数は2006としており，農家民宿の利用はせいぜい2〜3割と推定され，多くは公的なものをふくむその他施設に宿泊している．また日本の民宿は1泊2食の旅館タイプが多く，客が食事等を通じて村全体に開放されるのではなく，民宿内囲い込み的である．

　このように比較すると，日本では農村ツーリズムはまだまだビジネスとして成長していないといえる．2012年版農業白書は，「認知度が高まらない，マーケティングに基づいた商品開発がなされていない」，「企画・コーディネーターの人材不足等の問題」を指摘している．そのさらなる背景には，第1に，日本では有給休暇が短く，そのうち連続付与の規定がなく（たとえばフランスでは年間30日と連続12〜24日に対して，日本は年間18日），有給休暇の消化もヨーロッパが100％なのに対して日本は50％にとどまる．いきおい，日本では1泊2日の短期旅行は一点豪華主義的に高級なリゾートホテルや和風旅館を使うことになる．第2に，農村景観が必ずしも美しくない．中国地域の石州瓦のような赤あるいは黒への統一もあるが，多くは雑色スレート瓦である．そこで農村景観そのもののなかに身を置き，観光を楽しむよりも，学習・労働にいそしむことになる．第3に，日欧ともに民宿の主役は農家主婦だが，日本の女性は農業や通勤兼業に忙しく家にいる人が少ない．この点は民宿が副業的なビジネスとして定着しないことと関連している．

　これらの条件を改善しつつ，日本でも農村ツーリズム，その宿泊施設としての民宿が，あくまでもビジネスとして成立することが望まれる．

都市と農村の連帯

　都市と農村を分断し，その対立をあおることは，古くて新しい統治の手段である．今日でもTPPをめぐっては，時の外相が「1.5％を守るために，85.9％が犠牲になっている」と述べた．ここで1.5％とはGDPに占める農業の割合である．そのTPPに対して労働組合主流や生協のナショナルセンター（連合，日生協）は賛成か，あるいは賛否を明らかにしない．そのかぎりで，分断と対

第11章 都市と農村

立はみごとに成立している．

このような都市と農村の対立，ひいては農業問題の解決には，かつては労働者と農民の同盟，いわゆる労農同盟が鍵とされた．科学的社会主義の祖としてのマルクスが，当時のヨーロッパ大陸諸国で農民が人口の3分の2を占め，労働者は少数派だった時代に，農民を味方にせずして労働者の前進はありえないとしたのは当然のことである．しかしマルクスの言葉に労農同盟という熟語はない．本書でも初版から一貫して，労農同盟という言葉は限定的にしか用いておらず，そのことを批判されてきた．

戦後の高度経済成長を経て，農民層は少数派に転じ，「スト無し国」の労働者階級はやがて正規労働者と非正規労働者に分化させられた．さらに農業よりも食料問題が前面に出るようになった．冷戦体制の崩壊は階級対立を相対化することにもなった．それとともに労農同盟という言葉も風化していった．

さらに，グローバル化による国際競争のるつぼは，人々を「ばらけ」させた．それまでは家族，地域，コミュニティ，各種団体等にまとまっていた人々が，「ばらける」状態に「私」化させられた．しかしグローバル化は，反面では新しい自由な個人を創出する時代でもある．そういう時代には，人々が既存の組織にとらわれず，みずからのライフスタイルやニーズ，ウォンツを追求するなかで，それを共通する者どうしが「自発的に協同する組織（アソシエーション）」を創り，それを誰にも公開された公共的（public）なものにしていく必要がある．ここで「公共的」とはとりあえず「みんな」といってよい[23]．

前章では農協についても同様に，農業者だけを組合員とする職能団体から，地域住民を広く組合員化した農的地域協同組合に転換することを提起したが，そのような事態はその他の組織についてもいえよう．これまでもそういうとりくみとして，産直，直売所，地産地消，食育等がくり返し試みられてきた．しかしそれが組織化され，巨大化すると，人と人の結びつきが組織・企業間の取引関係に転化し，たんなる商業組織に転じていくケースもあった．そういうなかで，農業の多面的機能への国民の理解，食の安全性と自給率の向上といった共通目標に向けて，都市と農村の人と人のつながりを，絶えず刷新し再構築していく必要がある．

本書の結論として，今日の農業・食料問題に対しては，国レベルあるいはリージョナル・グローバルなレベルでの制度政策的なとりくみと，それを地域か

ら支えていく地域住民の主体的なとりくみが結合するなかでのみ，その解決の展望が切り開かれていくものといえる．

注

(1) 国土交通省『国土交通白書2007』による．ジニ係数は，所得が完全に平等を0とし，1人に独占された場合を1として，所得分配の不平等度を測る指標である．
(2) 田代洋一『農業・協同・公共性』筑波書房，2008年，第4章．
(3) 宮本憲一ほか（編）『地域経済学』有斐閣，1990年，序章（宮本憲一・執筆）．
(4) 関谷俊作『日本の農地制度』新版，農政調査会，2002年，第4章．田代洋一『農地政策と地域』日本経済評論社，1993年，第5章．
(5) 高橋寿一『農地転用論』東京大学出版会，2001年．
(6) 田代洋一『農地政策と地域』（前掲），第5章．
(7) 村山元展『地方分権と自治体農政』日本経済評論社，2006年，第3章．
(8) 後藤光藏『都市農業』筑波書房，2010年．同『都市農地の市民的利用』日本経済評論社，2003年．大江正章『地域の力』岩波新書，2008年，第8章．
(9) 田代洋一（編）『計画的都市農業への挑戦』日本経済評論社，1991年．
(10) 原田純孝（編）『地域農業の再生と農地制度』農山漁村文化協会，2011年，第4章（安藤光義・執筆）．
(11) 生源寺眞一『現代農業政策の経済分析』東京大学出版会，1998年，第Ⅱ部．田代洋一『食料主権』日本経済評論社，1998年，第7章．
(12) 田畑保（編）『中山間の定住条件と地域政策』日本経済評論社，1999年，第Ⅲ部．柏雅之『条件不利地域再生の論理と政策』農林統計協会，2002年．
(13) 小田切徳美『日本農業の中山間地帯問題』農林統計協会，1994年．品川優『条件不利地域農業　日本と韓国』筑波書房，2010年．
(14) 橋口卓也『条件不利地域の農業と政策』農林統計協会，2008年．また年々の農業白書は交流に1節をあて豊富な事例を紹介している．
(15) 中山間地域の活性化をめぐっては，田畑，前掲書のほか，橋詰登『中山間地域の活性化要件』農林統計協会，2005年．
(16) 農業集落研究会（編）『日本の農業集落』農林統計協会，1977年．
(17) 斎藤仁『農業問題の展開と自治村落』日本経済評論社，1989年．その批判としては田代洋一『農業・協同・公共性』，序章．
(18) 神原理（編）『コミュニティ・ビジネス』白桃書房，2005年．石田正昭（編）『農村版コミュニティ・ビジネスのすすめ』家の光協会，2008年．大江正章『地域の力』（前掲）．
(19) 小田切徳美『農山村再生』岩波書店，2009年．同（編）『農山村再生の実践』農山

漁村文化協会，2011年．
(20)　田代洋一『地域農業の担い手群像』農山漁村文化協会，2011年，第1章4．
(21)　橋本卓爾ほか（編）『都市と農村』日本経済評論社，2011年．
(22)　井上和衛『グリーン・ツーリズム』筑波書房，2011年．
(23)　田代洋一『農業・協同・公共性』，序章．

学習案内

1　大学での学びかた

類書が多く出版されているが，次の 2 冊が包括的である．

天野明弘ほか（編）『スタディ・スキル入門』有斐閣，2008年．
白井利明ほか『よくわかる卒論の書き方』ミネルヴァ書房，2008年．

前者は第一歩から，後者は「卒論」となっているが，卒論だけでなく指導教員とのつきあいかた，就職活動との両立など，大学生活全般へのアドバイスになる．

2　言葉

若い人たちがはじめにつまずくのは，言葉（日本語）である．書き手との世代ギャップも著しい．

最近の学生は携帯や電子辞書でその場で検索するようだが，自宅には『広辞苑』（岩波書店）等の辞書を 1 冊置いてほしい．そのほか学研，角川書店，集英社，三省堂等から，それぞれ特色ある辞書が出ている．

経済用語は『有斐閣経済辞典』（有斐閣），『岩波現代経済学事典』（岩波書店）が便利である．農業については一般的なものがないので，ネット検索になろう．

また最近の学生は地理を知らない．高校時代のものでもいいが，手ごろな地図帳も用意したい．

3　統計・資料

農業については『ポケット農林水産統計』『食料・農業・農村白書　参考統計表』（いずれも農林統計協会）にまずあたり，そこから原統計にたどりつくこと．最新のものは農林水産省ホームページを参照．

一般の統計については『統計でみる日本』『日本の統計』『世界の統計』（い

ずれも日本統計協会）から原統計に．

　資料集としては，三和良一ほか（編）『近現代日本経済史要覧』（東京大学出版会）をあげておく．

4　情報

　最近の若い人はネット検索に長けているが，コピー＆ペーストにおちいるケースも多い．やはり紙媒体が必要であり，毎年の『食料・農業・農村白書』（農林統計協会），いわゆる農業白書が最も包括的である（これもネットで閲覧できるが）．雑誌では『農業と経済』（昭和堂）が手ごろである．

　最新情報（審議会経過，政策等）については，農林水産省等のホームページにアクセスする．

5　年表

　一般的なものとしては，神田文人ほか（編）『昭和・平成　現代史年表』小学館，2009年．経済については矢部洋三ほか（編）『現代日本経済史年表1868〜2010年』日本経済評論社，2012年．

6　農村調査

　この点もネット情報だけに依存するのではなく，実際の声を聞く必要があるが，最近の農村調査は困難が多く，社会ルールも厳しいので，教員の指導を受ける必要がある．

　ヒアリング一般については1の文献を参照．農村調査等については，生源寺眞一ほか『農業経済学』東京大学出版会，1993年，第6〜8章を参照．

あとがき

　本書の初版は，農業・農協問題研究所の企画により，井野隆一先生（元日本農業研究所研究員）と筆者の共著として，1992年に出版された．その改訂を考えていた矢先の2001年に井野先生が亡くなられ，新版は筆者の単著として2003年に出版された．新版化にあたっては全農協労連の山崎雅子さんにお手伝いいただいたが，その山崎さんも2002年に亡くなり，おふたりの霊前に新版を捧げることになった．

　本書はその第3版にあたるが，今回はタイトルに「食料」を入れた．その際，「農業」と「食料」の間に「・」を入れるかどうか，だいぶ迷った．心情的には「農業食料」と一体的にとらえたい．しかし本書でも述べたように，現実には「農業」と「食料」は一体ではない．欧米の農村社会学（批判的に農業経済を見る学派）等では，「農業」と「食料」をandで結んだり，agri-foodとハイフンを入れて表現したりしている．ちなみに周囲の直感的反応を求めると，ゼミ生をはじめ若い人たちは断然「農業・食料」だった．以上から，「農業・食料問題入門」とした．たかが「・」，されど「・」である．

　本書のコンセプトは変わらないが，内容は版ごとに全面的に書き改め，論点の取捨，叙述の濃淡がある．初版はガット・ウルグアイラウンドの最終局面，新版はWTO農業交渉と新基本法移行という歴史の画期を背景にしているので，図書館等で参照いただけると望外の幸せである．

　本書を大学の講義テキストとして使っていただく場合，6～10章は，1～5章プラス11章の倍のページがあり，後者を規準にすれば16回ぶんに相当するので，大学の半期15週に合わせるには，適当に取捨していただきたい．

　本書の執筆に当たっては，磯田宏（九州大学大学院），東公敏（日本文化厚生連），笹沼啓子（同）の諸氏からコメントをいただき，木村亮（大月書店），松﨑めぐみの両氏にはグラフ作成や校正でお世話になった．

　筆者は横浜国立大学の経済学部と大学院で長らく農業政策を担当してきたが，2008年度に大妻女子大学に移ってからは，社会経済学，日本経済論，地域経済

論，生活経済論等を講じている．「おまえに生活の何がわかる」という周囲の冷ややかな眼もあるが，本人は農業経済学と「生活と地域の経済学」の相性は良いと思っている．

農業経済学については，明治大学農学部の田畑保・小田切徳美・竹本田持・橋口卓也の諸氏のご配慮により，大学院の農業経済学特論を担当させていただいている．明大の大学院生諸君は，新版や本書草稿に対する斬新な問題提起で，執筆をあと押ししてくれた．

本書の改訂を思い立ったのは大学を移ってまもなくだが，新講義の立ち上げ，脳腫瘍手術，TPP，東日本大震災など次々に問題が生じ，並行してこの間に数冊の著編著にとりくむことになり，幾度か中断を余儀なくされ，そのたびに再開には多大のエネルギーを要した．

勤務先の社会生活情報専攻は，社会学，経済学，メディア論の3分野からなり，13名の教員で1学年の学生定員100名あまりの所帯を経営しなければならない．バイトと就活にエネルギーの大半を費やさざるをえない今日の女子学生に，学ぶことの楽しさを味わってもらうのは並たいていのことではなく，筆者は同僚諸氏の足手まといになりがちである．

しかし，ともかく本書を仕上げることができたのは，ひとえに以上の皆さま方のおかげである．記して深く感謝したい．

時代により問題のとらえかたは大きく変わっていく．そしてそれぞれの時代にふさわしいテキストが書かれることになる．ではあるが，本書についてご意見，ご感想をたまわることができれば，できるかぎり次代にバトンタッチしていきたく思う．

2012年5月

田代　洋一

索　引

ア　行

「青」の政策　112
赤字公債　86
アグリ・フードシステム　40
アソシエーション　245, 268
圧力団体　249
アーバン・ルネッサンス　103
アマルティア・セン　139
アメリカ小麦戦略　59
いえ　210
家制度　211
遺伝子組み換え食品　165
稲作経営安定対策　118, 195
員外利用規制　271
ヴィア・カンペシーナ　167
ウェーバー条項　107
迂回生産　14
ウルグアイ・ラウンド（UR）　106, 108, 159, 189, 194, 202, 236
ウルグアイ・ラウンド農業合意関連対策　110
営農（経済）センター　261
営農指導員　261
営農団地　249
エンゲルの法則　148
エンタイトルメント　139
オイル・ショック　39, 85
オイルダラー　84
大型化・量産化投資　74
オゾン層　11
オーナーズ・ソサエティ　270
温室効果ガス　23

カ　行

海外直接投資　101
外貨割当制　58
会社主義　88
回転ドア　156
介入価格　176
外部経済　22
外部不経済　22
開放経済体制　67
顔の見える産直　167
価格支持融資制度　175
価格変動対応型支払い　192
核家族　210
格差社会　124, 143
革新自治体　89
加工型畜産　79
過剰資本　39
過疎化の第2段階　106
家族経営協定　80, 240
過疎法　80, 275
学校給食　151
学校給食法　59
ガット　106
株式会社　33
家父長制　211
可変課徴金　177
カレントアクセス　109
為替レート　84
関税化の特例措置　121, 193
官製共販　249
関税政策　36, 174
関税割当制度　109
環太平洋連携協定（TPP）　123, 128, 237

303

間断灌漑	21	経済の金融化	86
管理通貨制度	38	経済摩擦	93
議会エンクロージャー	29	傾斜生産方式	49
基軸通貨	39, 83	系統農協	252
技術革新投資	63	ケネディ・ラウンド	107
偽装表示問題	161	限界原理	172
「黄」の政策	112	限界集落	283
基本計画	119	限界地	172
休閑耕	18	現行アクセス	109
旧村	291	現代直系家族制	211
丘陵地家畜補償支給金	286	減反政策	76, 186
境界価格	177	建築不自由の原則	277
協業	69, 198, 225, 229	県農業公社	238
協業組織	231	原野商法	88
共済事業	257	減量経営	88
行政庁主義	279	広域合併	106, 264
共通農業政策	67	光合成	10
狂乱物価	85	耕作放棄地	285
「拠点開発」方式	65	構造改革特区	123
近代的家族	211	「構造改革」路線	120
近代的土地所有	46	構造政策	201, 206, 236
金ドル為替本位制	39	構造調整プログラム	141
金納制	47	合理化投資	56
均分相続	241	効率的かつ安定的経営	116, 236
金本位制	36	国際食糧農業機関（FAO）	69
金融自由化	39, 256	穀草式農法	18
金融派生商品	113	国民所得倍増計画	64
区域区分	277	穀物戦争	108
グリーン・ツーリズム	293	穀物法	31
クロス・コンプライアンス	191	穀物メジャー	155
クロロフィル	10	小作争議	45
ケアンズ・グループ	108	小作調停法	47
経営管理委員会	252	互助金	187
経営者支配	252	国家独占資本主義	38, 96
計画外流通米	194	国境（保護）政策	174
計画流通制度	194	固定相場制	39
計画流通米	194	コーデックス委員会	163
経済財政諮問会議	123	コーポラティズム	249
経済自立政策	56	古米	180
経済大国	75	米戸別所得補償政策	127

米政策改革　126, 188
米の買入制限　182
混住化　78

サ　行

最恵国待遇　107
債権の証券化　113
再証券化　113
財政投融資（計画）　64
財政負担型　175
債務担保証券　124
債務破綻保証証券　124
差額地代　173
参加型民主主義　272
産業組合　46, 247
産業組合法　247
三全総　89
残存小作地　50
山村振興法　80, 275
残存輸入制限品目　105
産地確立交付金　196
産地づくり交付金　126, 196
残地農業論　88
産直　167
三圃式農法　18
残留農薬基準　163
シアノバクテリア　11
ジェンダー　239
市街化区域　277
市街化調整区域　277
シカゴ学派　86
自家労賃　30
敷地内同居（別居）　210
自給的農家　207
自作農創設維持政策　47
自主調整保管　188
自主流通米価格形成機構　104, 185
自主流通米制度　76, 182
施設型農業　73

自然循環型農業　12
自治体農政論　90
市町村合併特例法　123
市町村農業公社　238
実物経済　84
ジニ係数　142
地主的土地所有　44
指標価格　176
資本の原始的蓄積　29
自民党システム　65
社会的統合策　36, 38, 73, 79
住専問題　256
住宅専門金融会社　102
住宅ローン担保証券　124
集団就職列車　64
集団転作　187
集中豪雨的輸出　88
自由貿易協定　122
自由貿易帝国主義　32
自由米　182
重要品目　121
集落営農　206, 225
集落営農法人　228
集落協定　288
准組合員　250
条件不利地域　287
小農エンクロージャー　19, 29
消費者庁　165
消費者負担型　175
商品金融公社　175
賞味期限表示　163
昭和合併　81
昭和恐慌　45
食育基本法　152
食農協同組合　272
食の外部化　153
食の二極化　143
食品安全委員会　119
食品安全基本法　119
食品衛生監視員　166

食品添加物　163
食物連鎖　11
食料安全保障　96, 145
食糧危機　88
食料主権　167
食糧増産興農運動　56
食料・農業・農村基本法　106
食糧法　194
自立経営　69
代掻き　20
新安保条約　67
新基本法　106
新産業都市建設　65
新自由主義　40, 86
新政策　116
新都市計画法　277
新農村建設事業　65
新ラウンド　121
水田農業確立対策　104
水田・畑作経営所得安定対策　126, 197
水田酪農　58
水田利用再編対策　187
スタグフレーション　39, 85
「ストなし国」化　86
ストロー効果　276
スーパーL資金　237
スーパーマーケット・チェーン　98
スローフード　160
生活指導員　261
生協産直　97
生産調整政策　76
生産のアジア化　87
生産費・所得補償方式　179
生産緑地制度　282
政治米価　249
整促体制　248
青年就農給付金　239
世界貿易機関（WTO）　40, 106, 161, 163, 285
積雪寒冷単作地帯振興特別措置法　56

石油輸出国機構　85
世帯　207
全共連　257
全国総合開発計画　65
全国農業協同組合中央会（全中）　253
選択的拡大　69
全農　81, 253
線引き　277
全米精米業者協会　103
専門農協　248
相互安全保障法　59
総合農協　248
総合農政派　77
相互互恵主義　107
総需要抑制政策　85
相続税納税猶予制度　282
相対的貧困率　142
ゾーニング　277
祖父条項　107

タ　行

第1次農地改革案　49
第2次農地改革　50
第二次臨時行政調査会　96
対日理事会　49
第2の過疎化　283
第2の武器　85
太平洋ベルト地帯　80, 275
多角的交渉　107
宅地並み課税　103, 282
多国籍アグリビジネス　97, 155
多国籍企業化　102
棚上げ備蓄制度　204
他用途利用米　95
多様な担い手　223
単一農場支払い制度　190
「男性片働き・専業主婦」モデル　79
団体統治主義　249
単独世帯　210

索引

単年度需給均衡論　193
団粒構造　15
地域協同組合　271
地域コミュニティー戦略　89
地域主義　89
地域水田農業推進協議会　196
地域農政　89
地域農政特別対策事業　90
地域密着型業態　269
地代ぐるみの生活　173
地方農政局　81
地方の時代　89
チャネル・キャプテン　157
中核的担い手　223
中核農家　77
中学校区　81
中間的農地保有機能　238
中国製冷凍ギョーザ事件　167
中山間地域直接支払い政策　288
中山間地域問題　106
腸管出血性大腸菌（O-157）　159
長期営農継続農地　282
朝鮮戦争　56
町村合併　81
直接固定支払い　191
直接支払い政策　40
直売所　259
貯貸率　256
直系家族　210
地力　17
通商代表部（USTR）　103
低価格志向　148
定住圏構想　89
デカップリング型直接支払い政策　189, 200
転換社債　102
田畑輪換農法　187
東京ラウンド　107
同権化　38
同時多発テロ　119

独占禁止法適用除外　37
特定農業団体　232
特定法人貸付制度　233
都市計画区域　277
都市計画法　277
都市再開発　103
都市的農業地域　280
都市農業　280
土壌　15
土壌微生物　15
土地改良区　54
土地生産　14
土地持ち非農家　207
とも補償金　187
ドル・ショック　39, 83
トレーサビリティ　164

ナ　行

内国民待遇　107
内食　97
中干し　21
肉骨粉　160
ニクソン・ショック　84
日米経済摩擦　93
日米構造障害協議　114
日米諮問委員会　95
日米農産物交渉　94
日米包括経済協議　114
担い手経営安定対策　126, 197
日本型食生活　78
日本型所得政策　88
日本提案　121
日本的労使関係　88
日本列島改造論　85
認証制度　165
認定農業者　237
認定農業者制度　116
ネガティブ・コンセンサス方式　111
農業委員会　65, 276

307

農業会　47, 247
農業改良普及事業　54
農業革命　18
農協合併　81
農協合併助成法　81, 249
農業関税政策　36
農業基本法　65
農業共済組合　54
農協共販　259
農業近代化　70
農業近代化資金　70
農業経営基盤強化促進法　220
農業経営体　207
農業構造改善事業　70, 249
農協コーポラティズム　249
農業者戸別所得補償政策　127
農業者戸別所得補償制度　199
農業者年金制度　77, 239
農協出資型法人　238
農業振興地域整備法　278
農業生産法人　70, 233
農業体験農園　281
農業の多面的機能　21
農事組合法人　70, 233
農事実行組合　46, 247
農住組合法　282
農商工連携　154
農振法　278
農村基盤総合整備事業　90
農村経済更生運動　46, 247
農村地域工業導入促進法　78
農地管理事業団構想　77
農地耕作者主義　53, 276
農地調整法　47
農地法　53, 220, 276
農地保有合理化事業　238
農地・水・環境保全向上対策　197
農地流動化政策　92
農地利用集積円滑化団体　238
農法　18

農民層分解論　29
農用地利用増進法　92, 220
農林漁業基本問題調査会　67
農林漁業金融公庫　56
ノーフォーク農法　18

ハ行

売買逆ざや　96, 184
ハイパーマーケット　157
ハサップ　164
パックス・アメリカーナ　39
パートナーシップ農業　241
バブル景気　103
バブル・リレー　113
ハーモナイゼーション　111
藩政村　247
販売農家　207
半封建的土地所有　46
比較生産性　68
比較生産費説　31
東アジア金融危機　114
非関税障壁　107
非関税措置　174
非貿易的関心事項　108
品目横断的経営安定対策　126, 197
ファーマーズマーケット　259
ファーマーズ・ユニオン　37
ファーム・ビューロー　37
票と米価の取引　249
夫婦家族　210
福祉国家　38, 86
腐植　15
不足払い　175
フードシステム　154
フード・スタンプ　142
フードマイレージ　25
フード・レジーム　40
部分自由化　109
プライベート・ブランド　157

308

索　引

プラザ合意　101
プランテーション経営　140
ブルーベビー・シンドローム　23
ブロックローテーション　187
分散錯圃制　44
平均原理　172
平均利潤率　172
平成合併　123
平成米騒動　109, 193
平成不況　106
ベトナム戦争　74, 83
ペーパー集落営農　198
変型男性片働きモデル　80
変動相場制　39, 84
貿易・為替自由化大綱　67
貿易摩擦　93
包括的関税化　108
放射性セシウムの新基準値　162
保温折衷苗代　56
北米自由貿易協定　122
ポジティブリスト制　165
ポストハーベスト農薬　159
ポスト冷戦グローバル化　40

マ　行

マイクロ・エレクトロニクス革命　87
前川レポート　101
マークアップ　109
マクロ団粒　15
マーケティング・ローン　176
まちづくり条例　280
マネタリスト　86
ミクロ団粒　15
ミトコンドリア　10
緑の革命　141
「緑」の政策　112
ミニマム・アクセス　109, 193
むら　290
銘柄冷害　193

明治合併村　291
モジュレーション　190
モダリティ　121

ヤ　行

野菜工場　17, 235
有機栽培　21
融資単価　175
融資返済単価　176
輸出自主規制　94
輸出偏重型重化学工業化段階　74
輸出補助金　177, 201
輸入数量制限　107
ユーロダラー　84
ユンカー経営　35
容器的労働手段　14
葉緑体　10
予防原則　166

ラ　行

ライフアドバイザー　258
ラウンド　107
ランド・ラッシュ　138
リスク・アナリシス　163
リスク管理　163
リスク・コミュニケーション　163
リスク評価　163
リゾート法　103
リービヒ　19
利用権　92, 220
輪栽式農法　18
臨調行革路線　96
零細農耕　67
冷戦体制　39
レーガン政権　93
列強資本主義　32
連合国総司令部　48
労働手段　14

309

労働対象　13
労働分配率　86
労農同盟論　35, 295
ロッジデール公正開拓者組合　244

ワ　行

ワラント債　102
「ワンストップ」化　241
「ワンフロア」化　242

数字，A～Z

1955年体制　65
１世代世帯　210
２世代世帯　210
３世代（以上）世帯　210
３K赤字　96
６次産業化　155
BRICs　121
BSE　159
CAC　163
CAP　67
CCC　175
CDO　124
CDS　124
CSA　167
EARL　239
ESA　287

FAO　69
FTA　122
GAEC　239
GAP　164
GHQ　48
HACCP　164
HLCA　286
JAS　165
JAバンク化　257
LA　258
LEADER　287
ME革命　87
MSA法　59
NAFTA　122
NTC　108
OPEC　85
PB　157
PL480　59
RMA　103
RMBS　124
SM　97
SPS協定　161
TAC　260
TPP　123, 128, 237
UR　106, 108, 159, 189, 194, 202, 236
UR農業合意関連対策　110
USTR　103
WTO　40, 106, 161, 163, 285
WTO農業協定　109, 110, 288

著者　田代洋一（たしろ　よういち）
　1943年千葉県生まれ．1966年東京教育大学文学部社会科学科卒．博士（経済学）．農林水産省，横浜国立大学経済学部・国際社会科学研究科を経て，2008年度より大妻女子大学社会情報学部教授，横浜国立大学名誉教授．
　主な著書に『日本に農業はいらないか』（大月書店，1987年），『農地政策と地域』（日本経済評論社，1993年），『食料主権』（日本経済評論社，1998年），『集落営農と農業生産法人』（筑波書房，2006年），『地域農業の担い手群像』（農山漁村文化協会，2011年）など．

装幀　守谷義明＋六月舎

農業・食料問題入門

| 2012年9月7日　第1刷発行 | 定価はカバーに |
| 2019年4月1日　第5刷発行 | 表示してあります |

著　者　　田　代　洋　一

発行者　　中　川　　進

〒113-0033　東京都文京区本郷2-27-16

発行所　株式会社　大　月　書　店　　印刷　太平印刷社
　　　　　　　　　　　　　　　　　　　製本　中永製本

電話（代表）03-3813-4651　FAX 03-3813-4656　振替00130-7-16387
http://www.otsukishoten.co.jp/

©Tashiro Yoichi 2012

本書の内容の一部あるいは全部を無断で複写複製（コピー）することは法律で認められた場合を除き，著作者および出版社の権利の侵害となりますので，その場合にはあらかじめ小社あて許諾を求めてください

ISBN978-4-272-14060-2　C0033　Printed in Japan

TPP問題の新局面
とめなければならないこれだけの理由

田代洋一 編著　A5判一八四頁　本体二〇〇〇円

市場社会と人間の自由
社会哲学論選

カール・ポランニー 著　若森みどり他編訳　四六判三八四頁　本体三八〇〇円

東日本大震災からの復興まちづくり

佐藤滋 編　四六判三二〇頁　本体二二〇〇円

自然農という生き方
いのちの道を、たんたんと

川口由一／辻信一 著　B6判一七六頁　本体一二〇〇円

―― 大月書店刊 ――
価格税別